飯店設施更新

的理論與實務

The Hotel Facilities Renovation, Theory and Practice

Hotel Facilities Design Planning and Maintenance Managem

李根培 著

五南圖書出版公司 印行

推薦序一

　　旅館業是服務業，旅館設施不只是旅館服務的載體，同時它所呈現出來的氣氛也是旅館服務的構成要素之一。因此，旅館設施的設計規劃、維護，以及日後為了延續旅館經營生命而採取的更新手段的重要性，是再強調也不為過的。

　　向來探討旅館的設計規劃的著作較多，探討維護的著作較少，專論更新者似乎絕無僅有。現在李根培君就他從事旅館籌建與更新工作逾三十年的經驗，著述《旅館設施更新的理論與實務》一書，總算彌補了這個空缺。我有幸得以先睹為快，翻閱後發現其內容巨細靡遺，堪能為計畫更新旅館的業者指點迷津，不由得讓我為臺灣旅館業界感到慶幸。

　　我在1960年代曾為研習旅館管理，留學日本、美國、瑞士三國的旅館學校六年之久，其間在各國的旅館與餐廳實習過。回國後前後主持過臺北希爾頓、來來、麗晶等三家大飯店的籌建與開幕工作，就在擔任希爾頓副總經理七年多的任內，也主持過多次設施更新的任務。所以在我的學經歷的過程中，也得到不少與本書內容有關的心得。因此，不顧已是七老八十之軀，勉予擠出最後的「剩餘價值」，提出如下三點供本書讀者作參考。

　　設計的基本原則：旅館是營利事業，所以旅館設施的利用效益非常重要。因此，設計旅館的基本原則是「造形追隨功能」（Form follows function），亦即應先決定內在所需的功能，再依功能去設計外在的造形。這種原則也適用於旅館設施的更新，特別是內在的功能有所變更的時候。設計室內裝修的基本原則是「美觀、經濟、好維護並重」。「美觀」是很主觀的，如果業主有意見，我認為最好尊重他的意見，因為「順主人意才是好功夫」。「經濟」的基準是業主的預算，設計前應先問清其預算，才不會設計完成估算出造價時，因超過預算而需重新設計。由於不好維護的美觀不但日後會需要更多的費用來維護，同時其生命週期會更短，所以設計時就應考慮到好維護，在經營期間才能更省維

護費用，也更能維持更久的美觀。所以「好維護」是旅館經營者必需堅持的原則。

　　重新檢討空間的效率：旅館設施依存於空間，也可說旅館是靠所提供的空間在賺錢，所以空間的效率將關係到旅館的投資報酬率。因此，設計旅館時固然必需考慮空間的效率，更新旅館時更需重新檢討空間的效率，使能將空間效率最大化。我認為希爾頓旅館系統的創辦人老希爾頓先生對旅館業界的貢獻是，為業界帶來比前人更進一步的效率的概念，所以值得在此介紹一下。希氏所經手的旅館，由廉價收購的舊旅館比新建者多，所以對更新旅館非常有經驗。他在自傳中曾以「半老徐娘，刻意加以修飾後也會楚楚動人」，來形容他如何地處理這些舊旅館。不賺錢的舊旅館經過更新後都成了搖錢樹，其中最顯著的是紐約華爾道夫大飯店。希氏接手後，除了簡化服務方式以減少服務人員（據說每天裁員95人）外，與設施的更新有關者，可列出：把洗衣房從館內移到郊外、把不賺錢的公共場所減少到最低的限度、把大支柱挖出櫥窗出租給商店等。果然藥到病除，希氏充滿信心地說：「金子是挖出來的」。他在自傳最後的〈我的旅館經營哲學〉一章中，提到旅館非有不可的五種基本要素是：對旅館的需求、適當的地點、興建費的節減、適當的設計，以及高明的經營。在高明的經營中，列出一項「要找金子，就一再地挖吧！」此項之下寫著：「這就是說，在可能的範圍內，要為生出最大的收入而利用每一平方英尺的空間。」我同意希氏的卓見，但是我也相信另一種「要表現豪華，就應該浪費一點」的看法。想採用這種看法的人應知道，旅館不是慈善事業，提供豪華的設施與與服務時，應有適當的代價，亦即顧客的滿意和旅館的利益，非始終平行存在不可。如果在顧客看得到的地方表現豪華的結果，仍能讓「每一平方英尺的空間生出最大的收入」，那麼這種浪費的付出已不是實質的浪費，而是一種有效率的付出。

　　持續更新必能永續經營：儘管旅館設施都有耐用年數，那只是稅法上對折舊年限的規定。如果旅館的建築結構健全，平常也能勤加維護，

必能使用得比耐用年數長。若再持續更新，只要業主不放棄，同時又具備上述「旅館非有不可的五種基本要素」的話，必能永續經營下去。到底旅館持續更新有可能永續經營多久，我要舉出如下三例供參考。

其一是日本避暑地箱根宮之下的「富士屋大飯店」：此大飯店曾是明治天皇的避暑御所，創立至今已逾一百四十年。經過增建與維護，目前仍是非常著名的大飯店。1965年暑假我曾經在此實習過，每天早上在客人未到前，以及下午在客人都到後，都在領班的領導下做維護的工作。早上稱為「朝掃除」，下午稱為「夕掃除」。領班向我說：「在冬天的淡季，我們幾乎整天都在做維護的工作，你回家後一定會覺得你家很髒。」現在從他們的網站可以看到他們在1930年代增建的「花御殿」的外觀與其主餐廳的照片，看起來仍然和我在近五十年前所看到的完全一樣，其原因應該是「設計時注意到好維護，營業後又勤加維護」所致。

其二是日本東京的「帝國大飯店」：此大飯店是為接待國賓而興建的，自創立至今已逾一百二十年，目前仍然聞名於世。事實上，帝國大飯店位於後院的新館是為迎接1964年東京奧運才落成的，1980年代想必是為了提高空間的效率，將富有歷史價值的舊主館拆掉送給愛知縣的明治村博物館保存，原址興建現代化的主館，所以其最老的建築物（新館）的年齡也只有五十年而已。可見旅館可以經由脫胎換骨來永續青春。

其三是紐約的「華爾道夫大飯店」：此大飯店1893年建於現在帝國大廈的位置，是當時最豪華的大飯店，李鴻章1896年訪美時曾下榻於此。後來業主表弟在隔壁興建同等級的亞士多里亞大飯店，合併後名為華爾道夫‧亞士多里亞大飯店。想必是受到1920年代美國興起興建大型旅館的熱潮的影響，業主決定遷址、重建、擴張（一千五百間客房）到紐約公園現址。1932年落成後生意不錯，但是1939年生意開始走下坡，可能是受到世界經濟大恐慌後遺症（財富重新洗牌，付得起豪華代價的顧客不見了）的影響，終於在1949年被希爾頓旅館系統公司（1946年成

立）所收購。日前報載中國安邦保險集團以十九億五千萬美元向希爾頓世界控股公司買下這家大飯店，希爾頓公司擁有一百年的經營權，安邦集團只對已嫌老舊的飯店施以「大整修」。從此消息可知，希爾頓公司對這家已有一百二十年歷史的旅館，仍有信心可以再經營一百年，可證旅館要永續經營二百二十年以上是不成問題的。

　　最後，我想以首先提出「顧客永遠是對的」的名言，也為旅館業界留下很多創意的美國旅館大王E. M. Statler（1863-1928）的一句話做結語：「人們對旅館的要求絕不是希望奢侈，他們要的是真正能得到的舒適。這種舒適就是好的床鋪、好的餐飲，以及清潔。」

太魯閣國家公園晶英酒店

董事長 薛明敏

2014年11月5日

推薦序二

　　旅館的功能包羅萬象，政府推動旅館建設，基本上是經濟政策落實的一環，可增加就業、促進觀光、爭取外匯、提升國家形象。至於個人推動旅館的經營，大多出於企業家的自我驕傲、土地增值的潛力、節稅營利與推廣文化等不同動機。一個敏銳的旅行家在檢視全球各地生活水準時，往往會觀察當地特有的人文素養指標，如旅館、餐館、博物館、體育館、美術館、文化中心等如何配合當地人文、建築、植栽生態、環境與氣候、特殊建材，以及風土民情。一個旅館必需要具有內涵、深度、美學等特質，例如：東方主義的風格，中國式的韻味、東方餐廳浪漫氣質、歷史的足跡等。當景氣欠佳之時，旅館利用機會從事設備更新、訓練員工、重新檢討行銷計畫及擬定新的經營策略等。惟有長期的規劃，永續不斷的創新，才能傲視群雄，脫穎而出。

　　目前有關旅館建築籌建與更新工程的專業書籍，坊間非常缺少，尤其是旅館建築設施的設計規劃建造與更新，更是難以尋覓。當前學界的教師又同時長期從事旅館服務或餐飲實務經驗者，甚為稀少。具有籌備設計與創新的實務經驗，更是難得。翻譯國外的原文書籍，確有楚材晉用，不符國情之憾。另一方面，從事旅館建設有豐富實務經驗的建築師與旅館設計師，多專注在空間環境的流暢美化及內裝細節之能事，並未深入了解旅館內部經營設施的實際運作。能夠兩者兼備，又善於寫作並願意奉獻旅館教育的人才，更是九牛一毛。

　　李根培先生是我任教於中國文化大學觀光休閒事業管理研究所的指導研究生，長期從事觀光旅館的建築內外裝修，參與籌建設計規劃的旅館不少。曾在晶華酒店擔任旅館更新專案經理，中國大陸杭州富春山居度假酒店擔任籌建工程項目總監，實務經驗橫跨海峽兩岸。又經常參加觀光旅館學術研討會，發表許多論文。目前兼職任教於中國科技大學室內設計系及城市科技大學觀光事業系，累積三十年學術與實務的豐富

經驗，完成這本《旅館設施更新的理論與實務 ── 旅館設施的設計規劃與維護管理》，不愧是一本研究旅館建築管理及設施更新的良好著作，印證本人歷年來的旅館管理之著作，理論與實務的結合。本書從旅館建築設施更新的角度著墨，討論硬體營運設施的經營管理，相信是旅館業界及餐旅學子最佳的參考教材，對提升觀光餐飲教育及實務應用助益良多，並嘉惠讀者。本人極力推薦並樂予為序。

（詹益政是餐旅業界的權威翹楚，筆者有恩師的強力推薦，倍感榮幸）

作者序

　　去年五月，詹益政老師從僑居地加拿大返臺，聯絡我要找學生幫忙，他用稿紙寫的回憶錄手稿需要電腦打字，當時我在中國科技大學規劃設計學院室內設計系兼任教職，請學生打工方便。詹老師關懷說：「你從事觀光旅館的建築裝修多年，參與規劃多項旅館，在臺灣擔任旅館更新專案經理也參與旅館營運管理，又到中國大陸杭州籌建度假酒店，海峽兩岸皆有實務經驗。在理論方面，你也經常參加觀光旅館學術研討會發表論文。」老師送我兩本由姚德雄和楊長輝兩位學長撰寫的大作勉勵說：「既然喜歡寫文章，你可以將你的工作經驗寫成理論與實務教材？以供初入業界及學校學生閱讀。」老師離臺後我開始擬定寫作計畫及研究題目，與出版社幾度洽商。感謝五南圖書出版公司的支持，以及總編輯黃惠娟小姐的努力，簽約確定期限，如今終於完稿。

　　本書之內容以我個人在職場的工作經歷經驗與專長興趣之研究切入，本書寫作之目的如下：

1. 讓觀光餐旅學生了解一座旅館籌建的全過程，認識旅館設施的規劃設計維護。透過本書之闡述，從旅館設施相關所涵蓋之單元及面向，建構學生對於研究學習之思考邏輯與能力。

2. 讓建築及室內設計學生了解旅館設施內涵。透過本書之闡述，從旅館建築設施涵蓋維修管理，藉由實務案例之檢討，驗證理論之實用性，增進學生理解實務問題。

3. 讓從事旅館設計的建築師、室內設計師、各項專業廠商設計師以及承攬工程的施工團隊了解旅館的內涵，旅館設施的功能及用途，從而在設計規劃的前提下，能善盡設計師的能量以及促進工程和諧。

4. 讓業界的旅館經營團隊、旅館籌備團隊以及旅館更新的專案團隊，清楚理解旅館硬體設施的意義，以及旅館建築設施的生命週期而善於更新。本書所列舉的案例與計畫，能夠給業者作旅館籌備及旅館更新的

參考。

5. 讓擁有老旅館的業主了解如何因應市場需求，舊有旅館建築要如何積極面對更新轉型，如何upgrade旅館硬體，創造旅館事業的第二個春天。本書提供一個更新提升硬體設施的可行方案，讓老旅館再顯昔日風華。

6. 讓事業有成的企業主跨行投資旅館，將現有建築產業，變更使用作為中小旅館或商務旅館，趁著這一波觀光客浪潮的機會，以應逐漸湧進的觀光旅遊的住宿。本書提供一個由變更設計更新設施的實務經驗及具體的做法。

　　筆者從事旅館建築的室內設計工作已有多年，舉凡旅館設計、規劃、裝修、施工等工作，均有深入而成功的實績，以此為志趣。回顧早年畢業於國立藝專（今改制為國立臺灣藝術大學），學的是美術工藝。因對美術建築的愛好，從事室內設計工作。1979年任職國泰機構樹德營造工程公司時，因為參與「臺北來來飯店」的建設工程任務，被選派赴日、韓考察學習，始見兩國的旅館建設事業蓬勃發展，體會旅館建築的文化風格及精緻周到的設計規劃。

　　1987年底，我任職「中安觀光股份有限公司」，參與臺北麗晶酒店（今臺北晶華酒店）籌建工作，擔任「籌建工程工地主任」（Engineering Construction Leadership）一職，跟隨麗晶酒店總顧問薛明敏先生的領導籌備。後又跟隨美籍顧問Mr.Herber Green做後場的規劃，獲益良多，對於旅館開辦前之準備工作有深切投入。旅館開幕後的隔年，1991年筆者到東帝士集團擔任「特別助理」兼工務經理，經辦旅館產業興建計畫，營建工程的發包與開工。

　　1994年適逢晶華酒店集團對外擴展版圖，積極發展連鎖飯店之際，我重回晶華酒店總裁辦公室，擔任籌建天祥晶華度假酒店「建設專案經理」（Construction Project Manager）。期間無論旅館的規劃設計、設備機具的採購發包、營建裝修的設計施工、開幕前的行銷準備均積極全程

參與。舉凡與專業顧問或與承攬廠商的連繫溝通，工程設計與施作的協調，並且參與設計規劃後勤區。竣工之後，返回臺北晶華酒店擔任館內更新專案經理的工作，以及新建旅館籌備顧問。

　　2002年，筆者赴中國大陸，在杭州的「富春山居度假中心」，擔任「專案工程總監」（Construction Project Director），積極籌建包含有高爾夫球場、渡假飯店、villa，是江南頂級的渡假中心，現已開始營運。這是一處浙江省最優秀的渡假酒店，工程品質獲得最佳建築工藝榮譽的魯班獎。

　　2005年返臺後，自忖在旅館業界服務一輩子也該進入學術領域，以讓實務與學術的融合。學而優則仕，仕而優則學，擔任了幾家旅館產業開發顧問工作。為了教學相長，筆者開始進入學校兼任教職，教授室內設計、商業空間設計及工程裝修材料學和工程契約與採購課程，至今已屆6年了。本學期開始，進入臺北市城市科技大學觀光事業系代課，首次涉及觀光教育領域。

　　回憶在擔任旅館更新專案經理的期間，招聘設計師時常遇到裝修設計師或者建築師不了解旅館管理的內涵，而獨著墨於環境美化表現。有名的旅館經理人對於旅館設施更新這個階段任務，認為外包給設計師就可以。坊間出版的書籍多翻譯自歐美著作，實務上不符國情，名詞稱謂繞口不易懂。以上種種，引發我的撰寫構想，將旅館設施的建構過程，基於旅館營運管理的機制之下，清楚的展現在旅館管理者、旅館設計師以及周邊支援產業的從業者一項旅館建築設施的剖析，俾便予能使旅館永不間斷的更新與維護而永續經營。

　　本書從國內旅館建築管理的特點和現實啟發，根據籌備管理的基本要求，總結以往在業界服務經驗和研究成果編寫而成。分為理論篇與實務篇，實務篇有六個單元：從一座旅館的建構過程的概念構想開始，進到設計規劃，細部設計到採購發包，進入施工營建到竣工移交，維護管理到設施更新。筆者的目標是：

1. 知識——透過本書理論與實務的論述，闡明有關旅館設施之建構與更新，並解析其內容，包括空間需求、尺度概念、營運需求、成本概念、使用者行為，及與設施之關係與處理方式，讓學生有足夠的旅館基本知識。

2. 技能——經由筆者提供在業界的實務經驗及實例，了解各類型旅館之設施內容，使從事旅館餐飲管理之過程中具有擬定計畫及評估方案之能力。

    全面了解旅館設施更新的工作任務與設施管理範圍和性質。

3. 態度——體認工作價值觀（work values）的概念，內化為個人專業相關學養。透過本書，期許從業者能精進做學習研究的基本精神與態度。增進對個人價值如何影響專業服務，並能了解專業倫理之意涵。

    承蒙　詹益政老師的推薦與督促，使我有機會將我三十幾年的旅館建築裝修經驗與實務，針對旅館設施更新的實務心得，做一番檢討整理，留下一點服務社會的記錄，以供後進學生及初入業界的從業者參考。感謝啟蒙我從事旅館建築籌備的長官薛明敏董事長的指正，我的稿本初步裝訂成冊時，趁著薛董事長返臺開會，與筆者在前美國大使館官邸餐廳討論指導，細心的每頁瀏覽。理論篇的五篇小論文都是筆者參加學術研討會經過批評回應精簡整理過，如此，作為理論的根據。而有一篇未曾發表的小論文，關於旅館評價的文章因涉及某旅館的歷史典故就不發表了。在此特別感謝他們提供寶貴的實務經驗與鼓勵，謹致謝忱。

    諸多曩昔同仁的支持鼓勵，如今行將付梓，此誠關懷者所樂聞也。本書有疏漏欠妥之處，尚祈賢達先進不吝賜教，俾能於再版時修正矣！

李根培　謹識

2014.11.15

筆者於1979年參與臺北來來飯店的建設工程任務，被選派赴日、韓考察學習，11月在漢城華克山莊合影，照片中人皆為旅館籌建幹部、設計師、工程師及協力廠商，筆者立於後排右8。

CONTENTS
目　錄

緒 論

壹、定義——名詞的統一稱謂

一、觀光旅館（Tourist Hotel）

觀光旅館（Tourist Hotel）的稱謂，按不同習慣可能被稱為：飯店、旅館、旅店、賓館、酒店、旅社、大廈、渡假村、俱樂部、中心、villa、inn等，本書中為與交通部觀光局的稱謂連結，一概稱為「旅館」（Hotel）。而中國大陸慣稱的「旅遊旅館」，在此稱為「觀光旅館」（Tourist Hotel）。

二、旅館「更新」（Renovation）

旅館「更新」的語譯，國外稱為renovation、innovation、update、renewal、renovate等等，帶有變革整修及創新的意義。國內稱為變更裝修、旅館改裝、裝潢整修的稱謂。目前臺灣地區觀光旅館業者所稱呼的「renovation」，通常是指更新裝修而言。

三、「旅館設施」（Hotel Facilities）

「旅館設施」，所謂設施，係指「供特定及不特定人使用之有體物或其他物之設備」。所謂公共設施，就法律上的觀點而言，係指「供公共目的使用之有體物或其他物之設備」。依學者見解，公共設施係指供公共目的使用之物件或設備。例如道路、人行陸橋、公共游泳池、公園等。本書所說的「旅館設施」就是旅館之中，提供營業的區域空間以及後勤支援的空間，簡單的說就是旅館的營利空間及準備空間。

貳、本書的研究概念

　　旅館的更新，是為了延續旅館經營的生命，將旅館產業發揮積極的營運功能，尤其更新的規劃與執行，直接攸關旅館往後的營運。當今臺灣的觀光旅館，把旅館更新作為一個經營管理的操作，在競爭環境下是創新營運項目的手段。創新變革的企業性格、充足的資金與團隊人才、領導人的企圖心、適合的規劃設計師，則是旅館更新成功的關鍵因素。

1. 每家旅館的硬體設施建築管理，都是或多或少均有不周全的地方。旅館建管的行政法規是必需遵守。但是理論上是的，實際都是在針對缺失在改善。

2. 旅館在新建完成開幕時，經過使用執照的審核，理論上一定是完全合乎法規的。後來由於內外在因素有局部的更新改變，小變更累積成大變更。或者是設備設施隨著營運時間的增加及使用的損耗而產生故障老化等劣化現象，而變成不合規範，不僅使維護費用大增，並降低了服務品質。

3. 細數各旅館的缺失，幾乎每家都有，這些是否要一次改進呢？

參、海內外有關旅館設施更新的研究概況

一、歐美海外著述

　　國外著作的翻譯本，有三本值得參考：

㈠David M. Stipanuk原著之*Hospitality Facilities Management and Design*，美國旅館業協會（American Hotel & Lodging Association）簡稱AH & LA的叢書，該書在齊魯公司引進原作英文版。翻譯本在大陸中國旅遊出版社出版，張學珊主譯，名為《飯店設施的管理與設計》，臺灣也由環宇餐旅顧問有限公司於2008年3月出版翻譯版，由郭珍貝與吳美蘭兩位學者擔任編譯，名為《飯店設施管理》。該書由幾位學者分別撰寫數個章節，對於旅館設施作概念性

的論述，但是在理論與實務之間有所差別，尤其名稱的翻譯很難讓實業界明瞭。從臺灣這個旅館更新頻繁的業界，經由筆者務實淺顯的著述，更能體現旅館更新的內涵及具體的實踐。

㈡Josef Ransley Hadyn Ingram原著，*Developing Hospitality Properties and Facilities*，吳美蘭譯，名為《旅館開發》，由五南圖書出版公司與ELSEVIER（Singapore）Pte Ltd.合作，於2008年出版。該書是一本由多位學者教授及業界經理人共同撰寫，敘述旅館產業由開發、規劃、營建工程、經營管理、資產管理的過程，提供餐旅產業整體概念。但是該書沒有觸及旅館設施的更新，這是筆者的實務經驗所能補充的。

㈢Angelo, R. M. / Kappa, M. M. Kasavana, M. L.原著，*Lodging Management Program*《旅館管理實務》美國旅館業協會（American Hotel & Lodging Association）的叢書，由鼎茂公司於民國100年出版，編譯者：簡君倫、鄭淑勻、奇果創新譯。該書著重在旅館的領導管理、行銷業務、餐飲服務等議題。其中的後勤管理機制是旅館經常性的維修管理，非筆者在本書之旅館設施更新之展現也。

二、中國大陸的旅館管理著述

中國大陸的旅館管理緣起於改革開放之後，大量的旅館開發以應突飛猛進的觀光旅遊之所需，新建旅館如雨後春筍，對於旅館規劃設計及經營管理的專書出版以及學術著述也有了豐富的成績。列舉數本如下：

㈠郝樹人編著《現代飯店規劃與建築設計》，由大連的東北財經大學出版社於2003年出版，該書結合實例講述了現代飯店建築的分類，飯店的餐飲空間設計。對於旅館設施的描述有了概略說明，但是缺乏對於旅館設施更新的撰述。

㈡鄭向敏主編《現代飯店經營管理》，由北京的清華大學出版社於2007年出版。該書側重旅館營運管理，對硬體設施的建構沒有論及，對更新裝修更無著墨。

㈢秦遠好主編《現代飯店經營管理》，重慶市西南師範大學出版社，2007年出版。該書以現代飯店的主營業務部門、房務部、餐飲部的經營管理爲內容等的經營管理，並沒有論及旅館維護維修的設施管理，更沒有旅館更新的論述。

三、臺灣坊間出版品的概況

迄今，臺灣出版有關旅館開發、旅館規劃、旅館設計、旅館管理等的專書著述研究成果亦數量可觀。列舉如下：

㈠楊長輝編著《旅館經營管理實務：籌建規劃之可行性研究暨電腦系統》，由臺北市揚智文化於1996年出版。該書從旅館概論、近年來國際觀光旅館營運分析到投資可行性以及電腦化作業管理，都有精湛的論述與例證。但是，旅館設施更新裝修皆排除在外，這些都是筆者想要在本書之中發揮的課題。

㈡蘇芳基編著《餐旅概論》，由新北市揚智文化於2011月6年出版。該書分爲六篇，緒論、餐飲業、旅館業、旅行業、休閒娛樂業、總結篇，就旅館業而言，只談經營管理。該書並無旅館更新之論述，這是筆者所撰文的動機與目的。

㈢魏嘉雄的論文《國際觀光旅館更新再利用之生命週期管理探討》，收錄於2003年兩岸營建環境及永續經營研討會論文集。該文係藉由建築物更新計畫之生命週期管理理念，探討國際觀光旅館更新計畫。該作者也於同年改寫爲《建築物更新計畫之生命週期管理探討——以國際觀光旅館爲例》，作爲國立臺北科技大學土木防災技術研究所碩士論文。該文以臺北喜來登大飯店的全館更新爲例，論述旅館更新的建築全過程。該書的論述帶給筆者相當多的啟發，這是筆者所閱讀到唯一討論旅館更新的專書。然而，該文引用生命週期理論來論述該飯店全館更新，與筆者所認知不同。這座原名爲臺北來來大飯店的臺北喜來登大飯店，由於所有權異動，新的主持人出資將它全館更新，筆者在來來飯店開幕初期，擔任保固修繕工

作，對於這座旅館的硬體設施略有研究。

㈣姚德雄著《旅館產業的開發與規劃》，由臺北市揚智文化於1997年出版。該書闡揚作者的藝術設計生涯，對於旅館產業的開發規劃的內涵，有了個人的藝術家理想。該書並無論及旅館更新，只談到旅館生命週期階段。

㈤詹益政、黃清澤著《旅館業經營管理》，由臺北市五南圖書出版公司於2005年出版。該書對於旅館產業經營管理的闡述頗為精闢，但是對於旅館設施的管理甚至於維護修繕更新等皆沒有提到，這是筆者所要展現的。至於觀光法規，筆者認為不必占用篇幅，因為有關觀光行政法規，上網即可獲得。

㈥陳哲次著《旅館設備與維護》，由臺北市揚智文化於2004年出版。該書內容涵蓋旅館設計規劃、外裝與內部計畫、餐廳設備規劃與廚房設備規劃。該書未將設備與設施分別定義。最後之管理與更新，提到「旅館的更新週期預測」的觀念。此外，該書也提到，興建旅館之所謂「監理」。筆者擔任杭州富春山居度假酒店籌建專案工程總監，熟知大陸監理制度有別於臺灣的建管單位。

㈦周明智著《旅館管理》，由臺北市五南圖書出版公司於2011年9月出版。文中定義在旅館日常的維修（Maintenance），對於旅館的重新裝修（Renovation）也有紀錄，有引用自David M. Stipanuk原著之*Hospitality Facilities Management and Design*。但是筆者研究認為臺灣的觀光旅館的實際做法跟理論有差距，筆者這本書可以更務實的展現當今臺灣觀光旅館的設施更新做法。

㈧徐明福、吳玉成譯，David R. Dibner, Amy Dibner-Dunlap原著《建築增建設計》，由胡氏圖書出版，1991年8月茂榮總經銷。該書從歷史建築保存的面向討論擴建美學結構機電以及室內設計，筆者認為國外案例存在學者的理想與夢想了。

肆、旅館設施更新的內涵

一、旅館更新的重要性

旅館的投資，不但一次就要投入鉅額的資金，而且需要長期的回收時間。然而，所興建的建築物與設備卻常因時代急遽變化，商品的經濟價值也隨著陳舊化，這也就是旅館必需加以更新的理由。臺灣地區的國際觀光旅館，其進行旅館更新的頻率，相較於其他歐美國家的旅館更新，有過之而無不及。旅館經營為求保持並增進營業的經濟價值，就顯見旅館更新的重要性了。

二、旅館更新的動機

一般來說，旅館的更新（Renovation）是旅館產業汰舊換新的過程。旅館業為了種種原因，必需執行旅館更新。更新不是目的，僅僅是用來實現更大目標的手段：提高旅館設施價值極大化，作為以營利的競爭地位，不為更新而更新。

三、旅館更新的內涵

根據Hassanien（2006）的研究，旅館更新的內涵有以下六點：一是更新的原因、二是更新的程序、三是更新的驅動力分析、四是計畫和控制、五是實施與執行、六是評估與檢討。敘述如下：

(一)旅館更新的原因

Hassanien（2006）認為，旅館更新的原因可分為：策略性的、經常作業性的、機能性的需要，或配合更新的目的。例如：1.由於產業的競爭。2.滿足顧客維持或增加市場占有率。3.改進作業效率，以增加生產力及減少長期作業費用。4.維持公司形象及標準。5.提升旅館等級。6.配合新的市場趨勢及科技需要。7.配合政府的法規變更需求。8.由於天然災害如颱風地震的復原。

(二)旅館更新的程序

根據文獻上的分析，Ahmed Hassanien和Erwin Losekoot（2002）認為更新過程除了包括四個階段，一、更新計畫與控制，二、行銷與宣導，三、旅館更新活動之執行，四、更新前評估與更新後檢討。同時亦考量了不同的三個方面：

1. 旅館更新裝修過程，應把生命週期視為這是一個永續經營的過程。
2. 旅館更新裝修，包括其它的企圖心或驅動力。
3. 旅館更新過程中，給予行銷的元素與更新執行階段同步實施。

(三)旅館更新的驅動力

Ahmed Hassanien（2006）認為，旅館更新的驅動首先設定更新目標，以便審定旅館有否經濟能力執行更新（Paneri & Wolff 1994）。而旅館業者才能決定及分派主要的驅動者及團隊。雖然更新主要針對顧客，但是也不能忽略其他的單位要求，如政府法規的增修或者是連鎖旅館集團所規定的設施標準（West, A. & Hughes, J.T.,1991）。例如：頒布新的菸害防治法，就能驅動旅館業更新變更室內裝修。

(四)計畫和控制

Baltin和Cole（1995）認為旅館更新，計畫有四個要素，在計畫階段包括團隊、預算、時間和行銷（Nehmer, 1991）。無論如何，最重要的要能適當控制程序、控制時間、成本、材料及執行更新計畫。

1. 團隊：一旦決定要更新，就要選擇執行的更新團隊。Paneri和Wolff（1994）建議外包團隊在計畫階段就要參與（例如：室內設計師、建築師及專業廠商），提供他們的專業技術，以便完成預算估計、工程時間表、階段進度及事件處理的意見。旅館業主應任命專案經理（project manager）完成旅館的更新（Fox, 1991; Rowe, 1996），專案經理是溝通協調的樞紐，他是介於業主、外包設計師、營運單位、專業顧問群、施工廠商之間的角色，統合專案進度，達成公司當局指派的目標。專案經理的條件是，具備廣泛的旅館建築裝修經歷與業界營運及相關的知識技術經驗者。

2. 預算：更新計畫之中，確實的預算估計含將來可能追加的成本，都應予以保留項目。有些旅館集團規定營利的百分比作為更新準備金，保持隨時有經濟能力去做更新工作。

3. 時間：盡量利用淡季去完成，何時去更新與更新本身同樣重要，也要考慮更新時要照樣營業（Paneri & Wolff, 1994）。更新團隊應完成明確的計畫書，包括工程進度表等。同時為配合時程，所有要施工的材料要依照工程進度採購計畫進行。

4. 行銷：不管何種形式的更新，行銷都是很重要，應提早利用宣傳或將設施更新計畫予以公告給客人。（如圖0-1）

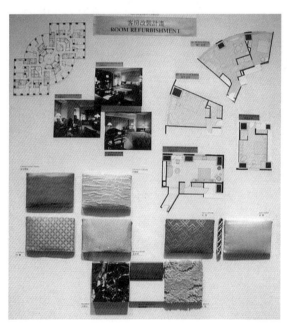

圖0-1　客房更新計畫之材料板（color board）
（旅館客房更新，利用宣傳將設施更新計畫公告給客人。這是臺北遠東飯店的客房改裝計畫，將色板公告在旅客大廳，做了很好的行銷。）

㈤實施與執行

　　Blain和Cole（1995）認為，一旦業主通過預算，並且核准所提出的更新計畫之後就開始進行。徵選良好的設計師按預定計畫達到更新的目標。另一方面，重要的是更新專案團隊間的溝通及合作無間，以便順

旅館設施更新的理論與實務

利執行（West & Hughes, 1991）。

㈥評估與檢討

需要作評估計劃，評估營業收入及住用率。也就是說，檢討更新的過程以及更新的計畫，檢討完成更新所需要之預算與原先預算的差異。

伍、本書的章節結構

在緒論中，筆者對於本書的名詞定義統一稱謂、本書的研究概念、海內外有關旅館設施更新的研究概況、旅館設施更新的內涵、旅館設計規劃的範疇，有了初步的論述。緒論係在闡明旅館設施更新的理論與實務的融合，也包含了旅館設施的設計規劃與維護管理的內涵。

本書分為理論篇與實務篇兩大部分，實務篇分為六篇，分別是：概念構想階段、規劃設計階段、細部設計與採購發包、施工建設階段、維護管理階段、設施更新階段。理論篇筆者提出四篇小論文，這四篇論文都是參加過觀光餐旅、設計等學術研討會所發表過的文章，並且經過與會學者專家的批評與回應，筆者為納入資料特刪減重寫而收入在這本書之中，作為理論編的內容。

實務篇

本書將旅館更新實務篇分為六個階段：

第一篇　概念構想階段：第一章對更新作業之前期作業進行了梳理，分為：市場調查、環境調查、市場預測、市場定位、行銷策略、法規檢討、風險評估、成本初估、機會研究、徵選專業顧問團隊。第二章研究重點在更新專案計畫，第一節是階段進度計畫，分為專案工作進度計畫、規劃設計進度、行政作業流程、工程作業預定進度計畫、採購發包計畫。第二節是更新專案工程計畫內容，包括進度計畫、財務計畫、更新專案預算。

第二篇　規劃設計階段：第一章從基本規劃開始，分為前場規劃與

後場規劃。第一節界定旅館設施區域的統一稱謂及面積的計算法。第二節是前場的規劃，包含旅館的總平面組成與設計要求、旅館的大廳及公共部分規劃、旅館的客房層規劃、旅館的餐飲區域規劃。第三節是旅館的後場規劃，包括旅館的行政區、旅館的後勤補給區、旅館的廚房區、旅館的洗衣房區、旅館的庫房區。第二章對於旅館的各項系統規劃做了分類，第一節是旅館的電氣設計，供電與配電、照明。第二節是節約能源的計畫與措施，照明的節能、旅館客房耗電分析。第三節作出空調系統的評估與規劃，有關空調設備工程的設計、空調系統概要，舉出實例：旅館空調改善評估。第四節是設備系統的評估與規劃，內容有供水供電設備系統的生活用水管理，列舉案例：太魯閣晶英酒店熱水需求規劃變更、廚房區的更新。第五節闡明收費系統的評估與規劃，餐廳收銀櫃臺之設備需求。第六節是鎖匙系統與節電裝置的規劃。

第三篇　細部設計與採購發包：第一章將旅館設施分為公共部分、客房部分、後勤部分，分別賦予室內外裝修設計，第一節旅館公共部分的規劃設計，闡述旅館建築與設施標準、入口大門及門廳、旅館中庭、前台管理與總服務台、會議商店與其他服務設施、健身與娛樂設施、餐飲設施、宴會廳及多功能廳、公共廁所，實例解說：櫃臺設計方案。第二節客房單元設計，內容有客房功能分析、客房的空間尺度、客房備品間、客房設計原則、客房浴廁設計、客房設備。第三節是後勤單位的規劃設計，包括行政辦公室、前台辦公室、總機房與訂房組、廚房設備及設施、進貨區與驗收、安全監控與安全室、洗衣房與制服室、員工盥洗室與更衣室、員工餐廳、房務部。第二章將採購發包策略進行了闡釋，包括擬定工程分包項目與內容、採購發包流程、擬定招標文件，實例：渡假酒店新建工程投標須知，實例：酒店主大廳裝修工程一般規定、施工說明。第三章針對承包商徵選與資格審查作解析，闡釋業主與承包商的關係、總承包商、專業分包、協力分包、施工契約管理。

第四篇　更新施工階段：第一章第一節研擬初步工程管理系統，稱為施工計畫以及組織工程團隊、施工期間臨時水電及環境計畫。第二

節闡述工程管理的目標，分別是預算管理、品質管理、進度管理、材料管理、小包管理、安全管理。第二章闡述設計圖說，分別為施工規範、建材規格、機電補充施工說明、承攬廠商應遵守事項。第三章闡明施工作業管理與工務行政、工程變更權責劃分及程序、契約變更索賠延期處理、工程作業協調及紛爭處理、擬制變更（Change order procedure）、工程契約文件管理。第四章做工程竣工作業的說明，分別是專案工程竣工驗收管理、驗收準備、驗收計畫、移交竣工資料、辦理交接手續。

第五篇　旅館營運期間之維護管理階段：第一章旅館設施及設備維護管理系統之建立，第一節旅館工程部的組織架構。第二節概述旅館管理者應具備的基本觀念。第二章敘述工程維修部的管理，第一節闡明工程維修部的內涵。第二節詮釋總工程師的職責，揭露工程部的組織、總工程師的工作細則。第三節列舉旅館各類機房、鍋爐房、受電室、發電機房、空調機房、電梯機房、監視器設施。第三章闡述維護與修繕的常態工作，第一節揭示設備與工程的使用年限、固定資產使用年限、常用家具及物品的折舊年限，附錄：日本旅館固定資產使用年限。第二節說明局部更新；實例：更新廚房設備之調查現況。

第六篇　設施更新階段：第一章揭示變更使用執照，第一節闡明變更使用的原因和方式、更新的原因、變更使用執照檢附證件順序表。第二節變更使用執照執行法規依據，實例：國際觀光旅館申辦變更使用執照流程。第三節闡釋變更使用執照的流程、變更使用應考慮之重點、建築物室內裝修管理辦法，案例：申辦室內裝修合格證明之流程。第二章更新與改裝，第一節詮釋改裝的可行計畫。第二節闡釋機電消防上的考量，就機電系統供給容量及設備系統的更新做了說明。第三節述說計畫施工，可施工的時間、運送材料及拆棄的時間及動線、施工期間之空調供給、廢氣汙染的排除、竣工檢討、PDCA專案檢討。

最後，本書提供四篇小論文作為理論篇：1.觀光旅館更新之研究——從生命週期管理觀點。2.創造老旅館的第二個春天——以北投老舊溫泉旅館的更新為例。3.旅館建築更新管理之研究——從外包商觀點。4.旅館空間照明設計之研究——以太魯閣晶英酒店為例。

壹 實務篇

第一篇

概念構想階段
（The Conception Period）

第一章　前期作業

前言

　　旅館建築是一種綜合性的商業性建築，其投資的經濟效益，往往是有其一定的規模，在起先有概念構想時，就必需有計畫的調查分析，從大環境的國際局勢、兩岸情勢的發展，到社會的脈動萬象。旅館設計從規模、等級的確定，到裝修、設備、各種客房比例的選定都與經濟效益問題息息相關。因此專案設計人員有必要了解旅館籌建的程序，旅館經營者有必要知悉旅館更新前期作業的內涵。旅館更新的前期工作應做到細緻而充分的評估研究。

　　旅館更新的目標以提升旅館競爭力，作為旅館更新的最主要目標。旅館設施是一項生財工具，旅館更新是一項資本支出，有投入必需要有產出，投資報酬是旅館更新目的之決定因素。[1]

　　本章分為十個單元，如下：市場調查、環境調查、需求預測、市場定位、行銷策略、法規檢討、風險評估、成本初估、機會研究、徵選專業顧問團隊。

　　旅館更新是旅館產業更新換代的過程，通常為了滿足變化的市場需求，而彌補因長期使用而導致的損壞，或重新更改空間設置。更新之後，外觀顯得有活力，內部空間有新鮮感。它提供了使設備系統更新和現代化的過程。是以，產生安全、舒適和方便的內部環境。

　　Jan deRoos (2002), *Renovation and Capital Projects: Hospitality Facilities Management and Design.* USA: Cornell Hotel and Restaurant Administration Quarterly. pp.510。

　　「*Generally speaking, renovation is the process of renewing and up-*

旅館設施更新的理論與實務

016

---

1 參閱拙作〈觀光旅館更新之研究──從生命週期管理觀點〉，《理論編》。

dating a hospitality property, usually to offset the ravages of use or modify spaces to meet the needs of changing markets. Renovation freshens the look and feel of interior spaces.」

概　要

1. 市場調查
2. 環境調查
3. 需求預測
4. 市場定位
5. 行銷策略
6. 法規檢討
7. 風險評估
8. 成本初估
9. 機會研究
10. 徵選專業顧問團隊
實例：重新定位討論紀錄
實例：室內裝修設計服務契約書

學習意涵

旅館更新的專案人員要了解旅館更新前期工作的內涵，作為旅館設施更新可行性評估的前提，包括：

1. 分析未來市場需求，了解旅館更新完成時潛在旅客的數量、需要與愛好，便於確定旅館規模與服務層次及設施標準。

2. 調查旅館基地的法規、規劃準則、建築物使用限制、基地公共設施狀況。

3. 市場需求預測的內容攸關定位策略之研擬。

4. 市場定位及行銷策略是旅館商戰的成敗關鍵。

5. 闡述旅館更新規劃構想，除了更新硬體設施外尚有文化定位的理論依據。「只有新衣服無法改變氣質」。

6. 旅館設施更新，要考慮的重要因素是建築法規和新立法對更新工程的影響。

7. 對工程專案欲達成的工期與成本目標有負面的影響，就稱為風險。

8. 用假設數量來算，設施更新的預算成本就是將未來的營收，先予花費在更新工程費上，也就是「寅吃卯糧」的概念。

9. 因環境趨勢，若能因勢利導，抓住機會，加以硬體設施更新，即麻雀
   卻可以變鳳凰，創造老旅館的第二個春天。

10. 旅館設計師的涵養：經營意識、服務意識、成本概念、維修意識、專
    業倫理。

一、市場調查

從歷年來臺旅遊外國人的住宿滿意度統計分析看出：大多數人的喜
好，對住宿的要求是：舒適與衛生、優良服務、便宜房價。

市場調查預測是檢討過去營運與現狀的資料調查，調查住宿飲食
宴會等市場。分析未來市場需求，了解旅館籌建或更新改裝完成時潛在
旅客的數量與需要，確定旅館規模與服務層次及設施標準。根據市場定
位，擬定行銷策略。

旅館規模的基本指標是總建築面積和客房間數。這一方面取決於市
場預測，同時也取決於基地條件。依照《觀光旅館建築與設備標準》，
擬出旅館的規模。

旅館的設施由市場調查、旅館等級、經營方式來決定，除了客房
部分外，其他公共活動部分和飲食部分也占投資的很大比例。國際觀光
旅館或星級旅館有餐宴、購物、會議、遊樂健身、文化、婚禮等各種設
施，商務旅館、小型旅館可以只設小吃部提供早餐飲料。

由於國際觀光旅館訴求的消費客群主要為觀光旅客，其次為業務旅
客，經由交通部觀光局之《國際觀光旅館營運統計分析報告》資料得知
歷年來觀光人口成長狀況，藉此平均年成長率再推估爾後之各年觀光人
口數。

綜觀目前及規劃中觀光旅館的經營策略，整理出下列特性，作為未
來趨勢：

(一)餐飲比例提高：各大旅館已逐漸將營運重心調整至餐飲上，以喜宴
   與會議的市場最為熱門。

㈡港澳及大陸旅客住宿比例逐年增加，具有極大的發展潛力，有再上升的趨勢。

㈢國人對服務品質的要求逐漸提高，因此各大飯店都不斷的推陳出新，以符合消費者需求，旅館房價不再是消費者唯一考慮的因素，旅館整體的服務品質才是取決的重點。

　　旅館設計前，必需先完成市場調查、旅館定位、旅館規模，確定可行性評估等工作。做好總體設計的前期工作，再開始旅館設計。若忽略長期的使用價值，儘管有時可以節省短期投資成本，但從長遠來看，反而會增加維修拆改的成本。

二、環境調查

㈠旅館基地的法規

　　譬如進行風景區規劃的地區，土地按照分區使用規則性質分類並且進行規劃管理。國際觀光旅館必是建在「旅館用地」上，依據《建築法》及《建築管理規則》進行規劃。都市計畫區對於各項建築都有詳細的規劃準則，比如建築物的建蔽率、容積率、面臨道路的寬度、停車場車位數、建築物外觀用材、色彩，甚至外觀關係到日光照射外殼耗能的問題。

㈡規劃準則調查

　　都市計畫中按土地使用性質分類，依照《土地使用分區管制規則》分為商業用地、住宅用地、公共活動用地、機關用地、公園等。旅館基地依法令的現況，各級旅館有其存在的區域。「國際觀光旅館建築物除了風景區之外，得在都市土地使用分區有關規定內與百貨、超級市場、商場、銀行、營業停車場、其他等共同使用基地作綜合設計。」「國際觀光旅館基地位在住宅區者，限整棟建築物供國際觀光旅館使用。[2]」

2　《國際觀光旅館建築及設備標準》，設計要點二、三的條文。

(三)建築物高度管制

都市計畫中，對於航空飛機起降的影響問題限制了高度，排除於建築法所給予的高度限制，所謂《飛航安全管制法》。

例如：臺北松山機場的周圍飛航高度管制。基地至機場跑道中心距離在3000公尺之內，建築物受飛航安全管制，進場限建高距比是1/50，限建高度為海拔65.48公尺。因此建築物的高度加上標高2.883公尺，就不得超過此高度。

風景特定區的旅館規劃，對於基地的建築密度、建築高度、建蔽率、綠覆率、造形、顏色都有所規範，例如：國家公園內興建旅館有《國家公園法》之限制，必需於國家公園規劃中的「遊憩區旅館用地」。

(四)基地公共設施狀況調查

1. 道路：基地周圍道路和公路的路面結構、承載能力、對於車輛走向與車速限制、允許旅館出入口與道路連接的數量與方向、道路的指標與坡向、道路照明、排水方式等。
2. 給水：水源、水量、水質、供水管徑、方向、位置、水壓等。
3. 排水：排水溝涵管的位置、方向、管徑。
4. 汙水：有無公共下水道系統、排放管線管徑、位置、埋深、陰井深度、標高、位置及對汙水處理的規定。
5. 瓦斯：瓦斯供應方式、壓力、管徑、方向、銜接位置、瓦斯熱值等。
6. 電力：供電、供電電壓、線徑方向、電價、收電方式等。
7. 電信：電話電纜、室內電話、國際電話、中繼線路、現狀與規劃等
8. 視訊：有線視訊、無線視訊、轉接轉播。

三、需求預測

市場需求預測的內容：

(一)市場分析與決策研擬架構

1. 市場現況分析：了解現況。

2. 潛在需求預測：回顧過去，展望未來。

3. 行銷決策研擬：目標、定位、行銷組合、配套措施。

(二)市場結構分析

1. 市場結構構面：區域分析、品牌、客戶、市場結構特質。

(三)市場競爭分析

1. 競爭者之類別：直接、間接、潛在競爭者。

2. 關鍵成功因素：企業形象、進入時機、產品屬性、服務品質、核心技術、促銷效果、通路掌握、銷售組織。

3. 競爭分析內容：關鍵成功因素評估與成本結構。

(四)顧客分析

1. 市場區隔分析：地理位置、生活形態、區域人格特質。

2. 產品定位分析：品質、價格、企業形象、消費情境、廣告效果等。

3. 產品屬性評估：差異分析之運用。

4. 形象價值分析：產品屬性、服務品質、企業形象。

5. 消費情境分析：動機、考慮因素、時機、未滿足需求。

6. 產品知覺構建：使用頻率、產品偏好、購買能力。

(五)市場需求

1. 潛在市場預測流程

2. 原動變數

3. 消費需求

4. 市場單價

5. 市場銷售額

6. 市場占有率

　　2009年開始，兩岸人民觀光交流往來愈加熱絡，開放陸客來台觀光尤其自由行之後，大量的觀光客致使住宿需求突增。然而，興建旅館緩不濟急，市場變化快速就是舊有旅館的更新改裝，以及原商業區住宅大樓或商辦大樓，在適法性之許可下，變更為日租或精品旅館，以應旅館需求量的逐次驟增。

四、市場定位

「市場定位」及「行銷策略」，是旅館市場的成敗關鍵。

(一)定位策略有以下項目

1. 目標策略

　(1)產品／市場目標

　(2)顧客目標——現有目標、潛在目標

　(3)滲透策略

　(4)開發策略

2. 定位策略

　(1)定位構面

　(2)定位方法

譬如目標市場暫定為50%國內外旅行散客（FIT含商務及一般觀光散客），25%國外高級旅遊團體（含國際性商務、會議、基金團體），25%國內高級旅遊團體。

(二)品牌、定位

國際新環境下的旅館品牌定位，全球的品牌考驗是：接受度、承諾、價格。以設計為驅動的東西，購買能夠現金流的旅館，投資體驗經濟。美國是消費經濟，品牌是屬於消費者的，品牌與名牌的區隔在哪裡？就是品牌承諾。

Guze品牌從1954年佛羅倫斯的工廠開始。臺灣是島嶼，資源有限，也只有依賴創新品牌，從文化→情感的情面去訴求，將一件普通的商品用隆重的典禮介紹，希望有不同的體驗，體驗品牌就不會在乎價錢了。現階段旅館的顧客價值就是三個靈魂：態度、速度、細度。

臺灣過去翹首企盼觀光客倍增計畫，現在終於來臨。當500萬觀光客湧進臺灣，這是個好時光Very good time。臺灣在2010年有61家國際觀光旅館已經維持十幾年，觀光局說現在提報申請國際觀光旅館的籌建案，無以計數。面臨競爭壓力，這是最好的時代，也是最壞的時代。

老旅館的更新也能出類拔萃，要看我與別人有什麼不一樣？光是更新裝修也不能保證從此有好日子，因為「新衣服無法改變氣質」。旅館是在「創造人的價值」。

無界限的競爭無法控制品質，必需標竿學習，創造效率，做最後的勝利者。確認顧客價值，實現品牌承諾，創造「家庭的價值」是旅館定位訴求的運用新式通路，實現品牌活力，永不停止的品牌工程。

五、行銷策略

(一)休閒旅館規劃構想，文化定位的理論依據

旅館從開始籌建，就要有意識地在硬體設施展現內容，對旅館進行文化定位。旅館文化從內涵到外觀無一不隱含文化的概念。旅館文化定位的涵蓋，從旅館名稱、外部造形、內部裝飾與陳設等。旅客到旅館不僅是為了吃住、滿足物質需求，更需要有多采的文化氛圍（如圖1-1）。旅館文化的定位基於旅館本身的自然環境、歷史淵源、地域位置（如圖1-2）、人文環境（如圖1-3）、時代特徵、政治和經濟背景、經營特色等，關係到旅館的價值觀，這才是能讓顧客有重複光顧再次旅遊的感動。

(二)品牌是價值、文化、個性的經營內涵

飯店要讓人感動回憶關心，根據學者研究：關於物質主義與金錢態度、虛榮特性的研究，「物質主義中的獲取快樂傾向越高時，對於炫耀性產品的購買意願越高。金錢態度中的權力－名望傾向越高時，對於炫耀性產品的購買意願也越高。此外，臺灣消費者的我族主義越高，越傾向購買本土產品。」

圖1-1　貴賓招待所的裝飾陳設

（旅館文化從內涵到外觀無一不隱含文化的概念。鄂爾多斯某渡假村貴賓套房的客廳裝飾牆，以毛澤東〈沁園春・雪〉詞的全文，「江山如此多嬌……」下一句「北國風光，千里冰封，萬里雪飄。」體現出內蒙古的景致。）

圖1-2　蒙古包住宿的內裝

（旅客到旅館不僅是為了吃住、滿足物質需求，更需要有多采的文化氛圍。蒙古包的內裝，體現出草原民族的特有信仰及文化。）

圖1-3　文化藝術的創意

（宜蘭礁溪老爺溫泉渡假酒店的屏飾，藉由宜蘭的觀光資源，以地方歷史文化藝術為元素，融合臺灣文化生態的裝飾創意。）

2013年夏季，Villa 32休館通知，義大利米其林三星名廚Massimo Bottura「環遊全世界」夏日盛宴，進行全館軟硬體設備的整合維護，暫時全面休館更新，期待重新開幕。2015年，三二行館的違建案在強大輿論下，業主主動拆除違規部分。職是，旅館再次改裝更新的機會是必然的。

六、法規檢討

任何國家地區都有訂定相關法令規範旅館的開發、建設、整修、修繕，所有開發案都得經過程序核准，更新就要看更新強度，如果小改裝則不必申請，大改裝一定得依照法規辦理申請、審核、竣工勘驗、申請室內裝修審查甚至於核准使用執照。

旅館的任何設施更新，要考慮的重要因素是建築法規和新立法對工程的影響。大多數建築物在新建造時，都會依據建築管理規則，經過各階段的審查施工檢查取得使用執照，符合法規的要求。然而，有時法規

有變更時，進行改裝來適應法規的變化。

籌建國際觀光旅館都必需由交通部觀光局取得籌建核准，其適用之法規除了《觀光旅館業管理規則及施行細則》外，分別舉出十二大類。觀光旅館的更新，舉凡變更裝修甚或變更使用執照，皆不可逾越這個規則（如表1）：

表1　法規彙編

類別	法規內容	主管機關
觀光類	1.發展觀光條例 2.風景特定區管理規則 3.觀光地區遊樂設施安全檢查辦法 4.觀光地區建築物……等規劃限制實施辦法 5.臺灣省鼓勵民間投資興辦風景特定區觀光遊樂設施要點	交通部觀光局
觀光遊憩區類	1.森林法 2.森林遊樂區設置管理辦法 3.國家公園法 4.高爾夫球場管理辦法 5.臺灣省海水浴場管理辦法	農業部 內政部營建署 國家公園
地權類	1.土地法 2.土地登記法 3.國有財產法 4.國有非公用財產委託管理或經營辦法	內政部營建署
地用類	1.區域計畫法 2.都市計畫法 3.非都市土地使用管理辦法 4.土地使用分區管制規則	內政部營建署
營建類	1.建築法 2.建築管理規則 3.建築技術規則 4.營造法 5.實施區域計畫地區建築管理辦法 6.機械遊樂設施管理辦法 7.違章建築處理辦法 8.建築物室內裝修管理辦法 9.建築物升降設備管理辦法 10.其他有關之建築單行法規	內政部營建署

類別	法規內容	主管機關
水土保持類	1.山坡地保育利用條例 2.水利法 3.原住民地區開發建築管理辦法 4.原住民保留地開發管理辦法 5.臺灣省河川管理規則	內政部
海事類	1.海商法 2.船舶法及船舶登記、管理、檢查規則	
保育類	1.文化資產保存法 2.文化資產保存法施行細則	文化部
環境保護類	1.廢棄物清理法 2.水汙染防治法 3.汙水下水道管理辦法 4.空氣汙染防治法 5.噪音管制法 6.菸害防治法 7.臺灣省環境衛生管理規則	環保署
經濟賦稅類	1.公司法 2.商業登記法 3.促進產業升級條例 4.娛樂稅法 5.獎勵投資條例	經濟部
人事類	1.交通部觀光局辦事細則	交通部觀光局
其他	（略）	

　　關於住宅區設置旅館的開禁，臺北市政府通過《臺北市土地使用分區管制規則》附條件允許使用之核准基準表修正案，許多在分區劃設限制不得開立之行業，將可據此附件管制開放申請，如具爭議性的一般旅館業得有條件於住三、住四開業的核准管制等。臺北市都市發展局在市政會議中提案修正《臺北市土地使用分區管制規則》附條件允許使用之核准基準表，增訂部分可能具鄰避性之使用，包括住宅區附近設置一般旅館業等。

七、風險評估

所謂風險，在傳統觀點下被定義爲沒辦法預知的事，不想發生的事及料想不到的事，在工程中即稱爲「對工程專案欲達成的工期與成本目標有負面的影響。」通常，風險具有不確定性。換句話說，人們在主觀上的預料與實際上狀況的差異就是風險的所在。

風險管理是以各種可行和理性的方法，去認定各種可能危害現有或未來資產（包括財產、人身、收入和其他無形資產）的任何事物，並分析和衡量其可能發生之損失頻率與程度，從而尋求和採取可行的、適當的及符合成本效益的方法，加以預防及控制損失，盡力保障現有及未來的資產。

一般常見的企業風險有：

㈠契約的法律責任：違反契約協定、產品責任、社會責任、違反法規、汙染責任

㈡破壞性行動：罷工、暴亂行動、偷竊、搶劫、恐怖主義（綁架、贖金）、縱火

㈢勞工安全衛生：工業傷亡、職業病

㈣建築物毀損：設備毀損、產品及原材料損失營業中斷、機械損壞或故障

㈤公用設施的中斷：電力中斷、紀錄損失、原材料和元件供應中斷

㈥關鍵員工的流失：幹部挖角、集體離職

㈦自然災害：地震、洪水、颱風、雷擊、火災

風險趨吉避凶是承包商處理風險的一個步驟，在工程專案中，某些預期的風險，所謂事緩則圓，或許藉由變更設計或調整進度等方式避其發生。但要注意的是這樣除了對該風險作了處置之外，通常極易影響到其他相關或具延續性之風險的特性，甚至於可能產生新的潛在風險。

八、成本初估

(一)費用估算

在營運中的旅館建築，管理人員可以在施工開始之前，完全的對更新專案進行籌畫和分析。由於更新改裝涉及到要在保持營業場所開業中，不影響正常營業，它們會產生許多不同的問題。例如：當設施更新工作正在進行時，要維持公共場所的通行，要找到利用現有機械和電氣系統的途徑。如果沒有適當的評估和週全分析，會導致工期拖延和費用超支。

(二)收益估算

有兩種類型的收益分析：一種是用於直接影響收入和利潤的項目，另一種是用於支持收入的項目。分析直接影響收入的項目關鍵是：「把淨收入（即由於設施更新增加的收入）與設施更新費用進行比較；把合適的當前價值技術用在將來的收入上，也可以說是『寅吃卯糧』的概念。」

把淨收入和設施更新費用相比較，以決定設施更新能否帶來所期望的回收。使用當前的淨價值分析（NPV），是非常典型的輔助決策方法。

所有會影響營業收入的設施更新，都應該進行分析。然後，可以根據當前的淨值或淨利與費用的比率來對更新專案進行分類，從最大收益到最小收益。如果設施更新的費用不超過可得到的投資利益，也就是說，更新以後所得到的營利效益，比更新工程所花費的費用多。這個更新專案是值得進行。

(三)更新專案投資估算

投資估算內容一般有下列幾方面：

1. 更新建設工程費：設備安裝工程費、內外裝修費。
2. 專案更新建設前期費：包括規劃設計初期假設工程費。
3. 重新開幕專案開辦費：包括旅館開業所需的設備與用品用具及籌建人員勞務費、管理費、開業前的廣告宣傳費。
4. 其他費用：包括交通工具購置費、考察訓練費、預留費、償還利息。

上述組成了總投資額。

九、機會研究

機會研究有以下項目：

(一)市場機會評估

1. 市場機會構面
2. 市場機會特質
3. 市場機會評估方法

(二)生命週期分析

1. 生命週期階段：導入、成長、成熟、衰退
2. 各階段衡量指標
3. 各階段之特質
4. 生命週期與投資策略

當冬天來臨時，春天也就近了

兩岸交流，開放大陸客來臺觀光，大陸客自由行，商機無限。這是個機會，港澳客，日韓客的增加，有許多旅館投資案是大環境使然，是政策的因素。由於政府的政策，開放觀光旅遊之後，臺北後火車站的老飯店變成了搶手貨，這是環境趨勢，但若業主能因勢利導，抓住機會加以硬體更新，麻雀也可以變鳳凰，往這個區塊發展另一番行情，也就是說，創造老旅館的第二個春天。

旅館需求實例[3]

自由行背包客人數逐漸成長，為了提升小型旅館的競爭力，臺北市政府推出「懷舊旅館風華再現輔導計畫」，協助已有經營歷史的旅館進行改造，打造成具有歷史文化的特色新旅店來爭取國內外自由行旅客市場。

繁華的中山、大同等區域，由於商業發展成熟、交通便利，所以各式旅館林立，光是中山區的旅館就高達一百一十家，占臺北市旅館的四分之一以上，鄰近的大同、中正、萬華區總數也達一百六十一家，是旅

---

3 記者鄭瑋奇，臺北報導，《臺灣新生報》，2013年8月4日。

館業的一級戰區。

　　小型旅館非常有發展潛力，也一直是喜歡臺北老城風貌旅客的最愛。透過室內設計、建築、消防、文創等領域的專家，選定兩家小型旅館協助進行改造。改造內容除建築設備的翻新外，還針對旅館本身及所在街區的特色作整體旅館空間規劃，讓接受輔導的旅館成為當地的新亮點，吸引更多國內外旅客、背包客入住。

平價優質旅館　旅宿網找得到[4]

　　近幾年觀光局輔導旅館業者提升品質，並補助經費，讓老舊旅館重新設計，讓旅館的平價與優質可並行。效果非常好。臺北市中山北路二段巷內，有一處只有十五個房間的老舊旅館，原本住房率才二到三成，經過拉皮並重規劃後，住宿提升至八成，且租得到每晚七百元的床位。為了保障消費者權益，但同時觀光局鼓勵日租套房業者，依《旅館業管理規則》申請成為合法業者。高雄85大樓原本有好多日租套房，後來聯合起來並申請成為合法經營的旅館。

　　中山區的晶華酒店（麗晶四季品牌），以及信義區的君悅酒店（Hyyat品牌）已經25年了，該是有新飯店的時候了。2010年9月開始，台北市陸續開幕三家海外品牌的旅館，分別是東區的寒舍艾美（Le Meridien）、W飯店和北投的加賀屋。國際品牌看中的，是日漸開放的兩岸旅遊與經濟市場。

　　「以臺灣國外觀光客成長人數來看，很有發展潛力，卻沒有夠多的飯店，現在進來臺灣正是時候」。相較於2008年開放陸客來臺之前，觀光飯店家數成長停滯，開放之後，三天兩頭就有人遞件要蓋新旅館。觀光局預估，2013年單看國際觀光飯店就將成長到八十七家，約是2007年六十家的1.5倍，房間數成長38%。

第三波國際旅館熱潮

　　臺灣的旅館建築發展，正進入旅館業者口中的第三波國際旅館風

---

4 記者汪淑芳，臺北15日電，中央社，2014年8月15日。

潮，與前兩波不同之處，在於更明顯的市場區隔。1973年，臺灣第一家國際旅館希爾頓（今凱撒）開幕，掀起第一波國際觀光旅館風潮。之後第二波陸續出現來來（今喜來登）、凱悅（今君悅）、麗晶（今晶華）和六福皇宮等。如今這些旅館都老舊了，區隔也不明顯。而吸引追求時尚流行，進入美術館建築類型的旅館。第三波新旅館的行銷，「賣的是真正的體驗、氣氛、服務」。老旅館為求生存，惟有更新設施，別無良策。

十、徵選旅館專業顧問團隊

旅館更新就其規模大小而言，無論是全館改裝抑或是僅改裝一個餐廳，甚或是改裝幾間客房，都得慎重的選擇旅館設計師。一般設計師若對於旅館的經營不甚了解，對於旅館設施的內涵不清楚，其作品往往只求美觀而不實際。

好的專業團隊熟悉此行業，對旅館做市場評估或調查。好的諮詢顧問，應可對公司在價值及促進營運上增益不少。

一件大型旅館的籌建案，專業顧問團隊的組成相當重要，以現有企業體制內慎選合適者加入團隊，向心力比較足夠。但是建設方面的人才，一般旅館是不會培養的，除非集團旅館經常有開發維護更新專案，以訓練儲備人才。

專案人員何時進場跟如何選擇人員是同樣重要，要依據專案總進度表而決定何時進場，否則經營的人是來了，工程尚未完工，甚或遙遙無期還要支遣，徒勞無功。專業顧問團隊在國外總是組織龐大、分工精密而周全，在國內就未必如此。

旅館更新要看規模範圍而決定狀況，有時可採用室內設計兼而也懂建築的團隊，配合機電工程師的審核。老舊旅館建築物必需由結構技師顧問的加入研究計畫，以評估變更裝修時的結構強度，以便向建築管理主管機關及交通部觀光局申請辦理合法手續與核准執照。

(一)旅館設計師群的構成有

　　1.建築師、建築設計師、室內設計師。 2.結構工程師。 3.環境工程師。 4.機電工程。 5.空調工程。 6.水電工程。 7.設備工程。 8.電梯工程。 9.美術設計。 10.音響設計。 11.照明設計。 12.電腦系統設計。 13.安全系統設計。 14.內部庭園景觀設計。 15.旅館其他專業顧問。通常業主都僅找幾個基本的顧問，由一位設計師再委託相關協力技術顧問。

(二)設計師的徵聘，慎選有資格的設計師

　　旅館設計的成功與否，也是旅館經營成功的關鍵。業者得以查詢室內設計業者過去完成的設計案有那些？是否曾經發生重大糾紛，使室內設計業透明化。

　　聘用外國設計師加入更新團隊是更新成功的因素之一，旅館更新專案的外包商分擔了旅館的風險管理，旅館可專注本業之核心經營，勞務外包不需太多精神於非專門領域。[5]旅館經營應專心於本業，專心發展核心專長以及策略性外包可以讓企業充分善用外在資源，專業外包所提供的技術、創意，有時並不是企業本身所能辦到的。建築師設計師作為一個外包商的意義，在於提供旅館建築與設備的行政與法規的知識及執行過程。

(三)旅館設計師的條件：飯店設計師的四大意識

　1.經營意識——前場

　　旅館設計師不但要整體規劃布局主題陳設的展演及籌備施工全部過程，還必需懂得飯店的經營管理，懂得飯店營銷系統，表達出飯店的需求意圖。而不只是表現出建築及內裝材料的美感，舒適的環境而已。

　2.服務意識——後場

　　旅館設計師必需具備旅館服務觀念、旅館的生活流程、前場的客人流線、後勤職工的服務動線、服務流程及各個功能區的作用要合理

---

5 參閱拙作〈旅館建築更新管理之研究——從外包商觀點〉，《理論編》。

的布局。後勤動態及前場客人的取餐用膳，客房廊道的流動。

3. 預算控制──節約

旅館裝修更新的每一分錢，都是爲了能夠回饋營利，因此每一次的更新專案，都得通過董事會的授予預算。更新裝修是一項資本支出，設計師必需懂得控制預算，才能算是好的稱職的設計師。節約而達到美好的設計，並非都得花費高額的金錢堆砌而成，除非標榜特殊的文化風格，而且消費階層也能接受，例如：阿拉伯聯合大公國的幾家黃金般的飯店。

4. 維修意識──好保養

旅館設計師必需有保養維修的觀念，旅館設備及設施都要隨時保持完美無缺，因此用材用色都以保護維修的概念意識，設計出來的環境，自然就好整理易維修，而且設備週期管理也易於執行。減少維修機率，就是節省資本支出。

實例：太魯閣晶英渡假酒店重新定位決策之討論

會議內容及討論（為了讓學習者討論實驗，筆者修改了實際的紀錄以利教學）

1. 概念宣示（如圖1-4）

圖1-4　太魯閣晶英酒店改建更新的三個時期：（臺灣）中國旅行社天祥招待所──天祥晶華度假酒店──太魯閣晶英酒店。

從原本的「渡假仙境，靜中帶勁」，update為「低調、安靜、休息」。

2. 定位：以損益平衡點來做出房間數及將來預期房價，但是房間數應是空間的量體來做最後決策，用減法的原理來做這個專案原

則，房間數可視空間減去後的實際情況而訂稍提高。彌平我們的損益點，原本本住房率是40%，若定在50%住房率是對的預估值。

3. 在住房率無法上來的情況下，在既定的建築規範內，減低客房數量，住房率就直接提升。

4. 細分市場：週間以國內旅行團體為主體，週末及假日以國內旅行散客為主，客層不會馬上改變，但是將來改裝提高房價後會有不一樣的客人，將會議市場作為改裝的重要思考原則？

5. 競爭者分析

   當前與本旅館理念相仿的本土渡假旅館有：礁溪老爺、涵碧樓……，調研其成功的關鍵因素。還有參考國外的休閒旅館，例如chade、富春。

6. 前台服務流程是改變的重點

   住客流程──正門主出入口（Main entrance），多職能的櫃臺，含：門童（door man）、泊車（car park）、行李處理。

   服務櫃臺：多功能複合式站立式櫃臺，櫃臺職員是走動式的服務。規劃一座綜合服務台，位置在大廳的中央地點，形成一個島式櫃臺。也就是說它四面皆可接待客人。島式服務總台將櫃臺功能發揮至極大，內容包括：接待台、服務台、飲料點心吧台。不同於一般旅館大廳的半島式或靠邊式櫃臺。

   行李流量的動線隨著島式總台的成立，行李的進入與搬出不同路線。

7. 健身SPA，要增加使用率，房務要將SPA的氣氛延伸到客房。

8. 娛樂節目，館內應該朝向靜態、知識、文化、自然。館外則結合國家公園步道及其他資源來運作。

9. 賣店長廊由廠商經營，我方主導商品結構及規劃，商品內容要有獨特性。

10. 目前西餐廳改成多功能廳，提供早、午、晚餐食，以當地特有食材為發揮主體。中餐廳改成以PDR為主的餐廳（10-12人及5-6人）。

11.更新屋頂景觀及休憩空間。獨創性與價值觀，太魯閣峽谷的清流
激湍是無法模仿的自然資源，庭園景觀規劃設計的方向，惟有資
源利用、取得、借景，將之融入其中。眺望美景，不如身在圖畫
美景中。（圖1-5）

圖1-5　太魯閣晶英酒店屋頂休憩平台，清流激湍的自然景致，惟有資源利用、取
得、借景，將既有景物融入其中。臨窗浴池引入祥德寺寶塔作為飾景設施
令人暇思，此為成功的設計。

　　渡假旅館更新計畫，借用太魯閣峽谷獨特的觀光資源，以地方歷
史文化藝術為元素，融合臺灣文化生態的新典範。在崇山峻嶺的大自
然環境中帶入人文內涵。以襯托臨水親水，連結觀賞山景水景的的休
憩平台。

實例參考

旅館室內裝修設計服務的階段

(一)室內設計服務範圍

　　旅館設計過程是一項綜合各面向的複雜程序，由旅館設計師和業
主、建築工程師、經營者、室內設計師，建立一項協調機制。通常將
它分為五個階段：

第一階段：規劃

　　在這個階段，旅館設計師按照建築圖，考慮旅客使用空間和後勤支援空間的運作而進行規劃旅館室內設計空間，以達到最適宜的實用機能。這個階段是以建築平面圖的方式呈現。

第二階段：構思／概念設計

　　在這個階段，旅館設計師提供家具分布配置圖，並選擇主要的建築裝修材料與設備、選舉面飾材料布件。旅館設計師將這些選擇以彩色平面圖、材料樣品板、透視草圖、概念構想透視圖的方式呈現。

第三階段：建築資料

　　在這個階段，旅館設計師與所有顧問單位建立和協調所有的設計資料，此資料包括：地面面材配置圖、天花板配置圖、室內立面圖和建築詳細圖，還有配電圖，討論確定後，由設計師準備施工圖繪製和招標文件資料。

第四階段：招標文件（施工圖）

　　在這個階段，旅館設計師提供施工圖及各項設備與材料樣品的規範。

第五階段：實地施工和監督的設計協調

　　在這個階段，旅館設計師實地監督施工，確實所有施工設施設備的規劃設計都按照旅館設計師的圖面文件規範和設計構想而施工安裝。

㈡也有分為四個階段：

　　基本服務的工作範圍：

　　第一階段：規劃與規劃階段

　　第二階段：方案設計階段

　　第三階段：合同文件階段

　　第四階段：合同管理階段、實現了室內設計

㈢也有分為六個階段

第一階段：調查／策劃

第二階段：概念

第三階段：設計開發／建築資訊

第四階段：室內設計文檔

第五階段：招標和談判／選擇評論

第六階段：設計實現／例舉排除服務的項目

室內設計合約書

室內裝修設計合約書，或者室內裝修工程合約書，版本不一而足皆有合宜之文字敘述。例如有：營建署出版的版本及室內設計裝飾同業公會出的版本，為使業主與設計師或工程方有相對的權利義務，往往甲方擬的版本就偏向甲方，乙方擬的版本就偏向乙方。筆者今列舉由設計公司擬的室內設計合約書，以供參考：

室內設計合約書

立契約書人　××國際酒店股份有限公司（以下簡稱甲方）

　　　　　　××設計工程有限公司　　（以下簡稱乙方）

有坐落於臺北市中山北路2段39巷3號臺北晶華酒店2樓大廳、上庭酒廊及二十一樓俱樂部等三個區域之室內裝修工程，由甲方委託乙方承攬室內裝修之設計規劃事宜，特訂定下列條款，共資遵守：

第一條：乙方工作內容：

　　　　㈠乙方根據甲方所提供之藍圖及現場觀察詳研之建築結構後，擬定室內設計平面圖及簡略說明。

　　　　㈡繪製室內裝修設計圖，包括用料、顏色及家具圖樣等，並附施工圖說明書（必要時提供樣品板供參考）。

　　　　㈢設計階段

---

1. 平面配置階段

2. 立面造形大樣及材料配色階段

3. 制定施工工程總則及標單位

4. 工程發包作業之圖說

㈣擬定室內裝修工程項目數量及單價編訂造價預算書。

㈤提供完整之設計圖三份，CAD圖紙光碟，並檢驗其材料樣品品質、尺寸及規格是否符合原設計規格。

第二條：設計範圍

㈠二樓大廳及上庭酒廊

㈡二十一樓俱樂部

㈢Regent Deluxe樣品屋一間。

第三條：下列工作非屬本合約之設計範圍：

㈠建築結構設計。

㈡建築結構設計方案或藍圖有所變更者。

㈢室內設計方案或圖樣經甲方同意及核准後，甲方又提出變更者。

㈣模型設計。

㈤建築之外型設計。

㈥空調、水電、消防工程設計。

第四條：甲方應付給乙方的設計費，合計新臺幣貳佰陸拾肆萬元整（不含稅詳如附件一估價單），經甲、乙雙方議價後，乙方以不含稅價計新臺幣貳佰叁拾捌萬零玖拾伍元整及含稅價新臺幣貳佰伍拾萬元整承包，按下列期限以現金或即期支票分期付給之。

第壹期：總設計費之百分之三十，即新臺幣柒拾伍萬元整，於簽約時給付。

第貳期：總設計費之百分之三十，即新臺幣柒拾伍萬元整，於平面、立面圖設計完成後給付。

第參期：總設計費之百分之二十，即新台幣伍拾萬元整，本合約工程招商投標發包時給付。但甲方於收到完整

之圖面及材料色卡逾一個月後仍未招商投標者，視為發包完成，乙方得辦理請款手續。

第肆期：總設計費之百分之十，即新台幣貳拾伍萬元整，於工程完工時給付。

第伍期：總設計費之百分之十，即新台幣貳拾伍萬元整，於本合約工程完成驗收報告時給付。但本合約工程經乙方通知而甲方延不驗收逾一個月者，視為驗收完成，乙方得辦理請款手續。

第五條：設計費用及設計範圍以附件一估價單之內容為準。

但設計方案及圖樣經甲方同意核准完成後，而甲方又提出變更者，則設計費用另議。

第六條：工作進度

乙方應於簽約後即與甲方各有關部門協調設計細節，並提出整個設計進度表（甲方各使用單位應盡量配合乙方提出使用需求）。

前項進度表經甲方認可後，乙方應認真執行，但因甲方人員（包含甲方所聘之顧問及協力廠商）所致之延遲，而阻礙乙方人員執行任務或遇人力不可抗拒之災害而影響工作進度時，則進度表時間另行商議（設計進度表詳如附件）。

第七條：監工職責

甲方應於工程施作階段，發函通知乙方指派專人依下列工程階段到工地監督施工，並協助承包商解決工地疑難及協辦管理，不得延誤推諉，如甲方認為該監工人員不能勝任時，得令乙方更換監工，乙方如需在工地住宿時差旅費及住宿費另行商議。監督階段依工程進度分段如下：

㈠現場平面放樣

㈡色樣材料確認

㈢造形雛形確認

㈣工程驗收確認

第八條：合約解除或中止

乙方如有下列情形之一者視為違約，甲方得逕行解除本合約。

㈠承包商未按照圖施工，或施工品質未合乎約定，乙方未通知業主提出改正者。

㈡乙方具有不能履行合約之事實者，如倒閉停止營業申請法院宣告破產，受徒刑之處分或負責人失蹤等。

但如甲方有下列情形之一者視為違約，乙方得逕行解除合約，對乙方因此所致之損失概由甲方負責賠償。

㈠甲方不依照本合約第四條之規定依期付款者。

㈡甲方簽定合約後逾一個月末能將設計圖定案者。

本合約之工程有下列情況，而影響工程進度或導致工程與原設計不符者乙方概不負責。

㈠甲方不能詳細供給乙方有關之建築圖樣及有關之資料者。

㈡室內設計方案或圖樣經甲方同意及核准後，甲方又提出變更而影響工程者。

㈢甲方之人員包括工地工程人員及使用單位，採取不合作態度而阻礙乙方人員執行任務者。

第九條：附件效力

　　本合約之附件視同本合約之一部分，與本合約具有同等效力。

第十條：合約時效

　　本合約計正本二份，副本一份，由甲方執正本副本各一份，乙方執正本一份，本合約自簽定之日起生效。

附　件：㈠設計費估價單一份

　　　　㈡設計作業進度表

立約人：甲　方：

　　　　負責人：

　　　　地　址：

　　　　乙　方：

　　　　負責人：

　　　　地　址：

　　　中　　華　　民　　國　　　　年　　　　月　　　　日

第二章　旅館更新專案計畫

　　本章分為二個小節，第一節是階段進度計畫，分為五個單元，專案工作進度計畫，規劃設計進度，行政作業流程，工程作業預定進度計畫，採購發包計畫。第二節是更新專案工程計畫內容，分為四個單元，進度計畫，財務計畫（預算管理），更新專案預算與總預算，設備說明書編訂（綱要）。

　　旅館更新的定義是：局部保留或改進旅館形像的過程，由於各種的原因，由修改有形的設施，在旅館的營運佈局上，以修改設施及新材料美化的任何方法或者僅僅替換傢具、裝置陳設和設備。

Baum, C. (1993). The six basic features any business hotel must have. *Hotels*, November, 52-6.

第一節　階段進度計畫

概　要

1. 更新專案管理各階段工作概要	附表：更新專案管理各階段工作概要
2. 規劃設計進度	圖說：專案執行及各權責單位工作
3. 行政作業流程	內涵說明
4. 工程作業預定進度計畫	附件：有關工程控管流程圖
5. 採購發包計畫	附件：旅館更新專案工程作業流程表

學習意涵

1. 闡述更新專案計畫	3. 了解更新專案工程計畫內容
2. 概述旅館更新階段進度表	4. 釐定目標進度

5. 施工階段由更新專案部總執行

   (1) 建築團隊作業

   (2) 法規的考慮

   (3) 進度的確保

   (4) 工程各種工作之協調

   (5) 品質管制

   (6) 成本控制

   (7) 變更使用執照之申請辦理

6. 探討旅館更新專案行政作業流程

   (1) 旅館更新專案預算提估

   (2) 概念設計

   (3) 專案工程作業之主要階段

   (4) 專案經理統籌負責整個專案工程協調

   (5) 預算分配確認

   (6) 專案細部設計作業

7. 圖解工程作業預定進度計畫

   工程控管流程：進度控管、工地管理

8. 擬定採購發包計畫

   請購、採購、驗收作業流程

   本書將旅館建設分為五個階段：概念構想階段、規劃設計階段、細部設計與採購發包階段、施工建設階段、經營及維護管理階段，其中經營管理另有專書詳述，本書不加贅述。本節闡述旅館更新專案管理各階段工作概要、行政作業流程、更新專案工程計畫內容，釐定目標進度表。目標進度表有以下項目：

一、階段目標進度的權責

㈠指派工程權責：工程專案總監為設計階段總執行

㈡設計階段成本控制：更新專案部協調統籌規劃

㈢設計進度控制：專案部及更新專案部共同協調規劃

㈣設計工作協調：專案部統一協調各顧問群配合規劃

二、旅館建築設計發展階段由方案規劃顧問建築師或設計師總執行

㈠有關的設計資料

㈡空間分區分配

㈢客房種類分配

㈣設計主題

㈤有關之標準與設計

㈥總建築設施設計檢討

㈦計畫總預算

㈧研判及計畫可行性分析

㈨請領變更使用執照許可

三、施工階段由更新專案工程部總執行

㈠建築團隊作業及工地事務所的成立

㈡法規的考慮

1. 安全有關標準

2. 國際觀光旅館建築及設備標準

㈢進度的確保

1. 詳細進度的協調

2. 按每週、雙週、每月、90天的頻率,檢討進度

㈣工程各種工作之協調,介面的協調

㈤監工、工程檢驗、系統檢驗、設備及備品檢驗、零星用品之檢驗、施工圖之集中管理

㈥室內裝修審查或變更使用執照之申辦

一、更新專案管理各階段工作概要（如表2）

二、規劃設計進度

旅館更新專案的工作內涵及計畫控制,列舉（如圖1-6）、（如表3）、（如表4）

表2　更新管理階段工作

更新專案管理各階段工作概要				
概念構想階段 Schematic Planning	規劃設計階段 Design Develoment	細部設計與採購發包階段 Detail Design & Tender Purchasing	施工建設階段 Construction Period	維護管理階段 Operating Maintenance
一般作業 1.釐定目標計畫及策略 2.投資效益評估 3.調查市場的趨向 4.評估申辦建管程序 5.甄選設計師	1.工程可行性分析報告 2.初步設計構想介紹 3.收集裝修材料樣品	1.召集專案設計協調會 2.研擬施工計畫 3.設計師設計說明 4.機電配合研商 5.設計圖確定 6.清圖 7.整合各項分包工 8.召開標前協調會 9.開標、議價、簽約	1.召開開工說明會 2.協調承商與監工之共識 3.協辦核對樣品	1.工程竣工作業 2.竣工圖繪製 3.驗收 4.工程結算 5.工程保固
進度計畫 1.釐定階段進度表 2.施工日期的推估	1.釐定工作進度表 2.釐定設計進度表 3.特殊設計取捨決定	1.擬定工程分段進度 2.分標工作進度表 3.特殊材料處理計畫 4.提擬替代方案	1.整體施工進度表 2.施工進度表 3.協力小包進度表 4.每日定時施工協調會	
預算計畫 1.工程費用初估 2.既有設備狀況查察 3.能源的考量	1.協助編列資金預算 2.擬定分標工程概算	1.確定分包項目與內容 2.成本精算、比較分析 3.建議替代性建材	1.工程估驗	1.協辦與確定結算價款

更新專案管理各階段工作概要				
概念構想階段 Schematic Planning	規劃設計階段 Design Development	細部設計與採購發包階段 Detail Design & Tender Purchasing	施工建設階段 Construction Period	維護管理階段 Operating Maintenance
品質管理 1.設計圖說查察 2.機械系統的檢討 3.電力系統的檢討	1.建材規劃 2.審視初步設計圖說 3.草擬設計項目規範	1.審查（編寫）圖說規範施工說明及規格 2.確保品質符合要求 3.工程預算執行控制 4.產品規格、品質、憑證查驗	1.施工大樣圖、樣品審核 2.工廠半成品抽查與監督 3.取樣與試驗 4.Check List	
安全管理 1.工程風險評估 2.結構圖查閱	1.評估各項保險需求	1.防焰材料的規定與編列	1.工地安全與衛生 2.承商裝修保險	
採購發包 1.新建材樣品收集 2.新工法的收集	1.擬定採購發包策略 2.技術廠商加入研討 3.量多建材單獨發包 4.協力承商	1.廠商技術查察 2.督促重要項目提早採購 3.整合各項採發資料 4.擬定召標說明書		
參與成員 1.專案部 2.經營單位 3.機電顧問 4.建築師、設計師	1.專案部 2.設計師 3.經營單位 4.機電顧問 5.採購部	1.專案部‧設計師 2.經營單位 3.機電顧問 4.採購部	1.專案部 2.工程部	工程部

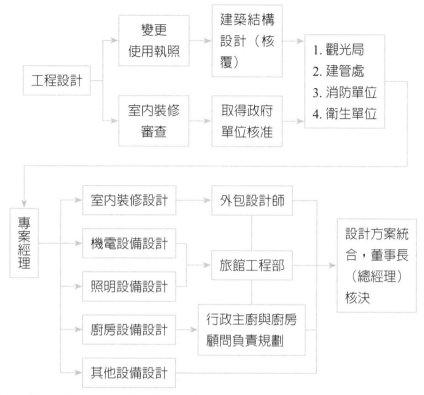

圖1-6　專案執行及各權責單位工作內涵

表3　更新改裝工程3年預算控制表

PRIORITY	DESCRIPTION	APPROPRIATION			COMPLET-ED DATE
		1ST YEAR	2ND YEAR	3RD YEAR	
(For Example)	GFRT-Ballroom Renovation 宴會廳裝修工程 1.設計規劃 2.工程發包 3.進度工程 4.工程驗收 5.支付尾款	$xxx $xxx $xxx	$xxx $xxx		

PRIORITY	DESCRIPTION	APPROPRIATION			COMPLET-ED DATE
		1ST YEAR	2ND YEAR	3RD YEAR	
	GFRT-Executive Floor Renovation 商務樓層改裝工程 1.設計規劃 2.工程發包 3.進度工程 4.工程驗收 5.支付尾款		$xxx $xxx $xxx	$xxx $xxx	
	GFRT-Italian Restaurant Renovation 義大利餐廳裝修工程 1.設計規劃 2.工程發包 3.進度工程 4.工程驗收 5.支付尾款		$xxx	$xxx $xxx $xxx $xxx	

　　旅館更新要有長、中、短期計畫，長期是旅館建築設施的生命週期管理，中期約爲三至五年的輪番更新計畫，必需提出周全的更新區域計畫。爲保持設施新穎妥善狀態，大約五年有一輪的裝修工程。但若設施沒有退潮，歷久彌新。

　　旅館更新年度計畫，專案經理必需擬定改裝工程預定作業進度表，按照更新專案次序，擬具初步規劃、規劃設計、採購發包、裝修施工等階段提出進度表。

　　此表例係臺北晶華酒店更新專案提出之更新計畫。

三、行政作業流程

(一)旅館更新專案預算提估

1.專案預算提估準則

　⑴由旅館每年營業額中，提估固定比例作爲「旅館更新準備

表4　旅館更新專案計畫控制表

區域	工作項目	執行區分	JAN.	FEB.	MAR.	APR.	MAY.	JUN.	JUL.	AUG.	SEPT.	OCT.	NOV.	DEC.
Brasserie	Kitchen Equipment	預定進度												
		實際執行進度										9月17日預定完成		
	Primary Piping System	預定進度												
		實際執行進度												
	Dishwashing Arca	預定進度												
		實際執行進度								OK				
	Interior Decoration	預定進度												
		實際執行進度										9月17日預定完成		
Executive Lounge	Interior Decoration	預定進度												
		實際執行進度										9月20日預定完成		

圖例：

1. Schematic Planning　初步規劃
2. Design Development　細步設計（外包設計師）
3. Tender　採購發包　8月4日
4. Construction Period　裝潢施工
5. Deadline for Design & Tendering Document　設計圖及標單延遲完成日

金」[1]。關於準備金之儲備，晶華酒店潘思亮董事長說：「在外國所謂『更新準備金』，因為有第三者——管理公司。那是怕營業單位沒有資金用於更新上，才會在簽定管理合約時就規定好要有『更新準備金』，而且百分比都有記載。我們公司的資金一直都不是問題，一直很充裕，隨時存有更新預算。我們是自己管理自己，準備金一直有存在。」

然而，威斯汀飯店集團接下臺北六福皇宮飯店經營管理之時，就承諾每年度的「更新準備金」提撥5%。

(2) 此一固定比例將由總經理或財務長提出，通過董事會核准，並經由財務長設定會計科目及作業程序，以作為此預算方案之追蹤。

2. 根據以上提估準則，總經理或財務長需提出三年期之年度資本支出計畫方案送董事會核准，此計畫方案應包含：

(1) 專案預算：為推動新方案所衍生之額外資本支出。

(2) 資本支出：因應現階段營運狀況所必需發生之常態性資本支援。此項資本支出提估約為年收入之2.5%，或資本支出及營運設備總額提估約為年收入之3%。各家旅館的財務能力及主持人的企圖心加上充足的資金，才是旅館更新成功的因素。

(二)概念設計

1. 此階段為專案工程作業之主要階段，負責此階段的設計師亦需對旅館內的設備設施，尤其客房或餐飲之運作方式相當熟悉。設計師由經理部門提出，經董事長核可。

2. 此工程之專案經理將是負責整個專案工程協調統籌之主要人物。

3. 專案小組含：專案經理、駐店經理（或餐飲部總監）、總工程師、主廚，及其他相關人員等。

---

[1] *"There are many terms used in the industry to describe where the money comes from to pay for renovation, including "reserve for replacement," "capital expenditures," "Cap-X" "CapEx," and "FF & E reserve." In fact, there is a debate within the industry over accounting and valuation rules related to the classification of removation expenditures."* Jan deRoos (2002), Renovation and Capital Projects: Hospitality Facilities Management and Design. USA: Cornell Hotel and Restaurant Administration Quarterly. pp.509.

4. 專案小組名單一旦確定，即開始進行專案之規劃設計。在整體設計雛形完成期間，需不斷檢討本專案之預算。此時專案小組會對此項工程即將發生之實際預算值有較清楚了解，若發現原編列之預算不足，則需立即進行「差異分析」，以計算投資報酬率並修正預算。專案經理應提供相關數據資料，以供財務長做進行投資分析。

5. 若需追加預算，需呈核董事會通過。

(三)預算分配確認

專案小組應於工程設計開始前，依工程預算之中分類項目，分列於各項目中，此預算分項需包含：設計費、內裝工程費用、機電工程費、設備費、雜項費用等。專案經理應負責此預算細項分配之確認，並送資材部會審，經總經理董事長核定後，即可進行此專案。

(四)專案細部設計作業

1. 與所有設計師確認統合各細項部分之預算額度。

2. 進行建築結構強度查核，依法並取得政府相關主管單位核准：
   (1) 交通部觀光局
   (2) 縣市政府建管處
   (3) 消防單位
   (4) 其他單位

3. 室內裝修：
   (1) 招聘設計師，經過總經理審核並建議適合人員。
   (2) 由資材部準備各主要內裝工料之合理單價，此資料需包含材料之規格或必要之樣本提供。專案部依此資料作為專案工程預算編列之參考。
   (3) 室內裝修材料需符合消防安全法規，法規檢核由工程部查核確認。

4. 廚房設備設計：
   (1) 設備廠商必要之設計費。
   (2) 廚房設備之設計規劃應由行政主廚負責，由總部廚藝總監會審。

5. 機電設備設計（略）

6. 照明設備設計（略）

7. 其他設備設計（略）

8. 專案經理需負責此階段所有活動之追蹤及進度控制，總經理及專案人員亦需全力參與並做好詳細內容確認。最重要的是必需將各廠商之工作介面加以清楚劃分，確保有效整合。專案人員尤需確認工地現況，特別是機電設備及管路現況，以利工程之設計及施工。

四、工程作業預定進度計畫

(一)工程控管流程

1. 進度控管：

　(1) 旅館更新專案需於前一年提出主要工程預定進度表，並呈核總經理，此進度表需盡量避免於旺季及特定之業務尖峰期施工。

　(2) 此進度表需含：工程初步規劃、細部設計、採購發包、施工作業、設計圖及標單最遲成完成日。

　(3) 專案經理製作進度管理表，並定期舉行進度檢討會報。

　(4) 如有進度異常則立即做異常跟催處理、了解進度，期能進一步正確修訂專案預定完工日。

　(5) 設計變更追加追減案：工程預算之控制，係依表中分類科目分項控制，發包完成後若有設計變更，則依「淨」追加金額，執行以下之簽核程序：

　　① 總額在預算內，核決權限如下：淨追加10萬元（建議）以內由總經理決，「淨」追加50萬元（建議）以上由董事長決

　　② 總額超出預算，則呈董事長（或董事會）核准

2. 工地管理：

　(1) 每一項專案分包應設立一專案主管經理，其主要職責在於提供溝通協調管道，確保各單位間順利配合運作。

　(2) 工程部負責：

　　① 噪音汙染及清潔品質控管

②工程進度控管

③施工品質

(3) 館外工程，視需要另設監工人員

3. 工程監控及驗收

(1) 工程部及專案經理均需負責

(2) 總經理需負責最後總驗收

(3) 專案經理需提出驗收及付款流程並逐一檢討

(二)有關工程控管流程圖如附件

旅館更新專案工程作業的流程，例舉（如圖1-7）

1.專案預算提估

2.概念設計

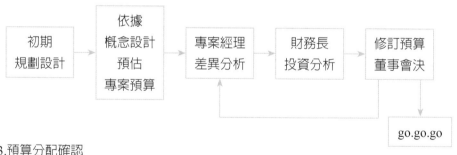

3.預算分配確認

圖1-7　旅館更新專案工程作業流程表

五、採購發包計畫

請購、採購、驗收作業流程

(一)請購作業

1. 專案經理提出完整的請購資料，此資料需含：詳細設計圖、工料數量、材質規格、機電規格及預計進度表。若請購單位提出之規格不清，則資材部無法辦理發包時，應予退件。

2. 請購單位應避免採用特殊規格之材料／設備，請購項目所訂規範需有兩家以上供應製造商有能力供貨，資材部需負責合適廠商之尋訪篩選。

3. 營運單位亦可提供合適廠商名單，以利選擇。

4. 作業前至時間規定：

   (1) 發包、採購：收件後30～45天。

   (2) 國內訂製品：決標後60天以上。

   (3) 國外進口品：決標後90天以上。

5. 單獨議價：特殊請購或具時效性之項目，得採「單獨議價」進行。單獨議價就是指定專業單一廠商洽商價格，專案經理須於請購單上清楚標示需求規範及必需單獨議價之裡由，事先呈董事長核准。

6. 上述請購項目均依核決權限送審，經核准後，進行採購程序。

(二)採購作業

1. 詢價作業至少需取得三家廠商之報價單，經開標議價程序所得之價格，再依核決權限決標。若金額高於50萬以上則需先會簽請購單位。

2. 資材部與得標廠商進行合約簽定，發包程序即告完成。經由資材部通知廠商執行合約，即可開始施工。

3. 專案經理負責控制各項預算及工程之進度。

(三)驗收作業

1. 監工單位備妥工程計價驗收單及檢驗明細表，交財務部建檔做預算控管。

2. 專案經理會同施工單位、使用單位逐項驗收。

3. 專案經理會同總經理做最後確認，驗收完成。

第二節　更新專案計畫內容

概　要

1. 進度計畫

2. 財務計畫（預算管理）

3. 更新專案預算與總預算

4. 設備說明書編訂（綱要）

實例：費用估算

實例：更新泰式餐廳規劃報告

參考：更新工程及開辦期間總預算
　　　比例分配表

實例：設備說明書編訂客房設備標準

學習意涵

1. 闡述更新專案計畫內容

2. 預算資金來源及運用

　　更新工程及開辦期間總預算

3. 預估更新營業後之損益

4. 進度計畫

　　更新專案初步概念計畫進度表

5. 擬定財務計畫

　　旅館更新之投資估算：

　　⑴ 設施更新工程費、設備安裝工程費、內外裝修費等。

　　⑵ 專案更新前期費

　　⑶ 更新專案籌備開辦費

6. 編訂財務計畫書

　　⑴ 損益預估：

　　　① 營業收入：住房率、平均房價、客房收入、服務費收入、其他

② 直接成本：

③ 預估顧客周轉率

7. 圖解旅館營業收支預測方法

　(1) 旅館營業總收入的構成

　(2) 旅館營業總支出的構成

8. 表述總預算

　更新專案預算比例分配表

　　本節闡述更新專案計畫內容，包括：進度計畫（表7）、財務計畫（或者增加預算管理）、設備更新計畫、總預算。

　　財務計畫包括：㈠資金來源及運用：工程及開辦期間現金流動預估表、營建工程及開辦期間總預算。

　　　　　　　　　㈡償還計畫：預估開業後二十年現金流量暨還款進度表。

　　投資經濟效益包括：（得視更新的強度及範圍而定）

　　　　　　　　　㈠預估營業後五、十、二十年損益表

　　　　　　　　　㈡預估營業後五、十、二十年現金流量表

　　　　　　　　　㈢預估營業後五、十、二十年資產負債表

　　餐飲收入預測：單項餐飲區域更新改裝，呈報五年損益評估。

一、進度計畫（如表5）

二、財務計畫

旅館更新之投資估算

　　旅館投資估算內容，一般有下列幾個方面：

㈠建設工程費。包括：設施更新工程費、設備安裝工程費、內外裝修費等。

㈡專案建設前期費。包括：旅館規劃、工程損壞修復費等。

表5　更新專案初步概念計畫進度表（參考例）

月分	9	10	11	12	1	2	3	4	5	6
裝修工程	9/24 定案	10/8 基本設計完成	11/2 設計發展完成	12/16 施工圖說繪製	施工圖說發包文件完成	2/16 發包		施工		5/31 完成
建築工程					1/15	2/15 工程施工				
營運計畫	10/1 計畫擬定	11/23		營運計畫執行						
行銷計畫		11/23 行銷計畫擬定		12/30 行銷計畫執行						

(三)更新專案籌建開辦費。包括：旅館開業所需的設備、用品、生財用具及籌建人員勞務費、管理費、開業前的行銷廣告宣傳費。

(一)客房部10年損益預估

1. 營業收入：

　　(1) 住房率、平均房價。

　　(2) 客房收入：即房間數×住房率×平均房價×365日／1年。

　　(3) 服務費收入：客房收入的10%。

　　(4) 其他客房收入：電話費、洗衣、客房送餐飲服務（Room Service）、預估為客房收入之5%。

2. 直接成本：指電話、洗衣、客房送餐飲服務，預估為客房收入之

2%。

3. 預估顧客周轉率

顧客週轉率的預估，主要係針對旅館各餐廳每一個不同的營業時段，預估顧客的使用率，來推估該餐廳的營業收入。在預估各餐廳的座位周轉率時，早餐的人數主要以住宿的房客為基礎，午餐及晚餐時段的顧客人數，除了考量房客用餐人數外，主要也以本地的客源市場為目標。

(二)旅館營業收支預測方法

　　1. 旅館營業總收入的構成

　　　　一般營業總收入的構成如下

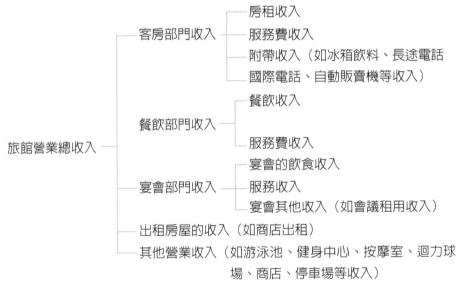

餐飲收入的計算方法：

飲食總收入＝座位數×就座率×周轉次數×單價×營業天數。

註：1.周轉次數與單價按具體情況定。

　　　2.就座率以70%計算。

　　　3.營業天數是365天／年。

2. 旅館營業總支出的構成

一般營業總支出的構成如下：

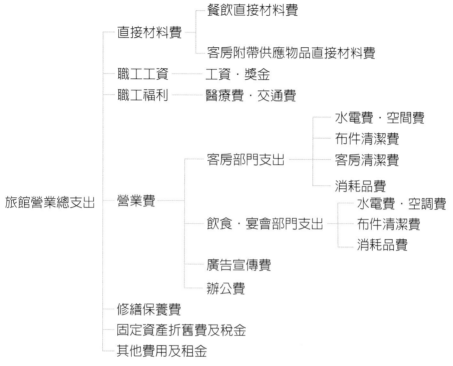

說明：1.修繕保養費用中包含火災保險費。

2.固定資產折舊，是指固定資產在使用過程中逐漸磨損，而轉移到成本中去的那一部分價值。

三、預算編制

估計更新專案費用及收益

費用估算實例：

更新泰式餐廳規劃報告

一、位置

二、座位數

$$2人桌 \times 3 = \quad 6席位$$
$$4人桌 \times 6 = \quad 24席位$$
$$6人桌 \times 2 = \quad 12席位$$
$$壽司吧 \times 1 = 12席位$$

共計54席位

三、經營理念

(一) 提供高品質的泰式餐點

(二) 設計快速的服務流程

(三) 具競爭力的定價策略

以期能達成：營得口碑、提高周轉率、增加營收及獲利之目的。

四、目標客層　　　中上層消費者

五、餐廳營運

於營運之第一年，定價將較同等級餐廳略低約10%，以吸引顧客，而其平均食物成本設定於30%，並於一年後檢討修訂。

六、菜單及售價結構

(一) 套餐類

1. 午餐套餐NT$450～NT$600／位

2. 晚餐定食NT$650～NT$1,000／位

(二) 單點類

1. 開胃菜／沙拉NT$200～NT$300

2. 湯類NT$300～NT$500

3. 肉類NT$280～NT$580

4. 海鮮NT$350～NT$850

5. 青菜類NT$180～NT$280

(三) 簡餐類

    1.麵NT$180～NT$280

    2.飯NT$180～NT$350

(四) 飲料NT$80～NT$150

(五) 酒類NT$900～NT$1,900

七、損益預估

(一) 營業收入

食物平均消費額×座位數×周轉率（周轉率75%）×餐數（每天營業午晚2餐）×天數（每月30天計）＝月營收

$$870 \times 54 \times 0.75 \times 2 \times 30 = NT\$2,114,100$$

飲料平均消費額×座位數×周轉率×餐數×天數＝月營收

$$110 \times 54 \times 0.75 \times 2 \times 30 = \quad\quad NT\$267,300-$$

    每月總營收   NT$2,381,400

(二) 食物成本　39%　　　　　　　= NT$824,499

    飲料成本　25%　　　　　　　= NT$66,825

    小計　　　37.3%　　　　　　= NT$888,262

(三) 人事費用

    廚房（9人）　　　　　　　　NT$324,000

    外場（7人）　　　　　　　　NT$181,500

    小計　　　　　　　　　　　　NT$505,500

(四) 其他費用　　　　　　　　　　NT$277,992

(五) 裝修折舊 NT$2,000,000 ÷ 5Y ÷ 12 = NT$ 33,333--

(六) 分攤費用（暫不計）　※NT$ 0--

該餐廳每月預估營業損益為：

營業收入	2,381,400	100%
直接成本	(888,262)	37.3%
人事費用	(505,500)	21.2%
營業費用	(277,992)	11.5%
折舊	(33,333)	1.4%
稅前純益	676,313	28.6%

八、含分攤費用之損益預估

營業收入	2,381,400	100%
直接成本	(888,262)	37.3%
人事費用	(505,500)	21.2%
營業費用	(277,992)	11.5%
分攤費用（含折舊）	(192,456)	8.1%
稅前純益	517,190	21.9%

第二篇

規劃設計
（Schematic Planning & Design）

第一章　基本規劃

前言

　　旅館設施的構成，概略分為三大區域，除住宿的客房部分外，其他公共活動部分和餐飲部分也占很大比例。大型都市旅館有各式各樣餐廳、會議廳、購物中心、大小宴會廳、健身房、娛樂場所等設施。以營運區分別為：前場區域與後場區域。大體說來，前場區域就是接待客人活動的區域，後場區域就是員工生活的區域。設施管理在旅館中是一項綜合管理，並且與旅館每一位員工的工作有密切相關。設施管理直接收關旅館的正常營運、服務水準、經濟效益乃至競爭力。而且，隨著人們對環境保護意識的提高，旅館設施管理的範圍延伸到了能源、排汙、生態環境保護等方面的問題。

　　本章闡述旅館設施的基本規劃分為三個小節，第一節關於旅館設施區域統一稱謂面積的範圍計算法。第二節旅館前場的規劃：一、旅館的總平面組成與設計要求，二、旅館的大廳及公共部分規劃，三、旅館的客房層規劃，四、旅館的餐飲區域規劃。第三節旅館的後場規劃：一、旅館的行政區，二、旅館的後勤補給區，三、旅館的廚房區，四、旅館的洗衣房區，五、旅館的庫房區。

　　觀光旅館的基本規劃有法規依循，不得背離《觀光旅館建築與設備標準》，由交通部觀光局發行出版，有觀光局官網查詢，本書不予贅述。

　　Ahmed Hassanien認為，旅館更新的原因可分為：策略性的、階段性的、或機能改革的需要，或配合營利的目的。例如：由於旅館市場的競爭、滿足顧客求新需求、改進營運作業效率，以增加生產效率及減少長期作業消耗費用、維持設施營運標準、配合新的市場趨勢需要、配合政府的法規變更的要求、由於天然災害如颱風地震火災的復元、必須引入新的生活用品設計來滿足客人

的需求、設施和環境問題。

Hassanien, A. (2007).
An investigation of hotel property renovation.
The external parties, view. *Structural Survey*.

第一節　旅館設施區域統一稱謂面積的範圍計算法

　　為便於規劃設計時定義各部分面積，依照《建築技術規則》對於建築物室內外隔間的界線，外牆以外緣為度，內牆隔間以隔間牆中心線為度。準此，將旅館設施各分小間面積範圍的界定如下：

一、前場區域

(一)客房部分

1. 客房面積：是指客房加浴廁面積的總和，計算時按照隔間的牆中心到走廊的牆中到客房外牆外緣的總和面積。
2. 客房層交通面積：是指走道牆中心到中心的面積，加電梯、樓梯間、樓梯、電梯廳的面積。

(二)公共部分

1. 入口大廳面積：主門廳、休息廳、門廳會客、總服務台、商務中心、行李存放、貴重物品寄放、公共廁所、保全傳達室等。
2. 前台管理面積：值班經理、旅客保全、業務接待、前台辦公室、有關庫房等。
3. 宴會面積：大小宴會廳、會議會客室、交誼廳、娛樂廳以及相關的前廳、走道、公共廁所、桌椅貯存區等。
4. 商店面積：營業面積及其庫房。
　　（與公共部分相接的樓梯電梯歸入大廳面積，其他公共交通以走道中心線為界劃歸各部門。以下各部分有關交通面積的劃歸與此

同。）

5. 運動、娛樂設施面積：游泳池、游泳池機房、健身房、蒸氣浴、電子遊戲、娛樂室、公共廁所、理髮美容、服務用房、庫房及交通面積等。

(三)飲食廚房宴會部分

1. 飲食面積：中餐廳、西餐廳、風味餐廳、咖啡廳、小餐廳、酒吧、蛋糕麵點房、飲茶室、多功能廳、接待前室、走道、公共廁所等。

2. 支援區域：廚房、備餐室、走道

二、後場區域

(一)行政生活服務部分

1. 行政面積：執行辦公室、總經理、副總經理、辦公室、接待部、客房部、飲食部、財務部、人事部、保全部、醫務室、採購部、美工宣傳、庫房、廁所及其自身的交通面積等。

2. 員工生活面積：包括員工夜宿、閱覽室、員工餐廳、員工廚房、員工更衣室含浴廁、總務庫房、交通面積等。

3. 服務面積：指客房服務台、備品間、布件庫房、職工廁所及清潔間、值班室等（客房層的會議、會客等空間，若可作客房的多功能使用時，應計入客房面積，客房層的機房歸屬於機房面積）。

4. 後勤服務面積：總務辦公、房務辦公室、收貨卸貨、驗收區、行李房、庫房、垃圾房、花房、洗衣房、制服室以及走廊面積、廁所等。

5. 廚房面積：中餐廚房、西餐廚房、風味廚房、咖啡廚房以及與廚房有關的粗加工、冰品冰雕房、殺魚區、儲藏冷庫、水果區、酒庫、主廚辦公室及關聯的走道、員工廁所等面積。

(二)工程維修機房部分總面積

1. 工程維修面積：包括工程部、總工程師室、油漆、木工、裝修工、電工、修鎖工、電視修理、有關維修備品庫房、廁所及交通面積等。

2. 機房面積：電梯機房、水箱間、電話機房、消防機房、空調機房、

冷凍機房、鍋爐房、變配電室、電腦機房、水泵房以及其他機房面積。

三、旅館規劃和設計應利用團隊的思惟

旅館規劃也不是一個建築師或旅館設計師一人所能獨自完成，必需融合許多協力顧問，方得以竟全功。旅館規劃和設計包括功能布局及分區設計、建築設計、內裝外觀景觀設計、室內裝修設計、機電與管道系統設計、標誌系統設計、管理與客人服務動線設計等內容。

在成功案例中，有規劃、市政、金融、市場、設備、消防、照明、音響、室內裝飾、陳設藝術等至少十幾項的專業和技術人員參與設計。

第二節 旅館前場的規劃

概 要（旅館的總平面布局）

1. 旅館的功能與動線
2. 旅館的總平面組成與設計要求
3. 旅館的大廳及公共部分規劃
4. 旅館的客房層規劃
5. 旅館的餐飲區域規劃
6. 旅館的其他用途與多功能規劃

學習意涵

1. 闡述前場的規劃
2. 分析旅館的功能
   (1) 大廳接待區、住宿區、餐飲區、休閒活動區、後勤服務行政管理區五大部分。
   (2) 高層設施分區一般可分為：地下層、低層公共活動部分、客房層、頂層公共活動部分、屋頂設備區及屋頂平台等五大分區。
3. 分析旅館的動線
   旅館的動線分為：客人動線、服務動線、物品動線、員工進出動線四

大系統

4. 旅館的總平面配置與設計要求

　　(1)爭取良好景觀

　　(2)提高環境品質

　　(3)區分客人出入口及員工出入口

　　(4)根據容積率確定總平面布局

5. 旅館的大廳及公共部分規劃

　　(1)門廳的功能與面積標準

　　(2)設計要求

6. 旅館的客房層規劃

　　(1)客房層的內涵與功能關係

　　(2)客房層設計要求

7. 旅館的餐飲區域規劃

　　旅館總平面布局，隨著基地條件、周圍環境狀況等因素而變化。根據客房區、公共區、後勤區等三大部分的布局分為：

1. 分散式布局：總平面以分散式布局的旅館，基地面積大，可依照客房、公共、後勤等不同功能的建築，分區分別建造，建造工期短。其各棟客房樓可按不同等級，採取不同標準，不同時期擴建。

2. 集中式布局：水平配置式、垂直配置式、水平與垂直結合的配置方式。旅館位於高層樓的中間層，採取此種布局。

3. 綜合性的布局：郊區旅館基地面積較大或對於客房樓高度有某種限制時，常採用客房樓分散，公共部分集中，這種稱為綜合性的總體布局。

　　法規檢討依據：臺灣的規範是《國際觀光旅館建築與設備標準》，中國大陸是依據《旅館建築設計規範》第311條～319條。

一、旅館的功能與動線

(一)旅館的功能

1. 平面功能分區

旅館的基本功能就如同古代的客棧、客寓或驛站的用途一般,是向來往旅客提供住宿與膳食的地方。現代旅館不論是類型、規模、等級如何,其內部功能均循著簡單明瞭交通方便的原則,通常可分為:大廳接待區、住宿區、餐飲區、休閒活動區、後勤服務行政管理區五大區域。

2. 高層旅館的垂直功能分區

由於都市土地緊湊,可建土地需要詳加分配,因此都市建築朝向空中發展。

高層建築作為高層旅館,為有效利用有限的空間條件,做最有利的運用,必然進行豎向垂直功能分區。垂直分區一般可分為:地下層、低層公共活動部分、客房層、頂層公共活動部分、屋頂設備用區及屋頂平台等五大分區。

(二)旅館的動線

動線設計除了需要明確表現各部門的相互關係,讓客人與工作人員都能一目了然,還需要展現出主客關係和效率。客人的主要活動空間及其到達的路徑是動線中的主動線,而在主空間的輔助設施,服務路線則需要緊湊而便捷。

旅館的動線分為:客人動線、服務動線、物品動線、服務員進出管理動線四大系統。動線設計的原則是:客人動線與服務動線互不交叉,客人動線要直接明快,不需藉由服務人員指引。服務動線講求迅速效率。

1. 客人動線

進出旅館的人員複雜,客人動線分為:住宿客人、宴會客人、餐飲客人三種。為避免住宿客人進出旅館經辦手續的等候,與宴會進場及散場的大量人潮混雜而引起的不快感,需將住宿與宴會餐飲的客人動線有所區隔。

(1) 住宿客人動線：住宿客人中，有團體客人與一般客人之分，因應團體客人集散需要，常另外設立專供團體客車停靠的出入口，並設團體客人休息廳。

(2) 宴會客人動線：旅館基於宴會的功能，單獨設置宴會出入口有其必要性，甚至於宴會門廳（Prefuntion）必需是寬廣舒適的地方。臺北圓山大飯店的大宴會廳位於頂層12樓，因沒有足夠的散場空間，因此當宴會結束時，一大批的客人全都擠在電梯口等候。宴會出入口應有前廳過渡空間與大廳及公共活動區及餐廳設施相連，但是出入口太多也不易管理。

(3) 餐飲客人動線：餐飲客人如同住宿客人一樣，都是可從主大門進出，並無區別。

2. 服務動線

稍具規模的旅館，要表現其管理及服務品質水準，首先就是將客人的動線與服務人員的動線區分，避免交集。

3. 物品動線

餐飲廚房每天必需補充貨品，包括鮮果魚肉乾貨等，必需由後場卸貨區經過驗收手續檢查磅秤、生熟分類，才能進入廚房區作「前處理」，或運入冷凍冷藏庫房暫存。每天所產生的垃圾、廚餘、廢棄物，都要經過一定的路線，收集、分類、清理或冷藏處理或壓縮處理，再往外運棄。

二、旅館的總平面配置與設計要求

(一)旅館總平面設計要求

觀光旅館的總體設計應能配合都市計畫的約束性。臺北君悅飯店（Grand Hyatt Hotel.）即是依特殊規定而設計，其主要大門位於第六號道路松壽路2號，面向臺北市政府前大廣場，但是卻與世貿展覽館、國際貿易大樓、國際會議中心背向而立，形成了符合世貿中心組織規則的總平面規劃要求。

(二)爭取良好景觀、提高環境品質

總體設計需爭取優美的景觀。「景觀」並非只是山林湖海等自然景色、還包括名勝古蹟、歷史文化、人文宗教、特殊建築構成的視覺形象。中國的園林建築有所謂「借景」，良好的景觀為旅館創造舒適環境，展現旅館的特徵。

(三)區分客人出入口及員工出入口

在綜合建築中，旅館占其中部分樓層，為使各種功能活動不相互干擾，旅館需有單獨出入口，並需有適當的設備，將客人迅速送到旅館樓層的接待大廳。

1. 旅客出入口應設於主要道路旁，為乘車或步行到達的旅客進出需有車道及停車位置，依建築技術規則，雙向車道需有5.5公尺淨寬。出入口區要設置殘障坡道、輪椅坡道應大於1：12、寬度應 > 1.35公尺。

2. 宴會客人出入口，宴會客人應與住宿客人動線區分，使宴會或用餐客人特定時間大量進出時，不會影響住宿客人的活動。

3. 團體旅客出入口，接待團體旅遊的旅館需有團體出入口，以便於疏導集中的客人，讓進住或離去的旅客不致滯留。

4. 員工出入口位於接近工作區，能讓員工很迅速到達更換制服間，位置應該設於側面或後面，不讓住宿客人誤入。

5. 物品出入口應方便載貨車輛進出，接近後勤動線上，必要時要設置卸貨平台以讓貨車停靠。大型觀光旅館需考慮設置暫時冷凍冷藏的庫房，乾貨及其他食物應予分開。垃圾的集中暫存應有冷藏設備，其出口應設於下風處。

(四)根據容積率確定總平面布局

旅館建築的用地，其允建容積率於建築法規中有明文。請讀者查閱最新版本建築法規、建築技術規則、旅館管理規則等，在此不再贅述。

三、旅館的大廳及公共部分規劃

(一)入口大門

1. 功能與類型

旅館的大門作為內外空間交界處，旅館大門區即是旅館迎送客人之處。

旅館大門要求醒目，又要求能防風雨，減少空調冷氣外溢，地面耐磨易清潔，而且雨天防滑。旅館大門的種類有：手推門、旋轉門、自動門等。高級旅館有專人接應，客人走到門前有門童拉門迎候。一般旅館常作自動門，利於防風、節省人工，自動門的側邊常設推拉門，以備不時之需的消防安全。旋轉門適用於寒冷地區的旅館，可防止寒風侵入門廳，減少門廳的能源損耗，但是攜帶行李出入不方便。側面增設推門，便於行李出入。

2. 形式特點

觀光旅館的大門常常採用玻璃大門，設計著重門框、拉手、圖案、玻璃四周實牆的處理。有的旅館使用民間工藝藝術等，也使旅館大門產生與眾不同的視覺效果。如香港半島酒店大門固定玻璃門扇上裝飾著富有中國民間年畫特色的彩色門神圖案。看起來很有文化特色。

(二)門廳

門廳的功能是旅館迎送客人的場所，旅客在此送達行李，客人也可在此等候及休息。作為旅館的接待部分，其風格形式給客人留下深刻印象。

門廳也是旅館中最重要的交通樞紐，旅客集散之處。小型旅館的門廳即是旅館的中心，好比家中的客廳起居室。當門廳結合中庭或休息廳成寬敞空間時，還可在其間布置各種公共活動，成為當地文化展示交流的場所，門廳功能複雜，空間多姿多變。（如圖2-1）

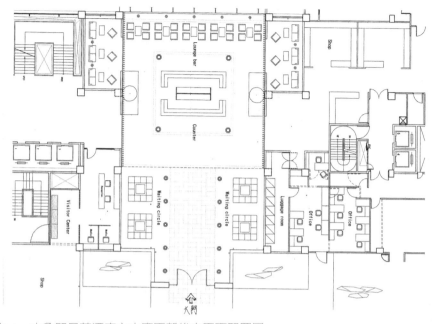

圖2-1 太魯閣晶英酒店主大廳更新後之平面配置圖

　　門廳的基本功能由：入口大門、總服務台、休息區、樓梯電梯間等4部分組成。門廳既是通向各功能空間的交通要道，又是過渡空間或暫停空間。大型都市旅館根據經營之需要，常常另外設置團體門廳。團體門廳需與總服務台連繫密切，且有團體旅客休息區。旅館許多公共活動空間與門廳相關聯，與大型遊覽車停車場連結。（如圖2-2）

圖2-2 太魯閣晶英酒店主大廳更新之後的總台及休息區

大型旅館常在大廳適當位置設置大廳副理辦公桌，以迅速處理客人和門廳內有關的事務。尤其若有臨時客訴，就可邀其至此處協調，避免影響其他旅客之安靜。

1. 門廳的功能與面積標準

旅館門廳的面積標準，世界各國的規定略有不同。某旅館設計標準中，主門廳不包括總服務台和前台管理的標準為0.54平方公尺／間，包括總服務台和前台管理的標準為0.83～1.05平方公尺／間。中國大陸《旅館建築設計規範》指出，門廳內應設服務台、休息會客等面積，門廳面積宜為0.5平方公尺／間，當旅館規模超過500間客房時，超過的部分按0.1平方公尺／間計。

2. 平面布局

門廳的平面布局根據總體布局方式、經營特點、空間組合的不同要求而有變化。最常見的門廳平面布局，是將總服務台和休息區分別設在入口大門的兩側，樓梯與電梯位於入口的對面。或者是電梯與樓梯廳、休息區分列兩側，總服務台則在大門正對面。這兩種布局方式都有功能分區明確與路線簡捷，對休息區干擾較少的優點。

3. 設計要求

(1) 空間分區明確：門廳的服務對象遠超過其他公共部分，有鑑於此，門廳的空間應該開放寬敞流動，人們的視線應不受阻隔，對於各部門都能一目了然。同時，為了提高空間使用的效率與品質，在完整的門廳空間中，不同功能的活動區域必需明確劃分。

① 走動空間的動態導向：旅館門廳中，雖然主要人流方向是從入口到電梯廳，但是入口到其他地區方向的人流也不容忽視。因此，不僅要有寬敞地帶作為水平人流的運動空間，還要有從水平到豎向的交通轉換明確便捷，同時需要強調人員流動方向。

在建築規劃處理上可根據門廳布局，對稱的門廳常常按照強

烈的中軸線加強導向。另外，有方向性的標誌等都明確的將旅客從門廳空間導引到另一空間。

臺北晶華酒店的門廳布局，很顯著的採用中軸線的人流導向，從大門進來就很清楚的看到總服務台與接待櫃臺分列左右，而客人的流動空間擺中間。

② 休息待客空間的限定：門廳中的休息待客空間需要位置明顯，保持門廳的空間形象，要有通透性，又要有不受干擾的安全感。

(2) 縮短主要流動走路線，避免交叉干擾：旅客在門廳的活動具有時間及方向的聚集性。門廳內人流動可分為：剛到旅客、已住店旅客、用餐宴會客人三種。一般旅館的主要人流路線是：入口到電梯廳，電梯廳到總服務台到入口，因此電梯廳與總服務台接近入口，位置明顯利於迅速分散流動，使直接到樓上的公共部分和客房的客人減少對門廳的穿越，即應該縮短入口到電梯與樓梯和到總服務台的路線。當門廳與中庭結合時，流動路線更複雜，方向的聚集性減弱。

(3) 有利於經營管理：門廳是接待客人的場所，在營運中不便維修與更新，因為這將影響旅館的完整形象，所以門廳設計需要儘可能長久保持良好的外觀，選用耐看、耐髒、耐磨、易清潔的地面與壁面材料。大型或高級旅館的行李房需靠近服務台和服務電梯，行李房門需考慮行李搬運和手推車進出的寬度要求。門廳需滿足當地消防規範的要求。（如圖2-3～4）。

圖2-3　分散式櫃臺與貴賓櫃臺北京五洲大　圖2-4　集中式櫃臺西安皇城豪門酒店
飯店

四、旅館的客房層規劃

客房層的功能與設計要求

(一)客房層的內涵與功能關係

1. 客房區

客房區就是在客房層中，客房單元集中的區域，是客房層中營利的
部分。客房單元包括房門之內的所有面積，有小走廊、壁櫃、浴
廁、管道間及客房的區域面積。客房單元面積的大小是通常概估方
式，隔間寬×進深＝客房單元面積。

我國觀光局對旅館面積的法規審核都是使用淨面積。客房層設計
中，主要考慮確定客房單元的數量，及不同形式的客房類型的配
置。因為旅館建築係屬固定資產，客房單元的數量與類型是相對穩
定，改變的機率很少。因為要花相當大的費用，除非變更使用作其
他更具獲利的營業項目。一般稱呼客房類型有一定的法規用語，只
有：單人房、雙人房、套房等三種，別無其他稱呼，有業者為促銷
而取的名稱罷了。例如：日本房的「和室」列入（雙人房）。

2. 客房層交通

(1) 樓梯：低層旅館常以一個樓梯為交通樞紐，通過走廊連接客房
單元，一定長度設置補助樓梯或逃生梯。

(2) 電梯：高層旅館客房層在垂直疊合，每層交通路線較短，並以電梯廳爲樞紐。電梯廳不僅需位置適中，方便使用，其空間亦需合理緊湊，過於狹窄固然會造成旅客集散時擁塞不暢，過於寬大則浪費了旅客的滯留空間，降低客房層平面效率。電梯的排列和電梯廳的寬度，國內的建築技術規則並沒有明文規定，日本有鼓勵推薦的寬度是：W＝1.5～2.0×走廊寬，約3.0～4.5公尺。與中國大陸的建築「設計通則」的要求基本相同。平行走廊需適當退縮，其廳寬至少爲1.5倍走廊寬，即比走廊退2～3公尺。有的超高層旅館的電梯，分低層運行區和高層運行區，在空中大廳中轉，此處的電梯廳面積應放大。爲保持客房安靜，減少電梯啓動及行進造成噪音通過結構體牆或樓板，對客房的影響，除了提高電梯品質，設備隔音隔震外，客房層平面設計中，需將電梯與客房作噪音分隔。避免電梯緊鄰客房，以走廊、服務間、逃生梯等相隔，有一定的效果。

(3) 走廊：客房層走廊的寬度，停放備品車時，客人可以通順行走的尺度要求。國際觀光旅館與一般觀光旅館的法規要求不同，前者是：客房部分之通道淨寬度，單面客房者爲至少1.3公尺，雙面客房者至少1.8公尺，後者是：1.2公尺及1.6公尺。有時爲使備品車停留的空間能夠寬敞且讓客人能有更大的走路空間，往往加寬走廊的寬度，而且在客房進門處作凹形，可使客人有門前廳的感覺，又在開門時有私密性。客房層的逃生動線與安全樓梯、消防電梯、排煙管道等設計，應符合消防法規，此項另章詳述。

㈡客房層設計要求

1. 客房單元要爭取最好的景觀與朝向

風景區的旅館尤其應爭取好的朝向與景觀，都市旅館由於基地限制，有時並非一定要，但是仍然盡力去配合。客房單元的景觀、朝向與旅館的基地條件、環境特點、旅館建築的造形等息息相關。渡

假旅館尤其應有注重日照、視野。

2. 交通動線明確、便捷

客房層動線要明確便捷，盡量縮短旅客與服務的交通路程，樓層、電梯間、逃生梯等應有一目了然的標誌，方向清楚。

3. 旅客動線與服務動線不相干擾

為了不干擾旅客休息，提高服務品質與效率，客房層的旅客動線與後勤服務動線應予分開。

服務人員專用電梯直接到服務間，不與客人共用。備品車工作完畢，集中於備品間補給整理，布件經由被服管道直通洗衣房，都不會影響到客人。而客人從客用電梯上來後，明確的指標將客人引導入各自客房，客房層中大大的減少服務人員的穿行。至於每日例行的工程維修則選擇在早上，客人離店進住之間。

4. 提高客房層平面效率

客房層設計的經濟性表現在盡量利用使用面積，提高客房層的平面效率。

客房層平面造形對平面效率有影響，一字型走廊貫通客房層，效率高。而走廊兩側布置客房的效率又高於走廊單側布置客房。客房備品間內最好有一個小廁所，以供房務人員使用。

5. 創造客房層的環境氣氛

客房層的樓梯與電梯間和走廊是旅客進住客房的第一印象，對於創造客房層室內環境氣氛的連續性，有很大的作用。

電梯廳作為裝飾重點，採用的材料與設計格調都要與旅館整體相配合。但是裝修色彩要柔和，不可太豪華超過大廳，營造氣氛有家的感覺。

為避免走廊單調狹長的感覺，採用四組客房一個區塊，以地面地毯的花樣為單元，增加高貴大方的舒適感。壁燈造形與燈光造形，客房門前特別製的地毯圖案，突出門前區域的位置。

以旅客的心情及心理作用作為設計的依據，客房門的設計不容忽

視，不僅用料講究，還要將門牌門號、把手、鉸鏈門栓或電腦門卡等，都要仔細搭配，免落於俗套，要依照旅館的等級風格來決定。

五、旅館的餐飲區域規劃

餐飲部分指旅館的餐廳、宴會廳、飲料室及其廚房或供應部分，旅館業通常稱爲Food & Beverage（F&B）。在觀光旅館經營中，客房部分的營業收益相對穩定，餐飲部分則因經營績效的差異、其營業收益會產生很大變化。（如表6～8）、（如圖2-5～6）

表6　某旅館館內各營業面積表　　　　　　　　　　　單位座位數

營業區	餐廳部分	公共廁所	廚房（含備餐區）	座位數／坪
21FL 俱樂部	666.8平方公尺（201.7坪）	（含廁所）	226.3平方公尺（68.5坪）	
20FL 俱樂部	769.2平方公尺（232.7坪）	（含廁所）	129.1平方公尺（39坪）	
19FL E.C.	385.5平方公尺（116.6坪）	29.3平方公尺（8.9坪）	22.3平方公尺（6.7坪）	
4FL Junier Ball room 1～3	372.1平方公尺（112.6坪）		42.5平方公尺（12.9坪）	2.34位／坪
4FL Fountion 5～10	578.9平方公尺（175.1坪）			
3FL Ball Room	931.5平方公尺（282坪）	56平方公尺（16.9坪）		2.13位／坪
3FL 風味餐廳	860平方公尺（260坪）	58.5g平方公尺（17.7坪）	200.2平方公尺（61坪）	
2FL 鐵板燒	302.7平方公尺（91.6坪）			1.3位／坪（118位）一個坐位占0.78坪
2FL 牛排館	221.1平方公尺（66.9坪）	47.9平方公尺（14.5坪）		1.67位／坪（112位）一個坐位占0.6坪

營業區	餐廳部分	公共廁所	廚房 （含備餐區）	座位數／坪
Entry Lounge	173.1平方公尺 （52.4坪）			
2FL Gaillery Lounge	598.3平方公尺 （180.8坪）			
1FL 采逸樓	682.2平方公尺 （206.4坪）	45.7平方公尺 （13.8坪）	316平方公尺 （95.7坪）	1.32位／坪
1FL 中庭	486平方公尺 （147坪）			
1FL 珀麗廳	931.5平方公尺 （282坪）	49.4平方公尺 （14.9坪）	273.6平方公尺 （83坪）	1.4位／坪（402位）一個坐位占0.7坪
1FL Cake Shop	23.65平方公尺 （7.15坪）			
B3FL 義大利餐廳	1080平方公尺 （326.7坪）	（含廁所）	130.5平方公尺 （39.5坪）	（410位）一個坐位占0.77坪

表7　平均周轉率

餐廳	蘭亭餐廳	珀麗廳	義大利餐廳	牛排館	鐵板燒	酒廊	中庭
翻台率	0.33	0.62	0.49	0.91	0.60	0.69	0.60

表8　某渡假酒店餐廳座位所占單位坪數

廚房面積比例

宴會廳491.24平方公尺　　中餐廳342.96平方公尺　　西餐廳418.47平方公尺

Total：1252.67平方公尺　　　廚房面積631.10M^2＞1252.67M^2×1/3（33%）

餐廳	座位數	供餐面積	單位座位數／坪	備註
中餐廳	212位	103.8坪	2.04位／坪	不含廁所
宴會廳	336位	152.6坪	2.2位／坪	不含廁所
西餐廳	200位	133.2坪	1.5位／坪	不含廁所

圖2-5　太魯閣晶英酒店中餐廳更新之後的包廂

圖2-6　太魯閣晶英酒店更新之後的西餐廳，符合簡單優雅乾淨的風格

六、旅館的其他用途與功能規劃

　　渡假旅館的功能組織，處處表現出爲渡假旅行者提供方便舒適的特徵。都市旅館爲提高旅館設施的使用率，除了既有的客房及餐飲場所之外，仍可設置健康中心、會員俱樂部、娛樂室、出租辦公室、商務中心、貴賓樓層、購物中心、展覽廳劇場、多功能會議廳等等。公共休閒

活動部分的內容與面積，在總建築面積中所占比例增加，這一部分的營
運在旅館總收益中也相對地增加。

第三節　旅館的後場規劃

概　要

1. 旅館的行政區
2. 旅館的後勤補給區
3. 旅館的廚房區

4. 旅館的洗衣房區
5. 旅館的庫房區
6. 旅館的停車場區

學習意涵

1. 「快樂、效率、責任」是旅館從業人員的價值觀，快樂而自信的員
   工，服務快樂的客人。
2. 旅館之內部最感動人的地方在哪裡？
3. 後勤支援及員工運作相關之設施。
4. 男女員工更衣室、男女員工休息室、員工餐廳、員工訓練教室。
5. 旅館的行政、生活服務與工程維修部分。
6. 後勤服務部分
   後勤服務部分包括為旅客服務及關係旅館營業的各種不與旅客直接接
   觸的部分。
7. 旅館的廚房區
   (1)廚房分類
   (2)廚房工作流程與組成
   (3)廚房面積
   (4)廚房設計要點
8. 旅館的洗衣房區
   (1)洗滌的分類與流程

(2)洗衣量的計算

(3)客房布件洗滌量

(4)餐廳洗滌量

(5)員工衣服洗滌量

9.旅館的庫房區

庫房管理室向營運部門提供物品

(1)垃圾房：垃圾房是旅館暫存垃圾之處，乾濕分離。

㈠後勤支援之設施

　　執行辦公室、總務人事部、財務部、美工企劃部、安全室、制服室、業務部、工程部、採購部、驗收、總倉庫、冷凍冷藏設備、電腦室、總機房、訂房及前台辦公室、廚房區、洗衣房區、庫房區

㈡員工生活相關之設施有

　　男女員工更衣室、男女員工休息室、員工餐廳、員工訓練教室

㈢旅館的行政、員工生活

　　行政辦公部分、員工生活部分、工程維修部

㈣後勤服務部分

　　後勤服務部分包括為旅客服務，關係旅館營業的各種不與旅客直接接觸的部分。

一、旅館的行政區

㈠行政辦公部分

　　規劃辦公室區有執行辦公室，包括總經理辦公室、副總經理辦公室、住店經理辦公室、行銷業務部及公關辦公室、房務管理部及留出一小間電腦電話機房及設置工程維護室。另外在員工出入區設置安全櫃臺，管理員工進出、物品卸貨驗收及廢棄物外送。

㈡員工生活部分

1.員工更衣室及廁所：設置男女員工更衣室及廁所與淋浴室，更能使

員工上下班生活舒適乾淨。

2.員工餐廳：供應後勤員工之用餐，以集中餐食管理。

3.員工休息室：員工休息室或值夜夜宿。

(三)快樂、效率、責任。快樂而自信的員工，服務快樂的客人

以人的定義上來解決員工品牌內化，創造共同願景。旅館最感動人的地方在哪裡？營運管理項目檢討，旅館的後場包括哪些地方？後勤支援及員工運作相關設施。工作人員從員工出入口進出，經過打卡刷卡之後，前往員工更衣盥洗室更換制服，再往各服務單位就各工作崗位。服務人員就位與離場均與客人的進出動線不同，避免混淆，勿使制服員工喧賓奪主。

(四)客房管理部

客房管理部又稱管家部（Housekeeping），在國際觀光旅館中，是客房與公共部分的管理部門，負責保持客房與公共部分的整潔、布件更換、日用耗品的補充、旅客失物保管、旅客洗滌物的管理等。

中國大陸的一般旅館，由管理部負責客房的經營管理。近年來，由國外管理的酒店也設房務部。客房設備故障時，由客房管理部通知工程部對設備進行搶修或維護。

二、旅館的後勤補給區

(一)後勤行政、生活服務、工程維修，占旅館總建築面積的20%。

(二)旅館員工人數指標的定義

旅館的等級

平均每間客房的員工數量（人／每間客房）

旅館職工數量的單位計量比較

(三)機房

機房的建築面積因設備而異，由於科技的演進，先進而小巧的設備使機房面積大為減少。

(四)旅館職工數量的單位計量比較：（如表9）

表9　旅館職工數量的單位計量比較

國家、地區	平均每間客房職工數量 （人／間）	平均勞動成本 （US／人）
歐洲	0.85	7034
中東	1.32	4273
亞洲	1.5	2575
遠東	1.93	2790
美國	0.48	11321
加拿大	0.77	8452
杜拜帆船飯店	8（該飯店是特例，引自：《前進杜拜》）	

㈤旅館的職工主要分布在客房部門、餐飲部門及其他部門，其中以餐飲部門最多，約占總數的40～50%。（如表10）

表10　旅館各部門職工分配比例（%）

國家、地區	客房部門	餐飲部門	其他部門
歐　洲	28.8	46	25.2
中　東	25.5	46.8	27.7
亞　洲	26.7	44.2	29.1
遠　東	28.4	46.7	24.9
美　國	30.4	45.7	23.9
加拿大	25.9	53.8	20.3

三、旅館的廚房區

廚房是旅館後勤服務部分中，最複雜而且工作流程要求最高的部分，其細部設計必需由專業廚房設備顧問及廚房經營部門主管作專案設計。觀光旅館的廚房部分有屬於後勤，也屬於餐飲部分。（如圖2-7）

㈠廚房分類

廚房分類方法有下列幾種：

1. 依照主次關係：分為主廚房及一般廚房

主廚房（或稱中央廚房）面積大，含廚房工作動線中多項工作程

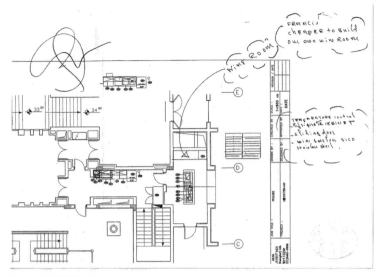

圖2-7　備餐區的規劃草案

序，如貯存、前處理（粗加工）、點心製作、烹飪等。

一般廚房面積較小，只有細加工和烹飪兩個工作程序，某些半成品和點心等來自主廚房等。

2. 依照菜餚品種：分為中餐廚房、西餐廚房、和式廚房等。

3. 依照服務內容：分為餐廳及宴會廚房、客房服務廚房（Rooms Service）及員工廚房等。

(二)廚房工作流程與組成

1. 廚房工作流程

旅館的廚房工作流程，總的來說，過程都是由生到熟，從貨物購入→貯存→食品加工→烹飪→備餐出菜，並從餐廳收集用過的餐具等，以及垃圾，分別洗滌、清除、復原。

(三)廚房面積

1. 廚房面積是指各類餐飲空間的廚房和備餐室及廚房工作流程中的所有面積，一般都將它列為後勤服務項目面積之中。依照《國際觀光旅館建築與設備標準》[1]，觀光旅館廚房面積隨著餐廳的面積比例

---

[1] 交通部觀光局出版。

而定。

第十四條　國際觀光旅館廚房之淨面積不得小於下列規定：（如下表11）

表11　國際觀光旅館廚房之淨面積

供餐之場所淨面積	廚房（包括備餐室）淨面積
1,500平方公尺以下	至少為供餐飲場所淨面積之33%
1,501至2,000平方公尺	至少為供餐飲場所淨面積之28%加75平方公尺
2,001至2,500平方公尺	至少為供餐飲場所淨面積之23%加175平方公尺
2,501平方公尺以上	至少為供餐飲場所淨面積之31%加225平方公尺

⑴ 未滿一平方公尺者，以一平方公尺計算。

⑵ 餐廳位屬不同樓層，其廚房淨面積採合併計算者，應設有可連通不同樓層之送菜專用升降機。

2. 廚房各類倉庫面積：倉庫面積根據貯存量、貨架標準確定：其食物使用量為供食量×115%，貨架高度H＝1.8公尺，食品倉庫面積考慮通道，即貨架+30%。牆厚面積一般庫+10%，冷藏庫+20%。

(四)廚房設計要點

1. 處理好廚房與餐廳關係

廚房與餐廳盡量同層，避免以樓梯踏步連接餐廳，如無法避免高差時，應以斜坡處理，並應有防滑措施及明顯標誌。如同樓層面積不夠容納全部廚房面積時，可將庫房、冷藏冷凍庫房、點心製作等移到上或者下層，但要求它們與主廚房有方便的垂直交通連繫。（如圖2-8）

2. 合理布置工作動線，符合衛生要求

廚房內部應合理布置，盡量縮短工作流程，避免多餘的往返交叉，既減少勞力與運輸量，又利於衛生要求。必需明確區分「生與熟、清與汙」流程，互不交叉的原則。廚房設計需經當地衛生防疫部門審查。廚房工作人員的廁所位置，必需男女廁所分開設置，單獨排風設備。

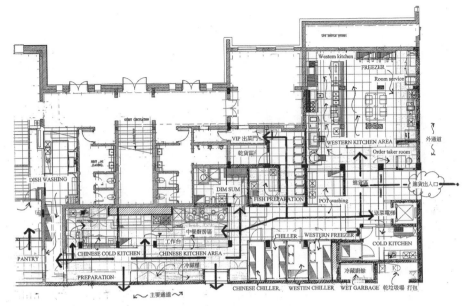

圖2-8　富春山居度假酒店主廚房配置圖檢討草案
（主廚房的規劃，首先確認有幾項餐類使用此空間，有多少空間可以利用，再則計畫
分區設置，再考量進貨及供應餐飲流程。）

3. 廚房內乾、濕、冷、熱的分開

　　點心製作，備餐間要求乾燥；洗碗區與蒸煮區則十分潮濕，相互之
間應遠離避免干擾。冷盤間及西點製作，廚房冰箱應與烹飪部分分
開，防止冷熱相互影響。

4. 選用易清潔、防水的地面、牆面材料

　　廚房衛生工作的經常性與週期性已成規章制度，爲利於清潔打掃，
高級旅館廚房常採用防滑、防水防油的地面磚，牆面磁磚貼到頂，
並適當放大地面排水溝的坡度，設地溝與集水井與截油槽。

5. 防止廚房油煙及噪音影響餐廳

　　觀光旅館廚房在空調設計中作「負壓區」，即廚房的空氣壓力比餐
廳的空氣壓力低，並增加廚房換氣次數，以迅速排出烹飪部分的油
煙與洗滌部分的蒸汽。同時在油煙、蒸汽發生集中的烹飪區、蒸
煮、洗碗區，需配備專用的排煙罩和排氣罩。進步的排油煙機同時
可放水清洗，且可向廚師操作位置送新鮮空氣。爲保持餐廳優雅的

氣氛，必需防止廚房的烹飪、洗滌等各種工作噪音及部分設備噪音外傳，常通過備餐間或過道門轉折的方法，減低噪音外溢形成聲鎖。

6. 交通動線方便通暢

廚房與備菜間及庫房之間應有方便的交通動線，手推車已成內部運輸工具，所以出入口寬度應留充分空間，並對門扇及牆角採取保護措施不鏽鋼包角，以免碰撞。提供客房服務的旅館廚房應有菜梯或專用電梯與客房層服務間直接連繫，這類廚房應有足夠停放手推車的空間。

(五)餐廳廚房的汙水排放，必需遵守下列法規

1. 《臺北市下水道管理規則》第3條：

預先處理設施：指下水道經過之攔汙柵、沉砂池、初步沉澱池及消毒、油脂截留等處理設施。

2. 《建築技術規則建築設備編》第36條：

建築物排水中含有油脂、沙粒、易燃物、固體物等有害排水系統或公共下水道之操作者，應在排入公共排水系統前，依下列規定裝設截留器或分離器：

餐廳、旅館之廚房、工廠、機關、學校、俱樂部等類似場所之附設餐廳之水盆及容器落水，應裝設油脂截留器[2]。餐廳的廚房汙水必需經過油脂截留器處理並符合政府下水道管理規則，才能接入公共汙水下水道，依據「內政部營建署，《建築物汙水處理設施設計技術規範》，第三章第3.2.2節」「油脂截留器之構造與機能」規範如下：

1. 利用比重不同原理將油水分離。

2. 至少應分隔成三室以上，除前後二室為汙水進流與出流室外，第二室應為具足夠容量之除油室以進行油水分離。

3. 各室有效水深皆應大於30公分。

---

2 資料來源：臺北市政府衛生下水道工程處，油脂截留器相關法規，齊發工程股份有限公司，冷凍餐飲廚房設備產品目錄說明書。

4. 各室間之區隔應使汙水能上下繞流。

5. 除油室內部得裝設傾斜板，其與汙水流向之夾角應為45至60度。

6. 除油室之有效容積計算應至少可容納廚房汙水量之每小時平均量之1/6以上者（即滯留處理時間為10分鐘以上）。

7. 每分鐘之尖峰量若超過平均流量3倍以上且持續時間超過30分鐘者，有效容積應增為上述值之1.2至1.5倍。

8. 出流管之下端開口處，應設於水面下至有效水深1/3處之位置。

9. 出流管口徑應大於進流管。

10. 槽體應由耐蝕材質構成。

11. 汙水進口應設有攔渣籃等設施，防止殘渣進入油脂截留器。

12. 截留油脂應為可及時清除者，並得設置自動清除系統。

建築規劃建議如下：

(1) 將此廚房區，地面高程下降約30公分「結構板預降」，則冰櫃（freezer）庫房位置及西廚冷荤間區的淨高度，可達220公分以上。

(2) 高程下降區的高低差通路之動線以斜坡處理（寧做斜坡也不要梯階）。

(3) 廚房地坪要有足夠深度（有預下陷空間），可設計地面排水溝及截油槽位置，請酌於考量。

(4) 增設升降機的位置。

表12　晶華酒店餐廳與廚房淨面積之統計

樓層	中餐廳	西餐廳	廚房
20FL	655.56M^2（會議室）		218.52M^2
19FL	560.88M^2（會議室）		39.50M^2
4FL	180.00M^2（員工餐廳）	1042.95M^2（會議室）	585.95M^2
3FL	823.83M^2	922.26M^2（會議室）	248.84M^2
2FL		906.80M^2	229.50M^2
1FL	550.42M^2	729.04M^2	1112.32M^2

樓層	中餐廳	西餐廳	廚房
B3FL		1080.50M^2	130.50M^2

TOTAL：（餐廳）7452.24M^2 （廚房）2565.13M^2

*餐廳面積與客房數之檢討（表11）

依據《國際觀光旅館建築及設備標準》第9條規定

$$570Room \times 1.5M^2 = 855.00M^2 （法定應設）$$

檢討：7452.24M^2（實設面積）＞855.00M^2（法定應設面積）「OK」

*廚房淨面積之檢討

依據《國際觀光旅館建築及設備標準》第10條規定

$$7452.24 M^2 \times 21\% + 225M^2 = 1789.97M^2 （法定應設）$$

檢討：2565.14M^2（實設面積）＞1789.97M^2（法定應設面積）「OK」

四、旅館的洗衣房區

(一)洗衣房

　　為確保衛生標準，國際觀光旅館中，客房床單、毛巾、餐廳桌布、餐巾等需每日更換，洗滌量很大。

　　旅館是否設置洗衣房，視洗滌量多少、投資條件、設置可能性而定。有的旅館不設洗衣房，利用洗衣公司的統包方式每日送洗，有的旅館集團設洗衣工場，集中洗滌，這樣雖然減少投資洗衣房的設備與空間面積，卻增加了備品、備件數和清點進出布件的人力。

　　大、中型旅館自設洗衣房，相應減少備品、備件、運輸車輛、布件管理員等數量，也延長了布件壽命。但是洗衣房噪音大，有氣味，是防災重點。根據資料統計：自設洗衣房比委託外包洗衣工場洗滌，可降低成本15%。綠色旅館的客房為節約水電及洗刷劑的汙染，並不一定每日更換布件。

　　1. 洗滌的分類與流程：洗滌分水洗及乾洗兩大類。客房的床單、被單、毛巾、餐廳的桌布、餐巾、部分職工制服及旅客衣物，以水洗方式。旅客的西服，大衣及部分職工的制服，需用乾洗方式。水洗以洗滌水洗去汙，乾洗用揮發性溶劑與洗淨濟去汙。

　　2. 洗衣量的計算：為計量單位，通常有概估法及計算法：洗衣量習慣

上以洗滌衣物重量爲計量單位（乾淨時的重量），一般用概估法或計算法。一般旅館以每客房每天4.5公斤洗衣量，高級旅館以6.0公斤／間客房一天洗衣量。計算方法分別計算客房、餐飲、員工制服三部分洗衣量，累計每天每間客房的洗衣量。

(1) 客房洗滌量：按國際標準，高級旅館的客房布件每天更換，新到客人全換，布件是床單、枕套、浴巾、面巾、浴衣等。

(2) 餐廳洗滌量：餐廳的餐巾、桌布需洗滌，一般按0.6～1.0公斤／每座計。

(3) 員工衣服洗滌量：每員工衣服洗滌量以0.8～1.2公斤／套、每次計算。

按經驗數據歸納，把旅館所需洗滌的衣物，折算成每間客房清洗量，一般旅館以每客房每天4.5公斤洗衣量，高級旅館以6.0公斤／間客房一日計。

總洗衣量的計算公式：

$$\text{每小時總洗衣量（公斤／小時）} = \frac{\text{每天每間客房洗衣量×客房間數×7天}}{\text{洗衣房1週工作時間（小時）}}$$

洗衣房的面積與平面布置：旅館設洗衣房時，其面積取決於洗衣量、洗衣設備的精密性、多功能性。中國大陸的《旅館設計規範》提出，設置洗衣房的面積爲0.7平方公尺／每間客房。洗衣房面積與旅館的規範有關，由於充分發揮設備的效率，旅館規模越大，洗衣房指標越低。國際觀光旅館洗衣房平面常分洗滌間、布草室、整理室等。

五、旅館的庫房區

庫房管理室是向營運部門提供物品的部門，按照旅館日常消耗與所需負責採購、登記、分門別類進入各類庫房。常設的庫房有家具、瓷器、玻璃器皿、銀器、日用品庫等。

旅館庫房面積與旅館等級、規模和市場供應有關，豪華級旅館物品

類別多，庫房面積相應增大。

(一)供應室及各類庫房

庫房面積指標：中國大陸設計規範提出：

豪華旅館，指標爲：1.5平方公尺／間

中檔旅館，指標爲：1.0平方公尺／間

經濟旅館，指標爲：0.5平方公尺／間

(二)垃圾房

垃圾房是旅館暫存垃圾之處。旅館垃圾有：食品垃圾、廢報刊、廢紙類、空瓶、空罐及其它破損垃圾。據日本資料介紹，每一旅客平均2～3.5公斤。垃圾的暫存或回收還應考慮衛生影響，如對貯存食品垃圾的垃圾房提供低濕條件即冷凍廢品間。

1. 旅館處理垃圾的方法有：

   (1) 分類集中、轉運。按旅館規模及清理垃圾的次數，有的大型旅館設垃圾壓縮機，對不能回收的空瓶、廢玻璃、廢瓷器進行粉碎處理，對紙類垃圾進行壓縮，壓縮後體積僅爲原來體積的1/10。

   (2) 食品垃圾中的魚肉骨渣等，用粉碎機粉碎後，隨水流集中，再脫水成固態垃圾。

2. 垃圾處理設備有：

   (1) 廚餘、餿水、菜渣、廢棄食品之冷藏垃圾房一間，設於地下一樓

   (2) 乾料固體廢料之垃圾房一間，設於地下一樓

   (3) 垃圾房內均設有沖洗設備，地板使用磁磚，牆面使用磁磚或不鏽鋼板。垃圾間應靠近卸貨區或服務電梯，接近出口平台，以便予迅速運走，減少垃圾在室內的路線。運走垃圾的平台應在旅館主入口視線之外，以免影響觀瞻。垃圾間應有帶地面排水的洗滌場地，還需注意卸貨平台處的清汙動線分開，以避免垃圾與食品原料運送路線的交叉。

六、旅館的停車場區

　　旅館總體設計中，應依照有關法規配置一定數量的停車位。在台灣，依照《建築技術規則設計編》的規定：每50間客房，必需有大型停車位一個。大型停車位尺寸是4m×12m，小型車尺寸是：2.5m×5m或2.7m×6m。

　　上海市建設委員會、城鄉建設規劃委員會在1986年，頒布了關於大型公共建築配建停車場、停車庫的通知，其中規定：旅遊旅館每間應配建不小於0.2個小車位。高級賓館每間客房應配建不小於0.3個停車位。（一輛大轎車停車尺寸3m×12m，可以折算為2.5個小停車位，小轎車停車位尺寸是2.5m×5.0m）

1. 廣場臨時停車

　　旅館入口廣場的大小與基地條件、規模有關，即使用地狹小、廣場小，也應在入口前設停車位，以方便接送客人。

　　大型旅館入口前應有相當長的停車位，團體入口外的廣場應有大客車停車位。同時，入口廣場也應為出租汽車的接客候車停留適當的地位，供出租車到旅館接客。利於客人叫車，提高旅館服務水準。貴賓車及禮賓車，也應有適當的車位。

2. 地面停車場

　　汽車旅館都設置地面停車場，郊區旅館也是。由於停車場汽車出入的噪音大，因此在總平面規劃時，應避免靠近客房部分。

　　大客車的車位，通常都在地面。

　　地面停車場需要好好規劃出入動線，停車場的庭園化，使與景觀合而為一。大量的綠蔭植栽，會降低噪音的播散。炎炎夏日，停車也減少炙熱的不適。

3. 地下停車場

在都市旅館，由於用地緊湊，但依據建築法又必須設有足夠的停車位。因此都是設在地下，土地利用的價值較少，但要有適當的排風設施，及出入車道的寬度及坡度限制。單向車道淨寬為3.5m，雙向車道為5.5m。

1985年，中國大陸制訂「汽車庫設計防火規範」，規定地下車庫超過35個停車位時，車庫疏散口不少於兩個，出入口坡道的坡度為1:10～1:12。

4. 地面多層停車塔

車輛的增加，使得旅館有限的空間，已容不下現況的停車數。若旅館的基地面積有充裕，在不防礙觀瞻的情形下，依法得興建停車塔，以容納更多的停車位。

5. 機械停車設施

機械裝置有：簡易式提升停車設施，可使停車數量增加一至二倍。水平迴轉式停車設施與立體迴轉式停車設施，適應不同的總體要求，大大增加停車數量。

機械停車設施，若建於地下室，有規範規定消防設施、照明良好、明顯的層次、區域識別標誌、還要有良好的排水系統，使坡道流入的雨水、清洗的污水能迅速排出。

第二章 旅館的各項系統規劃

本章闡述旅館的各項系統規劃，分為七個小節，第一節：旅館的電氣設計，供電與配電、照明。第二節：節約能源的計畫與措施，照明的節能、旅館客房耗電分析。第三節：空調系統的評估與規劃，空調設備工程的設計、空調系統概要、實例：旅館空調改善評估。第四節：設備系統的評估與規劃，供水供電設備系統的生活用水管理、廚房區的更新、主廚房增改設備。第五節：收費系統的評估與規劃，餐廳收銀櫃臺之設備需求。第六節：鎖匙系統與節電裝置的規劃。

Jan deRoos,（2003）強調，旅館更新不是為更新而更新，更新不是目的，僅僅是用來實現更大目標的手段：提高旅館產業的競爭地位，使旅館產業的價值極大化。

Jan deRoos (2002), *Renovation and Capital Projects*: *Hospitality Facilities Management and Design*. USA: Cornell Hotel and Restaurant Administration Quarterly. pp.518.

第一節 旅館的電氣設計
概 要

1. 供電與配電
2. 照明
   舉例：
   (1)（中國大陸）旅館建築照明標準值
   (2)旅館建築照明功率密度值比較表
3. 旅館建築照度標準值比較表（單位：lx）
4. 中華人民共和國國家標準《建築照明設計標準》

旅館的電氣設計可分強電設計與弱電設計兩部分。

· 強電設計有：供電、配電、動力、照明

· 弱電設計有：通訊電話、傳真、廣播、有線電視、閉路電視、電腦資訊、網際網路

1. 供電

   (1)負荷等級的選擇

   (2)供電電源電壓等級的確定

   (3)自備電源（緊急備用發電機組的設置）

   (4)電氣負荷計算

2. 配電

   (1)變壓器的選擇

   (2)變壓器間的位置

   (3)高壓系統設計

   (4)低壓配電系統設計

3. 照明

   (1)光源的選擇

   (2)燈具選擇

   (3)照度計算與照度標準

   (4)旅館各部分的照明設計

     客房照明、門廳照明、餐廳照明、多功能廳照明

　　旅館的電氣設計可分強電設計與弱電設計兩部分。強電設計有：供電、配電、動力、照明等。弱電設計有：通訊電話、電傳、廣播、閉路電視、電腦、網際網路等。

一、配電設備工程

(一)設計準則

本旅館計畫之配電設備工程，參照「臺灣電力公司」屋內外線路裝置規則及《建築技術規則建築設備編》等以建築設計為依，旅館營運需求功能為主而加以規劃，以此發展為實用性、電腦性、經濟化、安全化及能源化之目標設計計畫。

1. 旅館營運為24小時之營運服務，開放旅客使用。電源除了由「臺灣電力公司」之高壓11/4KV或22.8KV供電，自備之配電變壓器再變為低壓220/380V動力用電及低壓110V電燈用電。旅館另備有緊急發電機，以供停電時之緊急供電。

2. 旅館之供電系統，動力用電之電力變壓器與電燈小型燈具、電腦用電等之燈用變壓器是分開的，獨立供電。

3. 為達到供電之安全與品質，供電低壓開關盤間設有TIEA、C、B以便在低負載時能運轉單台變壓器，以免浪費電力，節約能源。

4. 所有的高壓及低壓設備開關採用VCB，ACB，NFB等，並將VCB，ACB，NFB等放於足夠厚度及堅硬防塵之Matel-Clad Switchgear配電開關內，利於將來之安全維修工作。

5. 為免除臺電瞬間停電時緊急發電機啟動，造成停光而影響館內之營運，設有中央系統之蓄電池系統，以供緊急燈光。

6. 設置中央控制室，採用節約能源及供電、機電設備監控電腦，配合其周邊設備可作供電系統，控制供電電容量計算，供電電力因數控制，以達節約能源及監控之目的，節省公司之供電電費支出及人力之精簡，並確保供電之品質及減少意外事故之發生。

7. 低壓配電盤內設置提高功率因數之電容器及功率因數控制器，以節省電費及減低線路之損失，並提高用電之品質及安全。

(二)電源之供電系統

1. 旅館之裝置，憑藉契約容量約定，依臺電規則供電，設置供電變

電站，並備設臺電使用室，供臺電配高壓及裝設必要之保護開關之用。旅館之供電受電站內，高低壓配電盤採用METAL－CLAD Switch-gear及變壓器使用乾式動力變壓器，使用上之安全性與便利性。

2. 旅館之各重要場所均設有緊急供電自動切換開關，於臺電停電後能自動切換供應緊急電，以免造成危險及人員之恐慌。

3. 為確保供電之品質，主變壓器分為空調用電、動力用電、照明用電、插座用電等四組分別供給。為確保將來用電容量之擴充，每一組變壓器有部分之超過使用負載多餘容量，以便在擴充或用電量減少時，能以並聯使用。

(三)低壓配電系統

1. 各種設備器具之使用電壓如表13：

表13　各種設備器具之使用電壓

供電名稱	相別	線別	電壓（伏特）
空調動力	三	四	220／360
一般動力	三	四	120／208或220／380
日光燈	三	四	120／208
白炙燈	三	四	120／208
一般燈飾	三	四	120／208
一般插座	三	四	120／208
廚房設備	三	四	120／208或220／380
電梯	三	四	220／380
一般器具	三	四	120／208

2. 受電電壓為三相三線式11.4KV或22.8KV，經主變壓器變成三相四線220／380V低壓電壓，供給空調動力及一般動力負載。並且用其中之單相220V供應屋外照明系統。其餘之照明系統、一般插座，另以變壓器將三相11.4KV變成低壓三相四線式120／208V，以供使用。

3. 主要之空調動力及一般動力用馬達（如冷卻水泵、冰水水泵、冷

卻水塔、一般水泵、抽送風機、消防水泵）均採用中央監控系統加以控制，監視馬達之運轉狀況以節約能源，維修保養之紀錄。

4. 所有馬達均經電磁開關控制，以配合中央監控達到自動控制運轉之目的，並於馬達過載時能切斷馬達之電源以確保設備之安全。

5. 各動力及電燈之主供應回路均設有無熔絲開關，以確保幹線線路之安全避免產生危險，並供緊急之切斷使用。

6. 於潮濕及廚房之工作，操作器具設備供電之設備均於其設備電源側裝有漏電斷路器，以確保人員使用之安全。

二、供電與配電

(一)供電

1. 負荷等級的選擇

旅館負荷等級應依據旅館規模、等級而確定。大型、高層旅館供應負荷必需確保旅館供電的可靠性，需由二路獨立電源與一路備用電源供電。普通旅館由一路常用電源與一路備用電源供電，它允許短時間停電，但盡量縮短停電時間，減少損失。

2. 供電電源電壓等級的確定

旅館建築也根據用電負荷量的大小與國家電網等級的不同，來確定旅館的供電電壓。國際上旅館的電器設備電壓為220v與110v。中國採用220v、配電電壓為400v／230v；日本的配電電壓為400v／200v；美國的配電電壓為480v／120v。

3. 自備電源（緊急備用發電機組的設置）

當外來電源因故中斷，自備電源即應急備用發電機組，能在15秒鐘內立即運行供電，以解決疏散照明、消防電梯、消防水磅、緊急廣播、通訊等所需電源。備用發電機組一般採用柴油發電機，需設單獨機房並進行隔音處理。備用發電機容量一般按變壓器總容量的10～20%考慮。此外，旅館內經營管理電腦還應設不斷電源裝置，確保供電。

4. 電氣負荷計算

電氣負荷計算是旅館電氣設計的依據，計算準確度對合理選擇設備、節省工程投資及以後之營運有重要影響。負荷計算通常採用需要係數法及單位面積耗電量法，還有採用單位產品耗電量法。在計算時還需根據不同要求，實際情況作細緻的調正，使計算數據較準確。

(二)配電

1. 變壓器的選擇

旅館建築變壓器的選擇：旅館建築選用的變壓器有油浸式變壓器、乾式變壓器、SF6變壓器等。各有其特點優缺點，因應建築場所條件而選擇採用。

(1) 油浸式變壓器：價格低、體積大、易燃。一般只能設在獨立的變電所內，可規劃在旅館建築物高層或地下室。

(2) 乾式變壓器：防火佳，價格比油浸式變壓器貴，但是體積小，可規劃在旅館建築物高層或地下室。

(3) 六氟化硫變壓器：防火性能好，價格比乾式變壓器貴，但是體積小，可規劃在旅館建築物高層或地下室。

2. 變壓器間的位置

旅館建築的變壓器室，位置取決於基地條件與環境的要求。當基地環境寬敞、有條件設置獨立式變電所時，變壓器室就脫離主體建築布置。當基地狹小無條件設置獨立式變電所時，或基地有設置獨立式變電所的條件，但是對環境帶來不良影響時，變壓器室就進入主體建築。

變壓器室在主體建築內的位置，有以下幾個選擇：

(1) 變壓器間置於地下室。

(2) 變壓器間置於高層建築的中間層。

(3) 變壓器間置於超高層建築的地下室與屋頂。

(4) 變壓器間置於超高層旅館建築的地下室、中間層與屋頂層。

3. 高壓系統設計

一級負荷的高壓系統應具備3種設計：

⑴ 一級負荷應由兩個以上的獨立電源供電，以確保供電的可靠性。

⑵ 一級負荷較大或有高壓用電設備時，應採用兩路高壓電源。

⑶ 一級負荷中特別重要的負荷，除上述兩個電源外，還必須增設
緊急電源，如獨立發電機組、蓄電池、專門供電線路等。

4. 低壓配電系統設計

低壓配電系統設計要求照明、動力、空調等用電相對集中於相應的
變壓器，以便按負荷性質不同分開計量。

二、照明

旅館空間照明設計的情境，往往是旅行者津津樂道的事。因而，建
構舒適的視覺氛圍是旅館經營的行銷手段。旅館能夠吸引新舊顧客光顧
的關鍵在於營造感動親切的氣氛和親和友善的感覺[1]。照明是達到這個
目標的主要方法，故旅館的大廳、餐廳以及客房都應該比任何其他採光
設計更注重舒適和創造性。

照明系統設計的要素包括照度、光通量、色彩、安全及緊急照明
等[2]。良好的照明設計塑造舒適感與優良的光環境，而照明光環境品質
取決於光源形式、燈具選擇、照明方式[3]。作為照明設計的參考指標分
別是：布光模式、燈具設計、光源投射方式。此即為旅館照明設計的
基本指標。照明布光模式對主觀印象的影響，反映旅客對空間的感情和
印象。

渡假旅館著重均質布光及自然光的理性需求，有別於城市旅館個別

---

[1] philips照明網站 2009.12.18上網收集。

[2] 張學珊（2003）譯，《飯店設施的管理與設計》"Hospitality Facilities management and Design"，北京：中國旅遊出版社，2003.6，AH&LA

[3] 蔡奇睿（2007），〈展示空間照明布光模式與設計手法之研究——以世界宗教博物館為例〉，《藝術學報》，第85期（98年10月），頁162。

情境的感性氣氛。旅客對於光的視覺舒適可能度因時刻不同而有差異，營運區域的投光模式並非以一概全。自然光與人工照明的相互依存應妥善運用。[4]

照明設計在旅館建築中占有重要的地位，它既是爲了達到採光功能上的照度要求，還要滿足建築藝術上的裝飾要求，因此旅館的照明有功能性照明、藝術性照明，還有兩者結合的照明。

(一)光源的選擇

旅館照明常用的光源有白熱燈、螢光燈及高效能型光源等。光源的選擇應與室內環境相配，並考慮節能因素。商場、辦公室一般採用螢光燈，衛浴室常採用三基色螢光燈。一些特殊的商店如古玩店、文物商店等需選用白熱燈或顯色性好的光源。客房、餐廳等一般均採用白熱燈或暖色調高效能節能燈。宴會廳、多功能廳等應採用顯色指數、色溫要求嚴格的光源。（如圖2-9）

圖2-9　太魯閣晶英酒店主大廳更新之後，採用自然光來滿足建築物對於光的全部需求。自然採光給人舒適感、室外感，並能節約能源。但是眩光在視野內由於亮度分布或空間範圍，呈現極端的亮度對比的不適，仍有改善空間。

---

[4] 參閱拙作〈旅館空間照明設計之研究——以太魯閣晶英酒店爲例〉，《理論編》。

　　燈具選擇的要求是效率高與低眩光，燈具選型上要求與室內設計相協調。燈具分爲直接照明燈具與間接照明燈具兩類。間接照明燈具的光是通過反射而來，它可以達到某種特有的藝術美學。

　　旅館中往往還在其照明系統中配備調光裝置，按使用需要改變照度與亮度。爲了達到節能目的，還用微調自動控制照明燈具開關，無論室外自然光的強弱，室內都能達到既定的照明目標。

(三)照度計算與照度標準

　　適合旅館的照度計算方法有兩種：一爲平均照度計算法，一爲逐點光源計算法。前一種適用於室內，後一種適用於大空間照度計算。

　　旅館照度標準，參考（如表14～17）：

表14　幾個國家的照度標準（單位lx）

房間名稱	日本	美國	英國	中國大陸
客房房間	100	100	100	20-50
寫字台	500	300	300	100-200
浴廁	70	100	100	50-100
門廳	150	100	200	75-150
總服務台	100	500	400	150-300
餐廳	300	30-300		50-100
宴會廳	300	300-500		150-300
辦公室	500	500	400	
走廊、樓梯	100	200	200	

(四)旅館各部分的照明設計

1. 客房照明：客房照明應配合室內設計，以創造安靜舒適的休息環境爲目的。除了頂燈之外，主要照明是落地燈、壁燈，還有台燈、床頭燈、崁燈、小夜燈等。光源一般以白熱燈爲主。

2. 門廳照明：門廳是旅客對旅館第一印象的場所，要有賓至如歸的氣氛。照度不必過大，門廳總台要求高照度，往往採用流明照明以增加照度。

表15　（中國大陸）旅館建築照明標準值[5]

房間或場所		參考平面及 其高度	照度標準值 （lx）	統一眩光 值UGR	演色指數 Ra
客房	一般活動區	0.75m水平面	75		80
	床頭	0.75m水平面	150		80
	書桌	台面	300		80
	浴廁	0.75m水平面	150		80
中餐廳		0.75m水平面	200	22	80
西餐廳、酒吧間、咖啡廳		0.75m水平面	100		80
多功能廳		0.75m水平面	300	22	80
門廳、總服務台		地面	300		80
休息廳		地面	200	22	80
客房層走廊		地面	50		80
廚房		台面	200		80
洗衣房		0.75m水平面	200		80

表16　旅館建築照明功率密度值比較表[6]

房間 或場 所	本調查		北京市 綠照規程 DBJ01- 607-2001	美國 ASHRAE / IESNA -90.1-1999	日本 節能法 1999	本標準		對應 照度 （lx）
	重點	普查				照明功率密度		
						現行值	目標值	
客房	5～10 （29.6%） 10～15 （44.4%） 平均11.66	10～15 （53.3%） 10～15 （20%） 平均12.53	15	26.9	15	15	13	—
中餐廳	10～15 （37.5%） 15～20 （12.5%） 平均17.48	10～15 （38.1%） 15～20 （23.8%） 平均20.46	13	—	30	13	11	200

5　中華人民共和國國家標準《建築照明設計標準》，北京：中國建築工業出版社出版，2005年8月，頁18

6　中華人民共和國國家標準《建築照明設計標準》，北京：中國建築工業出版社出版，2005年8月，頁98。

房間或場所	本調查		北京市綠照規程 DBJ01-607-2001	美國 ASHRAE／IESNA-90.1-1999	日本節能法 1999	本標準		對應照度（lx）
	重點	普查				照明功率密度		
						現行值	目標值	
多功能廳	20～25（40%）＞25（40%）平均23.3	平均22.4	25	—	30	18	15	300
客房層走廊	平均5.8	—	6	—	10	5	4	50
門廳	—	—	—	18.3	20	15	13	300

表17　旅館建築照度標準值比較表[7]　　　　　　　單位：lx

房間或場所		本調查			原標準 GBJ133-2001	CIE S008/E 2001	美國 IESNA-2000	日本JIS Z 9110-1979	德國 DIN 035-1990	俄羅斯 CHnII 23-05-95	本標準
		重點		普查							
		照度範圍	平均照度								
客房	一般活動區	＜50（78.9%）	37	100～200（94%）	20～30～50	100	100～150			100	75
	床頭	100（57.9%）	110		50～75～100	—	—	—			150
	書桌	100～200（100%）	208	100～200（64.6%）	100～150～200		300	300～750	—		300
	浴廁	100～200（66.4%）	173（水平）84（垂直）	100～200（100%）	50～75～100	—	300	100～200	—	—	150
中餐廳		100～200（83.2%）	186	200～300（75%）	50～75～100	200	—	200－300	200		200
西餐廳、酒吧間		＜100（82.5%）	69	—	20～30～50		—	—	—	—	100
多功能廳		100～200（76%）	149	300～400（100%）	150～200～300	200	500	200～500	200	200	300

7　中華人民共和國國家標準《建築照明設計標準》，北京：中國建築工業出版社出版，2005年8月，頁74。

旅館設施更新的理論與實務

房間或場所	本調查			原標準 GBJ133-2001	CIE S008/E 2001	美國 IESNA-2000	日本JIS Z 9110-1979	德國 DIN 035-1990	俄羅斯 CHnII 23-05-95	本標準
	重點		普查							
	照度範圍	平均照度								
門廳總服務台	50～100 (62.6%)	121	200～300 (83.4%)	75～ 100～150	300	100 300 （閱讀處）	100～200	－	－	300
休息廳										200
客房層走廊	＜50 (75%)	43	－	－	100	50	75～100	－	－	50
廚房	－	－	－	150	－	200～500	－	500	200	200
洗衣房	－	－	－	150	－	－	100～200	－	200	200

CIE室內工作場所照明

3. 餐廳照明：餐廳室內設計各具風格，照明燈具更是室內設計的一個重要陳設。中餐廳照度常在100-150lx，西餐廳照度低些，有的西餐廳採用低照度50lx。（如圖2-9）

圖2-9 太魯閣晶英酒店主大廳更新之後的夜間照明，採取人造光源（Artificial Light），照明光源柔美，可以產生所需要的環境氣氛。但是亮度對比，影響物體可見度，在視覺上產生疏離感。

4. 多功能廳照明：多功能廳具有餐廳、宴會廳、展示廳與會議廳等多種功能。因此要求廳內有多種類型的照明方式，適應不同使用時開啓。由於多功能廳常具備分隔使用的可能，所以照明布置應與分隔

後廳室相關而呈單元化。多功能廳的照明方式往往兼有直接照明與間接照明，燈飾也有多種。供舞會用的射燈、旋轉燈等在舞池上空。特大型藝術燈飾應考慮機械升降，便於維修。宴會廳的燈光設計有特殊的舞台燈光專業設計師協力規劃，具有升降功能，便於多方面使用。

第二節　節約能源的計畫與措施

概　要

1. 照明的節能
2. 旅館客房耗電分析

學習意涵

1. 照明的節能
2. 旅館客房耗電分析

練習題：

計算每間客房的節電指數、每月電費、增設電氣照明之電費計算。

一、照明的節能

換燈原則大多數關於更換燈的原則的爭論集中在是一次性置換還是只換掉不能使用的燈。前者認為一次置換（或部分更換）掉已過指定時間的燈將能大大降低燈的更換成本。儘管通過大量購進燈也有可能降低成本，但是主要通過降低人力成本來降低燈更換成本是有可能的。一組完全的更換並不意味著空間的視覺效果會因使用未被替換的壞燈泡而遭到損害。燒掉的燈泡在失去作用後被替換要比替換未壞的燈泡容易，整組更換程序是預先設定的——就是說，該程序已經預感燈要失去作用。

當一個指定範圍的部分燈泡達到了額定壽命（達到80%），燈就會被一次性的全面更換。這樣，整個空間就有統一的光度，燈泡燒焦或發生故障率就比較少了。（表20）

　　一次性的換燈也能節省錢，它尤其適用於需要花大量時間買燈或需要使用特殊設備的地方──例如，在會議廳和停車場。

二、旅館客房耗電分析

案例：

表18　耗電分析

項目	現有型式及W數	增加W數	增減W數
床頭燈	15w×2個×2盞＝60w	15w×2個×2盞＝60w	
書桌燈	15w×2個×1盞＝30w	15w×2個×1盞＝30w	15w≒80w
落地燈	15w×2個×1盞＝30w	15w×2個×1盞＝30w	
照畫燈	25w×2個＝50w	25w×2個＝50w	
浴室鏡燈	15w×4球＝60w	17w×4球＝68w	＋8w
淋浴間崁燈	15w×1盞＝15w	15w×1盞＝15w	
馬桶間崁燈	16w×1盞＝16w	25w×1盞＝25w	＋9w
浴缸洗牆燈	40w×1盞＝40w	40w×1盞＝40w	
Mini Bar崁燈	15w×1盞＝15w	15w×1盞＝15w	
玄關天花崁燈	15w×2盞＝30w	15w×2盞＝30w	
窗台天花崁燈	15w×1盞＝15w	15w×1盞＝15w	
衣櫃內照明燈	20w×2盞＝40w	20w×2盞＝40w	
合計瓦特數	401w	418w	＋17w

合計瓦特數　　　　　　400w　　　　　　　　　　　　　　　＋69w

每月電費　418w/1000×10H×30天×1.86元／度＝233.24元／每間每月

客房550間費用　233.24元×550間＝128,284元

增加電費　17W/1000×10H×30天×1.86元／度＝9.486元／每間每月

客房550間費用　9.486元×550間＝5217.3元

註：一般PL省電燈泡的功能　15wPL＝60w普通燈泡的功能

1度電＝1000瓦·小時（WH）＝1瓩·小時（KWH）

例如：10瓦小夜燈，用電1000小時消耗多少電？

　　　10瓦×1000小時 ＝ 10000瓦·小時（WH）＝ 10瓩·小時

　　　（KWH）＝10度電

問題：假設每間客房增加以下照明設備，每瓦特（w）耗電量0.001

　　　度，以每天照明使用10小時計，每月30天計，每度電費3元

　　　（暫計）。

　　　夏日電價6～9月，3.5元／度，冬日電價10～5月，2.5元／度

習題：

1. 每月電費400w/1000×10H×30天×3元／度 ＝ _____ 元／每間
   客房每月電費

2. 假設客房300間費用300元×300間 ＝ _____ 元

3. 窗簾箱加燈28w/1000×10H×30天×3元／度×300間 ＝ _____
   元／每月

4. 衣櫃頂加燈21w/1000×10H×30天×3元／度×300間 ＝ _____
   元／每月

5. 洗面台下加燈20w/1000×10H×30天×3元／度×300間 ＝ _____
   元／每月

第三節　空調系統的評估與規劃

概　要

1. 空調設備工程的設計　　　　3. 實例：旅館空調改善評估

2. 系統概要

學習意涵

1. 空調設備工程的設計
   (1)設計準則

   本設計依據本建築物、設計圖之實際面積及實際用途加以設計。

   (2)本飯店之空調系統，以達到系統操作控制之便利，並避免能源之浪費為原則。

   (3)各場所空調設計之條件：

   空調設備工程，空調主機再評估計算成果。

2. 空調系統概要
3. 舊有空調更新改善評估說明
4. 實例參考：

   旅館空調改善評估

   (1)現有系統

   (2)改善評估

一、空調設備工程的設計

㈠設計準則：依據本建築物，設計圖面之實際面積及實際用途而設計。

㈡旅館之空調系統採用中央冰水空調系統，其各使用空調之區域之個別需求、類別，及使用時間加以區分，而設計該區域之容量及設備，以達到系統操作控制之便利並避免能源之浪費為原則。（如表19）

表19　各場所空調設計之條件

條件場所	室內溫度（華氏F）	室內濕度（%）	新鮮空氣通風量
客房	78	50～60	15 CFM /人
客房走廊	78	50～60	0.05 CFM / FT2

條件場所	室內溫度（華氏F）	室內濕度（%）	新鮮空氣通風量
餐廳	75	50～60	20 CFM /人
廚房			3.3 CFM /人
公共大廳	78	50～60	15 M /M / HR
辦公室	78	50～60	20 CFM /人
會議室	78	50～60	20 CFM /人
停車場			2 CFM /人
機械房			10 AC / HR
鍋爐房			2.5 CFM / FT2
電氣室			0.55 CFM / FT2
游泳池	82	50～60	0.5 CFM / FT2.6 AC/ HR
變電室	104		依據變電設備發熱量
公共廁所			2 CFM / FT2

空調設備工程，空調主機再評估計算成果

1. 計算準則：依據建築物設計圖面積及實際用途計算之。

2. 擬設數據：以附表算出總負荷量1570RT，假設住房率為100%（客滿）

   每M^2 = 0.05RT

   以住客率80%或70%計算，則為1570RT×80% ＝ 1256RT，1570RT×70% = 1099RT

   空調主機運作效率在90%左右，若選用495RT——2台吸收式及離心式220RT——1台，則功能是495RT×2 ＋ 220RT ＝ 1210RT×90% = 1089RT約等於70%住房率左右的需求量

3. 為節省能源：空調主機擬以兩大一小搭配組合，其組合如下：

   ⑴ 在夏季負荷重，第一種組合主機全部使用1089RT

   ⑵ 第二種組合為開2台吸收式495RT×2台×90% = 891RT

   ⑶ 第三種組合為開1台吸收式1台離心式(495RT+220RT)×90% ＝ 643.5RT

⑷ 第四種組合為開1台吸收式495RT×1台×90% = 445.5RT

⑸ 第五種組合為開1台離心式220RT×1台×90% = 198RT

以上五種搭配組合，可在不同季節、不同時段使用，而達到節省能源的目的。

二、空調系統概要

㈠旅館擬採用冷氣、暖氣不同幹管獨立供應之四管排風系統以使旅客在不同時段內均能依其自身之需要享受最舒適之空調設備。

㈡在客房、宿舍、會議室、美容室、健身室等小空間內均使用小型冷風機（Fan Coil）能使各房間單獨供應冷氣或暖氣，並因Fan Coil之運轉聲音小，省電而經濟。

㈢餐廳大廳、保齡球館、娛樂室、游泳池區、餐廳、公共區域等均採用空調箱（Air Handling Unit），並可供應冷暖氣。

㈣各空調箱採用VAV變風量系統，可隨時自動或手動控制溫度以達省電效率。

㈤各區之小辦公室採用室內小型冷風機系統供應冷暖氣。

㈥地下停車場採用強制送排風方式通風，自動控制送排風機之運轉，其他機房通風之場所均採用強制排風自然進風或強制送排風方式將室內廢氣排至大氣中。

㈦廚房之排煙設有排煙機，排出之油煙並經油氣洗滌機裝置，以過濾空氣中之油脂，避免排氣造成之空氣汙染。

㈧空調採用中央冰水系統主機之容量1100RT採用550RT，2台冰水主機循環水泵置於空調主機房內。冷卻水塔置於建築物之屋頂面，並採用低噪音之機種。

㈨為節約能源及精簡人力，所有冰水主機、冰水泵浦、冷卻水泵均收入中央監控電腦之控制，並以最佳啟動方式啟動運轉，供應全區負荷之變化。

㈩客房空調一般採用四管風機盤管，水平裝置隱藏於客房入口小廊道

的天花板上，出風口朝向客房臥室，底下開設回風或連結天花板檢修口，若浴廁的天花板處有向小廊道的回風條件，也可置放於浴廁天花板上部，防止浴廁通過其他管道傳遞噪音。

在國內有《觀光旅館建築的設備標準》及《建築設備技術規則》可供查閱遵循。在中國大陸有《旅遊飯店星級的劃分與評定》（GBT14308-2010），對於旅館的空調系統有具體的標準可以查閱參照執行。

三、舊有空調更新改善評估說明

例舉：上海某大型老舊賓館更新改善評估

以現有客房及餐廳的數量，以300RT的空調主機來說明使用熱泵較不適合

(一)熱泵所需占用位置大，在高地價的上海地區不適用。

(二)熱泵放於屋頂所產生的噪音及震動會影響客房住宿品質。

(三)熱泵用於旅館還不是很成熟的產品，因為旅館是需要24小時供應空調及熱水的地方。

(四)空調系統的節能：空調主機已使用10年，可考慮於更新主機時一併作系統水側變頻系統的改善。

(五)鍋爐系統4噸應該是2噸的鍋爐兩台輪流使用才對，若也是使用10年，也應該考慮逐步汰換高效率鍋爐及熱交換器，以便提供生活熱水及供暖氣使用。若餐廳廚房需使用蒸氣時，則考慮採購蒸氣鍋爐使用。

四、實例參考

旅館空調改善評估

(一)現有系統：

1. 每年花費160.25萬rmb／年（rmb＝人民幣）

2. 夏季運轉狀況：時間8個月（5～12月）

3. 冷氣運轉：空調主機；生活用水；鍋爐2t／h

4. 冬季運囀狀況：時間4個月（1～4月）

5. 暖氣運轉：鍋爐4t／h；生活用水：鍋爐4t／h

6. 提供資料：用電29萬／rmb／月：空調占62%，約18萬／rmb／月。整年空調滿載60%約86.4萬 rmb／年。

7. 用油：夏季約7.5萬 rmb／月；冬季約21萬rmb／月

8. 冷卻水塔水費：

   ⑴ 300rtx13L／mx10x0.015／1000x2.2x30x8＝1.85萬rmb／年，整年為144萬rmb／年；

   ⑵ 暖氣及生活用水50%約72萬rmb／年，

   ⑶ 整年生活用水（含房間、餐廳、廚房）及空調營運費用約160.25萬rmb／年

㈡改善評估：

　　本項空調改善評估由空調機電顧問提出方案、說明現況、針對缺失診斷、影響衝擊的最低點、效益評估，提出A、B、C、三項改善建議方案供裁示。（如表20）

表20　空調改善評估表

	問題一	問題二
問題說明	水源側變流量控制未完備	節能改善提案
現況說明	系統雖有加裝變頻器，但無任何控制元件結合，只以時段調整變頻器造成：1.節能效益不彰。2.滿載需求能力不足。	1.主機效率不佳，約1.51（KW／RT），且運轉10年效率更差。 2.燃油鍋爐熱值雖高，但熱交換及傳遞效率差，且油價亦高。 共同說明： 1.更換高效率風冷熱磅，提供空調冷暖氣需求系統效率約：1.14（KW／RT）。 2.主機系統工程施工期間，不影響系統運轉。但系統切換及試車調整，影響約十天。 3.生活熱水有下列三種供應方式改善提案。 4.施工期間有噪音及人員管控問題。

	問題一	問題二		
診斷說明	室內（fcu＆ahu）側增設二通閥及溫控器及管路修改以達自動變水量（vwv）系統。	改善方案A： 1.採燃油鍋爐。 2.延用現有鍋爐2t／h供應生活熱水，降低投入費用。	改善方案B： 1.使用城市供暖，廢除熱油鍋爐。 2.現地需有城市供暖系統。	改善方案C： 1.使用水熱磅無須鍋爐及城市供暖系統。 2.現地需有足夠空間。
衝擊影響	1.室內側工程可逐層改裝，影響單層營運。 2.管路及pump修改需完成，需與主系統聯結10天，將影響整體空調系統。 3.施工期間有噪音及工作人員管控需求。 4.工程費用約40萬rmb。	1.改善衝擊最小。 2.工程費用約190萬rmb。	1.城市配合費高（約40萬rmb／t.h.）且使用超量罰三倍，使用費190萬rmb／t.h.。 2.工程費用約270萬rmb。 3.城市供暖之管路鋪設工期長，不易掌控。	1.生活熱水由水熱磅製造，工程施工期間不影響營運，但系統切換及試車調整影響約十天。 2.工程費用約290萬rmb。
效益說明	1.可改排除滿載能力供給不足及節省原系統約30%：現有系統12%（加變頻器）。 2.預估回收年限為3.86年。	1.本提案與目前營運費比較，將可節省35%，預估每年節省55.25萬rmb。 2.預估回收年限為3.43年。	1.本提案與目前營運費比較，將可節省43.8%，預估每年節省68.05萬rmb。 2.預估回收年限為3.97年。	1.本提案與目前營運費比較，將可節省50%，預估每年節省81.67萬rmb。 2.預估回收年限為3.55年。

第四節 設備系統的評估與規劃

概　要

1. 供水供電設備系統的生活用水管理
2. 廚房區的更新
3. 主廚房增改設備

學習意涵

1. 供水供電設備系統的評估與規劃
2. 給排水設備工程
   (1)設計準則
   (2)給水設備系統
3. 生活用水管理
4. 廚房區的更新
5. 廚房規劃報告：
   實例：主廚房增改設備
   (1)西餐區：
   (2)洗鍋區：

主廚房增改設施，由主廚或管理廚師出具使用改善意見，分區分項撰寫記錄，再交由更新專案部統合後提請採購。廚房分區為：西餐區、洗鍋區、面點間、中餐區、殺魚區、洗碗區。關於飯店的「主廚房」規劃，平面配置，就各個餐廚分區及進貨出菜動線問題，有相對的修正建議，並經檢討開會報告後執行。

一、供水供電設備系統的評估與規劃

(一)給排水設備工程

1. 設計準則

   本設計計畫參照有

   (1) 臺灣區水管工程工業同業公會所編給水衛生工程設備。

   (2) 建築技術規則之建築設備編

   (3) 自來水主管機關所訂立之規則

   (4) 環保單位之環保規章

   (5) 觀光旅館衛生有關法規

   (6) National Plumbing Code

2. 本工程包含之項目有

   (1) 給水系統

   (2) 汙廢水排水系統

   (3) 飲用水及製冰機用水系統

   (4) 游泳池循環水系統

   (5) 雨水排水系統

3. 給水設備系統

   (1) 水源

   ① 旅館之水源取自山澗水源，使用沉水式揚水泵（或陸面浮動式水泵）抽水進入本旅館之地面貯水池。

   ② 如水質良好則洗滌水直接用水泵打至水塔，再由水塔利用重力配水方式供水至各使用之地區，飲用水則經水處理後再用水泵打至水塔，再利用重力配水式供水至各使用地區。

   (2) 給水方式

   本旅館之供水方式如前採用之水塔重力水分配方式。

4. 游泳池循環水系統

   (1) 游泳水之水由水塔供應及補給。

(2)為使游泳池之水合乎游泳池之水質標準，設有自動壓力循環過濾器裝置，能將池內之水循環經過過濾器加以過濾乾淨。

(3)游泳池另設有表面吸塵及池底吸塵裝置，表面吸塵能隨時排除池水之表面汙物，池底吸塵能定期使用以清除池底之汙穢物。

5. 雨水排水系統

(1)雨水之排水系統係依據當地2小時之最大降雨量為設計標準。

(2)所有雨水均截流收取雜穢物後，再直接排至河中。

二、生活用水之管理

案例：太魯閣晶英酒店熱水需求規劃變更

(一)熱水需求量減少部分

1. 房間數：原212間更改為160間，共減少52間，若每間熱水需求量為300公升，則每日共減少熱水需求量約16噸。

2. 男、女三溫暖：約減少15噸。

3. 以上共計減少約30噸。

(二)熱水需求量增加部分

假設在頂樓增加男、女泡湯池各20噸（水溫42℃），且氣候溫度為15℃時：

1. 若為密閉流放使用：依某都市旅館經驗，每小時需留放2噸熱水（熱水溫度為55℃），則每日約需使用50噸熱能。

2. 若為開放流放使用：依某山區旅館經驗，每小時需留放5噸熱水（熱水溫度為55℃），則每日約需使用120噸熱能。

3. 若為回水過濾後加溫再使用：密閉使用約需50噸×2/3 = 30噸；開放式使用約需120噸×2/3 = 80噸。

(三)本公司原規劃

1. 原估算貴飯店每日熱水需求為164噸（熱水由18～20℃，加溫至55℃）。

2. 本機組120HP每日可製造260噸熱水（熱水由18～20℃，加溫至

55℃）。

3. 貴飯店冬季常溫水約12℃，因有冷氣熱回收加溫為18～20℃。

(四)現況

1. 原估算熱水需求164噸，扣除A.項，即為134噸。

2. 本機組製造260噸，仍有126噸之熱水預留量。

3. 若於冬季，戶外泡湯池採留放式時，本機組120HP組合可供應40噸之池面，若超過40噸，需增加機組規格。

三、廚房設施

(一)後勤服務之廚房設施部分

後勤服務部分包括為旅客服務，及關係到旅館營業的各種不跟旅客直接接觸的部分。廚房區域空間所使用的裝修材料的概念，旅館設計師及旅館管理者必需充分了解。（圖2-10）、（圖2-11）、（圖2-12）

1. 各廚房設備有全自動消毒、烘乾的洗滌設備。

2. 各廚房之調理設備採用不鏽鋼製品。

3. 各爐灶具有清洗之除油煙罩設備。

4. 各廚房內設多只不鏽鋼洗滌槽。

圖2-10 煎蛋爐台是早餐必備的設備，其周圍備餐的規劃是首要重點，照片是餐廳更新完成舉辦隆重的試餐行銷。

圖2-11 麵點吧的規劃，開放式設計，需要規範在防火消防的限制。兩圖為太魯閣晶英酒店提供早餐的設備

圖2-12 西餐廳飲料吧的特點是自助自己取食，通常會將台面沾汙，因此台面的計畫就必需留有水滯排除的設計，便於服務員清潔。圖為臺北晶華酒店珀麗廳，仍有改善空間。

5. 各廚房內設有排水濾油槽設備，以免造成排水之汙染。

6. 各廚房內設備有必要之冷凍冷藏庫及冷凍冷藏櫃，冷藏溫度保持在+4度C左右，冷凍溫度保持在-5度C左右。

7. 各廚房採用密閉式之垃圾桶。

8. 各廚房之灶台、灶台板均使用不鏽鋼板製品，以確保清潔及防火。

9. 各廚房之地面及牆壁採用高級磁磚。

10. 各廚房之天龍採用防火或不鏽鋼板、烤漆防火板。

11. 各廚房之燃料以瓦斯為主，電氣為輔。

12. 各廚房設有各式餐型所用之調理設備。

13. 各廚房內設有製冰機、碎冰機等。

14. 各廚房設有防火門。

15. 各廚房之使用水質，均經衛生主管機關檢驗合格。

(二)廚房設施的後勤功能分區

1. 食品加工區的運作

　(1) 主食加工

　(2) 副食加工

① 粗加工：觀光旅館廚房，送進旅館的食材原料多數已經過粗加工。

② 精加工：廚師依照菜單進行食材切製配菜，為烹飪作準備。

⑶ 點心製作

中式點心又分：甜點、鹹點。

製作以手工為主，常用大理石作加工台面。

⑷ 冷菜製作：冷菜間衛生要求嚴格，應是獨立的小間，稱為「預進間」，要設有洗手台，夏季要求空調降溫。

2. 烹飪區

⑴ 中餐烹飪

旅館中的廚房，爐灶燃料以瓦斯為佳，瓦斯的燃燒率影響火力。

廚房烹飪區的設備要有水龍頭和排水溝，截油槽是必需的。

⑵ 西餐烹飪

3. 備餐出菜區

備餐間（Pantry）是餐廳的後台，廚房的出菜區，餐廳服務員到此取菜送至餐桌。旅館廚房的備餐間還負責供應酒水，西餐早餐時的咖啡、牛奶、烤麵包和水果冷飲等，有酒水冷藏庫及臥式冰箱。

4. 洗滌區

觀光旅館服務中，餐廳用過的玻璃杯清洗烘乾後需用布擦亮、無指紋痕，用過的碗、盤、筷、匙等在洗碗間洗滌。

㈢廚房設施更新升級的記錄記事

廚房使用的設備設施材料：各廚房設備有全自動消毒、烘乾的洗滌設備。主廚房增改設施，由主廚或管理廚師出具使用改善意見，分區分項撰寫記錄，再交由更新專案部統合後提請採購：

1. 西餐區：

⑴ 菜單夾HEC 5個長的（920）5個短的（460）

⑵ WES32旁補板（110*350 40翻邊）

⑶ WES25 後側補櫃（750*364*850，無底板，無前板）

⑷ WES24旁補台子（450*965，前面有門，左側有板）

⑸ WES12 台子（316*858，前面有門）

⑹ WES21 補板（210*960 40翻邊）

⑺ Franke焗爐加擱板（870*500）

2. 洗鍋區：

⑴ 水槽更換雙水槽（加大）（2810*750）（水槽尺寸為750*550）（PAH03）

⑵ C*L

3. 麵點間：

⑴ 電烤箱加一工作台櫃（1200*1050雙層）。

⑵ 木面工作台改為大理石工作台。

⑶ 木面工作台上方加一掛牆櫃（1000*400）。

4. 中餐區：

⑴ 增加一雙水槽工作台（1200*750）

5. 殺魚區：

⑴ F之S03旁補板（635*143）

⑵ 門口做門簾（1140*2020高）

6. 洗碗區：

置籃框架（1020*520，斜的）

㈣說明

關於飯店的「主廚房」規劃、平面配置，經我方檢討結果，就各個餐廚分區及進貨出菜動線問題，有相對的修正建議圖，並經開會報告分區動線是：

1. 中廚要再加大一些，與西廚及洗滌區同在大間區。

2. 前處理的切肉殺魚要獨立分開，位在庫藏室附近。

3. 麵包房及甜點廚房位在另一邊，較為乾淨衛生。

4. 水果、飲料、甜點則另一區。

5. 加一間備餐間，以供應風味餐或西式餐點。

6. 車道上方加高之區，作爲貴重餐具庫房及主廚辦公室。

　　附草圖： 1.廚房功能分區動線配置， 2.進貨及出菜的動線圖。

㈤廚房規劃檢討報告：廚房及備餐室方面：

1. 客房送餐飲服務（Room services）重新安排。

2. 簡化及減除重複的設備，加強各別設備功能。

3. 設活動式大型工作台，放置層架。

4. 訂單接收者房（Order Taker Room）側面要開視窗。

5. 乾貨儲備室移位，加大廊道與廚房間之寬度，並將踏步改爲斜坡道。

6. 加大客房送餐服務區Room services area與西廚區之寬度，並將踏階改爲斜坡道。

7. 開窗口，便於送餐食器皿。

8. 湯鍋、平底鍋位置移位。

9. 做斜坡道，寬度爲200cm。

10. 取消活動層架及四門、雙門低溫雪櫃。

11. 取消PDR entry的飲料區（因爲西廚區已經有），改爲Dry Store。

12. 中餐廳新增的洗滌室要加粗沖洗台及層架。

13. 增置乾淨碗盤的層架。

第五節　收費系統的評估與規劃

概　　要

收費系統的評估與規劃

餐廳收銀櫃臺之設備需求

實例討論功能設備

學習意涵

1. 餐廳收費櫃臺之功能
   (1)收銀台後勤所需設備設施。
   (2)收銀台的功能設施有：單據層架、抽屜（加鎖）、零錢隔框、電腦、液晶螢幕、鍵盤、發票機、電話、菜單架、訂位說明單位置。
2. 餐廳收銀櫃臺之設備需求
   (1)櫃臺內部的機能，例如印表機尺寸、發票機尺寸，抽屜形式是否還有其他設計需設置於櫃檯內？
   (2)備餐區需要哪些功能？

一、餐廳收銀櫃臺的功能（Restaurant Cashier Counter）

(一)收銀員的需求

1. 表單架（Pigeon Hole，俗稱鴿子洞）需在收銀員（Cashier）正前方，且坐著即可拿取。
2. 表單架（Pigeon Hole）之隔板不可太厚，約02.公分。
3. 收銀櫃臺（Cashier Counter）至少需有一放置文具用品的抽屜，放置零用金的抽屜，長、短需適中，後段長19公分、寬9公分，前段長6公分、寬9公分，共5行。
4. 香菸櫃需有鎖
5. 印表機（Printer）需在左方或後方，不需轉身向後。
6. 至少需有六個插座／每人
   (1) 三個pos（信用卡、United、Visa/Master、A/E）
   (2) 打卡鐘（punch time）
   (3) 電動刷卡機
   (4) 預留一個插座
7. 電腦插座（3孔）
8. 電話線兩條：(1)公司內部線，(2)對外信用卡中心。

9. 需有良好的照明及空調。

10. 放置pos（信用卡）的掛釘。

11. 櫃臺前之台面寬度要30公分以上。

12. 放置印表機之木架，四角需為圓弧形。

13. Cashier 正前方需有空間可寫字。

14. 需有放置發票及order單之櫃，並可上鎖。

(二)收銀台所需設備設施

　　收銀台的功能設施有：單據層架、抽屜（加鎖）、零錢隔框、電腦、晶體螢幕、鍵盤、發票機、電話、菜單架、訂位說明單位置。

(三)參考設備尺寸如下表21：

單位：cm

項目	名稱	數量	單位	尺寸（寬×深×高）
1	驗鈔機	1	台	24cm×12cm×14cm
2	Micros螢幕	2	台	30cm×33cm×31cm
3	Micros印表機	2	台	15cm×25cm×15cm
4	電話機	1	台	7cm×24cm×10cm
5	信用卡刷卡機	1	台	17cm×29cm×18cm
6	打卡鐘	1	台	14cm×27cm×17cm
7	印表機	1	台	21cm×32cm×8cm
8	發票機	1	台	40cm×30cm×12cm
9	菜單盒	1	台	15cm×10cm×8.5cm
10	零錢盒	1	個	依鈔票零錢的規格

二、餐廳收銀櫃臺設備需求

(一)櫃臺內部的機能

　　例如印表機尺寸、發票機尺寸、抽屜形式，是否還有其他設計需設置於櫃臺內。

　1. 發票機×1(L31×W46.5×H26cm)，後面需開洞放發票紙至地板

2. MICROS×1(W32×L32×H 36cm) / 印表機×1 (L29×W16×H16cm

3. 音響設備：音響主機×1 (L29×W42.2×H10.5cm)、擴大機×1 (L30×W42×H13.5cm)

4. 台面上需有一處放紙帶計算機（因需插座），加櫃臺內電燈及外場電燈控制板。

5. 抽屜六個，其中一個要隔板放錢並加鎖頭（一個抽屜即可）。

6. 下方需有開門式置物櫃（大空間&內部活動性隔板），若有可能，希望另預留空間收納垃圾桶及出納椅。

7. 需有三線電話，兩線給一般電話功能，一線給信用卡機。

8. 全區需至少八個110V插座（含紙帶計算機用）

(二)備餐區需要哪些功能如下表22

	備餐台 A	備餐台 B	備餐台 C	備注
MICROS	×	1台	1台	（L32 xW32 x H36cm）
印表機	×	1台	1台	（L29 xW16 x H16cm）
網路線	×	1台	1台	
插座	2個	4個	4個	（110V）
抽屜	4個	4個	4個	（寬20cm x 深20cm），內部設計4格直式活動隔板
櫃臺下方開門式置物櫃	需要	需要	需要	內部設計活動性隔板

實例討論功能設備：

與住店經理及行政主廚的協調連繫，獲得設備型錄。

Dear KP,

The following equipments will be set up to each POS counter,

Equipments L(cm)　W(cm) H(cm)

Micros Machine x1　50　50　50

Printer x2　30　20　20

Credit Card Machine x1　50　25　20

Digital Telephone x1　20　20　10

UPS x1　　50　20　20

Please consider the above equipments and sizes when designing the counters.

第六節　鎖匙系統與節電裝置的規劃

概　要

酒店鎖匙系統

注意：截取某渡假酒店局部，作為參考鎖匙系統圖之編列方式

學習意涵

1. 旅館客房的鎖匙系統

　(1)一般都是傳統的鑰匙，鎖匙系統有備份鑰匙及管理等級鑰匙，稱為：Marster Key。工程維修部及主管的階級關係到所保有鎖匙的功能程度。

　(2)插卡片式鎖匙系統。

　(3)傳統式與卡片式

　　on line or off line

　　鎖匙系統總表

　　旅館客房的鎖匙系統一般都是傳統的鑰匙，由客人自行保管啓用。鎖匙系統有備份鑰匙及管理等級鑰匙，稱爲：Marster Key及Grand Marterkey，供給客房部Housekiping及工程維修部之用，主管的階級關係到

所保有鎖匙的功能程度。例如：客房部樓長保有該樓層的Marster Key，而客房部經理保有全館客房的MasterKey。而總經理所保有的更是全館可通的鎖匙。

近年來研發的插卡片式鎖匙系統，其功能就不僅是門鎖而已，它還具有可以節省能源的裝置及消費購物、用餐等的功能。本館若要更新採用插卡式，則現有房間門扇必需配合更新。（如2-13）

圖2-13　房間鎖匙卡與節電系統。客人進房之後首先將房卡插入節電盒，房間燈光電源始得接續。房客離開房間時將卡片抽離，10秒鐘之內自動斷電。照片是西安皇城豪門酒店客房。

旅館磁卡鎖管理系統由電腦、製卡機、管理軟體等組成，總台設置的電腦PC中將安裝磁卡門鎖的管理軟體，負責發行各種功能卡，具備旅館客房管理、入住客人資訊管理及資訊查詢與統計的功能。

旅館的磁卡門鎖系統要有嚴密的分級（權限）管理制度，使各級操作員權責分明，只能在賦予的權限範圍內使用軟體和進行發卡。發卡權限依不同卡型及不同廠牌，約有10多種卡型的發卡限定，用戶只能發行上級允許發行的卡，各管理階層所權限的卡組，就稱為Master key管理鎖匙，層層管制。

旅館客房的電氣開關聯動，房客進入房間後插入房卡聯絡客房的電氣開關，該開關又叫節電開關，安裝於客房房內進門口處，屬於門鎖的

配套裝置。當客人入住時，開門後將卡插入節電開關後，客房內的照明用電接通。當客人離開客房，將卡拔出後，在約30秒內自動斷電，達到節約用電的效果。

　　旅館的規模及定位決定鎖匙系統的類型功能，磁卡系統能與節電系統做連結，傳統鎖匙系統較能顯得溫馨的家庭觀感，富春山居採用傳統的鎖匙系統。（如圖2-14）

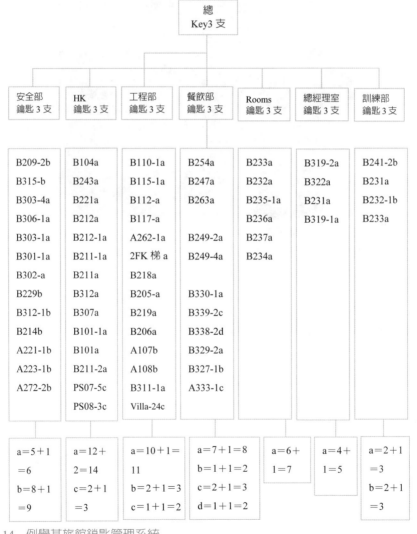

圖2-14　例舉某旅館鎖匙管理系統

	名稱	第一階段系統鎖	第二階段系統鎖	第三階段系統鎖
合計數量	a、手輪鎖芯系統鎖	54把各3支鎖匙	除工程部外，各組均購置3支 合計30支	3支
	b、雙面鎖芯系統鎖	17把各3支鎖匙		
	c、半鎖芯系統鎖	8把各3支鎖匙		
	d、地鎖鎖芯系統鎖	5把各3支鎖匙		

注意：截取富春山居度假酒店局部，作為參考鎖匙系統圖之編列方式。

第三篇

細部設計與採購發包
（Design Development & Purchasing）

第一章　室內外裝修設計

　　休閒旅館是賣空間，休閒旅館需要多規劃公共設施，利用公共空間。商務旅館是賣時間，需要多規劃會議室。都市旅館是賣房間，重視房間的三個「B」，也就是舒服的床（bed）、乾淨寬敞的衛浴設備（bathroom）、方便豐富的早餐（buffet）。民宿賣民間，要與傳統文化特色相融合。旅館的等級從外觀看，大堂、水塔、電梯、廚房、洗手間，這些都是作為旅館室內設計師所要優先知道的，更是專案人員所要叮嚀的。

　　旅館更新裝修細部設計施工圖繪製之前的前期作業，就是必需了解的實務。例如：

1. 所有燈具開關，現有控制位置？業主提供現況之機電圖？

2. 空調開關，現有控制位置？施工修改後控制位置？業主提供現況空調圖？

　　（包含現有空調主機噸數、室內送風機位置及數量、出風口位置及數量等空調相關資料。）

3. 現有音響系統，主機控制位置？業主提供現有設備需求？工程施作時之配管需求？電源需求量？

　　業主提供監視系統攝影機數量及位置？監看螢幕之位置及數量？工程施作時之配管需求？電源需求？刷卡機是否需與其他主機或網路連線？作業流程，客人進來臨櫃，離店客人的流程。

　　本章分為三個小節，第一節旅館公共部分的規劃設計：闡述旅館建築與設施標準、入口大門及門廳、旅館中庭（Atrium）、前台管理與總服務台，舉出實例：櫃臺設計方案。會議、商店與其他服務設施、健身與娛樂設施、餐飲設施、宴會廳及多功能廳、公共廁所。第二節客房單元設計：闡述客房功能分析、客房空間尺度、客房備品間、客房設計原則、客房浴廁設計、客房設備。第三節後勤單位的規劃設計：行政辦公室（Executive office）、前台辦公室、總機房與訂房組、廚房設備及設

施、進貨區與驗收、安全監控與安全室、洗衣房與制服室、員工盥洗室與更衣室、員工餐廳、後勤辦公區、房務部。

West和Hughes,（1991）認爲旅館進行更新改裝時，必須任用「專案經理」（project manager），作爲在更新裝修期間的協調與監督的職位。

West, A. & Hughes, J. T. (1991).
An evaluation of hotel Design practice.
The Service Industries Journal, 11(3), 326-380.

第一節　旅館公共部分的規劃設計

概　要

1. 旅館建築與設施標準
2. 入口大門及門廳
3. 旅館中庭（Atrium）
4. 前台管理與總服務台
5. 會議、商店與其他服務設施

6. 健身與娛樂設施
7. 餐飲設施
8. 宴會廳及多功能廳
9. 公共廁所

實例：

總檯設計方案

附錄：

中國大陸《旅遊旅館設計暫行標準》及《評定旅遊涉外飯店星級的規定和標準》

學習意涵

1. 闡述旅館建築公共區域設施標準
   (1) 公共部分的内容
       大廳接待台

一、旅館公共區域的設施標準

　　旅館的公共區域是旅館中提供服務的公共廳堂和各類活動場所。其意象、環境氣氛及設施，直接影響對旅客與消費者的吸引力，所以公共

部分的設計是旅館設計的重點。

　　不同的旅館，設置的公共部分內容不一，但是所需提供的服務有相似之處。近年來，觀光旅館的大型化與綜合化的傾向，使公共部分的內容更是多功能多元化。臺灣的觀光旅館主管機構的交通部觀光局，對於籌備時的要求，稱為《觀光旅館建築與設備標準》，與其稱為設備標準，不如稱之為設施標準。

(一)公共部分的內容

1. 大廳接待與前台管理

　　(1)門廳及休息廳，包括：團體客人的門廳、宴會的門廳。

　　(2)總台（Reception），包括：登記、結帳、住店及離店接待。

　　(3)服務台（Concierge），包括：詢問、行李、兌換錢幣、寄物、郵電、出租汽車、旅行諮詢、貴重物品寄存。

　　(4)前台管理（Fount Office），包括：值班經理、業務接待、旅客保全、前台辦公，網路預定之處理。

2. 會議廳室、商務中心

　　(1)大、中、小會議廳、兼作會議廳的多功能廳、兼結婚禮堂。

　　(2)商務中心（複印、電傳、翻譯、圖文傳真、網際網路、電腦）。

3. 商店

　　(1)各類商店、零售業。

　　(2)美髮、美容。

4. 健身、娛樂設施

　　(1)游泳池、各類球場、球室、健身房、桑那、按摩。

　　(2)舞廳、卡拉OK、電動玩具、其他娛樂室。

　　(3)更衣室、浴廁、服務台。

5. 其他

(二)面積標準

　　公共部分面積標準，是旅館建築與設備標準的一部分，以旅館客房總數量的1.5倍，為大廳最少面積。

中國大陸〈旅遊旅館設計暫行標準〉及〈評定旅遊涉外飯店星級的規定和標準〉中，對不同等級的旅館公共部分標準各有陳述；前者著重建築、裝修、佈置及設備的標準，後者著重設施內容與服務的標準。

三、旅館中庭（Atrium）

（一）旅館中庭的特點

中庭作為旅館內共享的空間，其功能與空間構成雖與其他建築中的中庭有某種共通性。規律化的大雜院，但它空間緊湊，提供旅館公共活動的功能是個特點。

1. 綜合旅館公共活動功能

中庭使旅館公共活動的功能突破了牆的界線，這個寬廣高大空間，是共享多功能的綜合體。中庭內部常設咖啡廳、音樂台、酒廊、花店等，多層中庭的周圍是各式餐宴、商店、會議、健身中心等，高層中庭的上部周圍是客房。臺北福華大飯店的中庭還是個有水中咖啡餐廳，還有鋼琴台的主題中庭。二、三樓係精品店、畫廊等，四樓以上是客房層。

2. 天窗效應與室外空間感

(1) 天窗效應：北京香山飯店的「溢香廳」中，天窗光影在粉牆上的遊移變動，有如天然裝飾，使大廳愈顯自然趣味。

(2) 室外空間感：臺北晶華酒店中庭空間，伴隨兩側上層長廊豐富的層次，形成室外空間特有的仰望、俯視等視線活動。人們在高大的中庭裡，可仰望上層環廊。又可在環廊俯視中庭景觀，體驗室外空間感。

（二）旅館中庭空間的圍合

1. 空間構成

旅館中庭是在有管理、區分出入口等情形下，是個開放空間，旅館中庭與旅館相得益彰。旅館中庭可分為兩類：

⑴ 旅館獨用中庭。大部分的旅館中庭僅屬旅館所有，作爲連接旅館各公共部分的中心，位於裙房或客房樓中。開放的中庭通常會吸引一般消費的客人，而非僅是館內住宿客人。

⑵ 臺北君品酒店與商場合用式旅館中庭，與轉運站、商務、旅館合用，與其他高層建築物組成「中心」。中庭作爲聯絡各建築物的樞紐地帶，常是開放的室內廣場，公衆在中庭活動，不一定對旅館有利。

2. 空間尺度感

宏偉壯觀的旅館中庭空間，要求設計處理好空間尺度感。高大的中庭在投資上，及平時管理維護上的費用很大，也浪費空調能源。杜拜帆船飯店高聳的中庭，耗費許多的空調。

3. 交通組織

旅館中庭是個旅館活動的場所，因此底部樓層的人流顯著增加，需對不同客人作不同的引導，常以電扶梯或觀光電梯運送大量人群。另設客用電梯，將客人送往客房層。有的客房層圍合在中庭內。

4. 中庭採光天窗

盡量利用日光提高中庭採光特性是節約能源與綠化景觀的需要。利用日光能源，主要是要注重玻璃天窗的隔熱性能、需耗用排除熱的能量，應注意到它是要付出耗能代價，不必一味追求中庭效果。

四、前台管理與總服務台

總服務台是旅館對外服務的主要窗口，設置於門廳內明顯的位置，並有一定面積的辦公室與之相連，稱爲前台辦公室。接待服務台的功能如下：

詢問、出納、鎖匙管理、進退房登記、結帳、預定客房、會計等屬於前台管理。此外，門廳也要設置機票、車票代辦、租車服務、旅遊、郵務、銀行兌換等服務櫃台，稱爲Concierge。可以與總服務台結合設置，亦可單獨設置。

前台工作人員及技術人員都必需了解旅館前台的經營流程，設計

人及籌建專案或更新專案經理都必需清楚。科技的進步，現在客人透過各種途徑預定想要入住的旅館，目前可以使用的方式有：電話、傳真、網路預定、手機終端預定。因此，前台的功能流程是隨著科技的進步發明，逐漸減低了臨櫃的功能，其內部設備設施會與時俱進，先前的規則規定可能就會逐漸改變了。但是，我們還是依照現有的法規經驗，規劃理想的前台。（如圖3-1）、（如表23）

圖3-1　臺北晶華酒店原本的接待櫃臺內面布置，隨著資訊產業的進步，螢幕的量體造形變得輕巧而不占空間，櫃臺內的使用面積相應寬大，電腦更換之後，鍵盤位置就寬鬆了（此為更新之前的照片）。

表23　大廳總台設備表

名稱	單位	數量	備註
電腦終端機（放於機房）	台	1	
FIDELIO 螢幕2台，系統鎖1台	台	3	
電腦（形式確認）（Note book computer）	台	3	
信用卡機（Credit card machines）	台	3	
印表機（Printers）	台	2	
發票機（Invoice machine）	台	2	
有線電話（On line telephone）	門	2	
無線電話（Off line telephone）	門	1	

名稱	單位	數量	備註
驗鈔機（Cash check machines）	台	1	
門鎖卡製卡機（Door lock card machines）	台	1	
製卡台式機（PC for card machine）	台	1	
空白卡抽屜（Blank key drawer）	個	2	
現金抽屜（Cash box drawer）	個	2	
客人帳單夾子（Guest bill slots）	個	1	尺寸
讀卡機（Saflok key reder）	台	2	
手動刷卡機（E.D.P.故障時輔助設備）	台	1	
垃圾桶（Garbage bins）	個	2	
複印機（Scan machines）	台	1	
信件抽屜（Mail drawer）	個	1	
客人寄放小物件（Guest consignmant drawer）			
檔案抽屜			
資料夾框架			
空格架			
案前小層格			
信件存放處		1	
櫃臺邊緣便條			

㈠前台的規劃說明

旅館大廳進入，設置「總服務台」，其功能涵蓋有：

1. 接待台（Reception Counter）：功能有詢問、出納、鎖匙管理、進退房登記、預定客房、結帳、會計等。

2. 服務櫃台（Concierge）：功能有設置機票、車票代辦、出租汽車服務、旅遊、郵電服務、銀行兌換等。以上兩者合併，設置「總服務台」。帆船飯店的客服中心，代表榮譽的金鎖匙標誌展示在櫃台。（如圖3-2）

圖3-2　旅館界的服務員金鎖匙榮耀標誌（Concierge），原本是看門、守門、管理人的定義。中華民國旅館金鑰匙協會（Golden Keys Ass. of Chinese Taipei）2001年成立，是國際金鑰匙協會正式會員。照片標誌是杜拜帆船飯店的金鎖匙。

3. 前台辦公室（Fount Office）：設有一定面積的辦公室與之相連，稱為「前台辦公室」。Fount Office簡稱FO，既要服務旅客，又要方便旅客，接待服務的組成。

4. 保管箱室：雖然客房設置個人保險箱已成近年來必備的趨勢，但是總台的附設保管箱室，提供讓客人更放心的服務。富春山居度假中心為尊貴的客人設置一處「保管箱室」，提供客人寄存貴重飾物。

（二）接待櫃臺（Reception Counter）

接待櫃臺反映著旅館的形象，是旅館對外服務的主要窗口，應該設置於門廳內明顯的位置。

1. 面積標準與功能

接待櫃臺的大小，不同國家或不同旅館集團的面積標準略有不同。中國大陸旅館建築設計規範中規定，服務台長度按0.03公尺／每間房間設置。當旅館規模超過500間時，其超過的部分則按0.02公尺／每間房間計算。

總服務台的功能也不同，一般具有客房管理和財務會計兩部分。客房管理部分有：詢問、鎖匙管理、住宿登記等，總台接待人員需負

責介紹客房類型、待租情況及當地一般情況，還可安排預定客房及內部服務。一般需配置客房狀態顯示表、牌，客房鎖匙櫃、信件存放處、電腦終端機、印表機、發票機等。客房預定辦公室一般與總台相鄰。財務會計部分有：會計、出納、貴重物品寄存等。在大型旅館有電腦自動化管理系統。（如圖3-3）

圖3-3　接待櫃臺，接待資訊、事務機器、印表機、發票機一應具全。

隨著電子商務的發展，入住旅館的方式多樣化。預定、登記、收銀等服務功能，在網上預先進行辦登記手續或在到旅館的路上辦理登記手續，也可以在客人入住後在客房辦理結帳。種種的便利性，旅館的資訊登記渠道的變化，使總服務台的集中功能減低，這個結果就是總服務台的面積減小功能需求轉移。

著名的杜拜帆船飯店，其客房有200間，但是接待櫃台卻僅有約8尺寬，因該飯店預約入住之前已經將住客資料全部登入客務資料，入住客人免於等候。

2. 服務櫃臺（Concierge Counter）

傳統的服務櫃臺是分隔旅客與服務人員的，台面分兩層、外層台面供客人使用，內層台面供服務接待人員使用。根據總台之出納、登記、鎖匙回收等不同使用要求，對於櫃臺尺度都有一定的要求。（如圖3-4）

圖3-4　服務櫃臺，必需規劃多樣的資料櫃資料夾，以方便查詢。

旅館總服務台包括接待、資訊查詢、收銀結帳、外幣兌換、郵件
服務、物品保管等工作內容。客人及服務員有站式（臺北晶華酒
店）、坐式（臺北亞都飯店的坐式櫃臺），櫃臺形式位置有半島式
（喜來登飯店），有島式（太魯閣晶英渡假酒店）（如圖3-5）。
近年來出現獨立單元式小櫃臺，補充長條型總台的功能，密切了客
人與接待人員的關係。

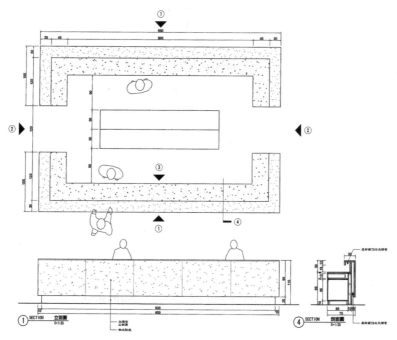

圖3-5　太魯閣晶英酒店更新之後的總台為島式櫃台，將接待、服務、會計，綜合在一
　　　　個四面皆可迎客的中央櫃台。

旅館設施更新的理論與實務

櫃臺是很少做更新的，這會影響大廳的營運，除非內部功能要升級增加設備，否則不會輕易的更新。因此櫃臺應以經久耐用的材料製作，以便利維護。常用的材料有花崗石、大理石、硬木等作為裝飾面材。櫃臺立面可用石材、木製或軟性泡綿包皮面飾，以減低撞擊損傷，也維持美觀。

實例：旅館櫃臺設計方案

櫃臺造型

以不讓外面的人可以輕易看到櫃臺內部作業為主，到桌面高度約為90公分，到櫃臺櫃面約118公分，桌面深度約不長於50公分。櫃臺的整個高度設計會影響到工作人員替客人辦理住宿登記時的方式，例如前台服務人員要求填寫客人住宿登記卡時在櫃面上填寫，可面對客人作業，而不是拿了客人的資料後再彎在桌面上寫，所以桌面不宜太深或者太矮，櫃面不宜太高，這樣不會對於身材較小的員工形成負擔。而且這樣設計會增加和客人的眼光接觸機會。

櫃臺外觀區別設計

當客人到達櫃臺時，面對的是一個櫃臺，但卻是由服務中心、接待及出納共三個不同工作性質所組成的。雖然看來外表不作區分，但是應考慮到是否在櫃面上以簡單、具質感的桌上型告示牌註明服務中心、櫃臺以及出納等字樣，但是櫃臺內部的工作區域仍需分隔。

櫃臺內部設計（如圖3-6）

內部的作業結合了服務中心、櫃臺接待及櫃臺出納的各項功能。在內部工作空間安排上依順序為服務中心、櫃臺接待及櫃臺出納。（如圖3-7）

(一)服務中心

排列在最外面是應以盡量靠近門口，幫客人服務行李時較方便（也以接近行李房為主）。因考慮到日後行李房的空間較小，行李房將僅作貯存行李用，其他的印表機及電腦設備直接在櫃臺設置。

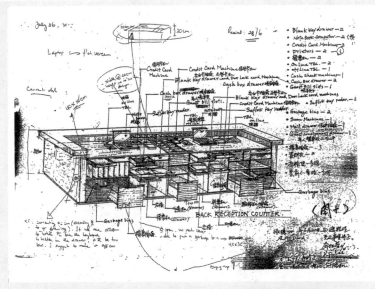

圖3-6　富春山居度假酒店，由著名的阿曼（Aman）集團設計──Jean Michel Gathy
　　　　擔任總設計師，接待大廳的總台外型設計，包括在整體計畫之中。原始設計
　　　　圖提供了櫃臺的正立面圖及側面圖，表現出設計的材料與格式。但是，前台
　　　　服務員操作的部分卻留待營運方配合設備設施做規劃。筆者依照原設計的精
　　　　神，融入營運方的需求，以及資訊部、採購部的型錄資料，繪製了操作功能
　　　　草圖，協調各部門的討論。經過營運副總裁Mr.Dosse及駐店經理David以及前
　　　　台經理的幾次協調，修訂了前台營運操作的規劃圖，隨著電腦的進步演化，
　　　　最終採用的並非notebook，終究完成理想操作功能的前台。前台的設計，一
　　　　般只重視正面的美觀，但機能上運作上的要求卻是整個前台管理的中心。

（富春山居客房數：酒店71間，南北別墅20間，A型別墅20間，共計111間。執行
功能結合櫃臺出納、接待及服務台3項作用，通過大門入口的正前方處。）

旅館設施更新的理論與實務

圖3-7　某旅館的接待櫃臺，服務員的工作台面可以改善。

(一)服務中心

　　排列在最外面是應以盡量靠近門口，幫客人服務行李時較方便(也以接近行李房為主)。因考慮到日後行李房的空間較小，行李房將僅做貯存行李用，其他的印表機及電腦設備直接在櫃檯設置。

服務中心工作性質及相關設備

1. 文件櫃：主要以提供客人各項酒店資訊為主，所以需要有許多櫃子空間來存放自行建立的資料、檔案、大小尺寸以一般檔夾常用的尺寸（32cmL×24cmW）為參考。

2. 有鎖的抽屜：（需二個，普通抽屜尺寸即可）因需代酒店內的客人服務，所以會有代墊款發生。例如：代購機票、郵票等狀況，必需為服務中心設計具有鎖的抽屜。但是抽屜內需要有特殊隔間，比鈔票大一點，可供其存放特殊有價票券（機場稅、機票、郵票）、小額零用金。

3. 印表機（L42×W47×H18cm）：由於所有住房客的留言都會經由服務中心列印後，再由行李員分送房客。臺北晶華是將留言用印表機置於行李房，但因考慮到行李房人力及空間的問題，所以建議將其設在前台。

4. 電腦周邊設備：一套，或以平板電腦或液晶電腦，以45度角度斜立桌面，使用者只要藉著鍵盤或者滑鼠輸入資料即可。一般旅館是由電腦室中央系統為主，而以後將採用個人網路系統，所以會需要多餘空間來放置硬碟主機在工作台。電腦工程人員建議裝設時應在主機後面線路空間留下10～15cm的空間，並且易於維修作業。

電腦：14英寸

硬碟主機：長42×寬35×高18（公分）

鍵盤：長17×寬46（公分）

滑鼠及墊子：長22×寬17（公分）

(二)櫃臺接待

　　個人住宿登記所需設備，對於櫃臺接待而言，設備都是可以共同使用，也因此幾乎在任何櫃臺上的角落都可以進行住宿登記的服務。最主要的重點是整個設備可以方便員工容易取得。（如圖3-8）、（如圖3-9）

1. 住宿登記卡：將當天要來的客人之住宿登記卡，按姓名次序存，所以大小格式以飯店房間數，以及飯店計畫要接的客源種類而定。每張登記卡會被塑膠夾套住，同時也可用來存放客人的信件（必需考慮到信件尺寸，並且當客人到達時馬上交給本人。）

2. 電腦周邊設備：二套（同前述）。

3. 房間鑰匙製作：可分為傳統式金屬鎖及卡片式的鎖，富春山居所使用是屬傳統式金屬鎖，需要有特製空間來存放住客寄放的鑰匙。卡片式的鎖都交由客人自行保管，只要在櫃臺預留空間置放機器，以方便員工替客人辦理住宿登記時使用。

4. 手動刷卡機：客人辦理住宿登記時，預先要客人刷信用卡，當電動刷卡機都占線時以手動刷卡機先影印信用卡上的資料。

　　尺寸：長27×寬19×高18（公分）

5. 時間卡鐘：用以記錄當時正確時間的裝置，因為有許多檔資料在發生時都有時效性，必需用卡鍾打上時間以備查詢用。

　　尺寸：長26.5×寬10×高13（公分）

6. 住房客資料卡：客人於辦理住宿登記之後，依住客的樓層房號來排放，當客人完成住房登記時，所有關於客人的資料包括登記卡、信用卡刷卡紀錄，以及日後客人消費帳單收據都集合起來一直到住客退房結帳為止。設計以利於出納及櫃臺雙方使用為主，或者可以考慮將客人信件櫃一起結合（儲放住客的外客各項留言以待客人查詢）。

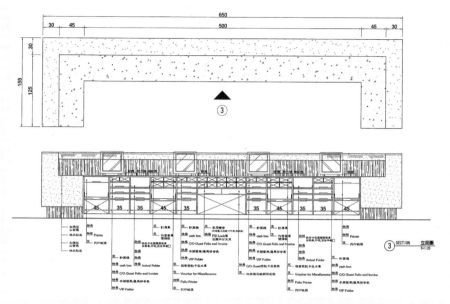

圖3-8　太魯閣晶英酒店更新設計圖，原本設計的櫃臺內部立面圖並不符合營運方
　　　　之需求，必需協調各方功能設備。

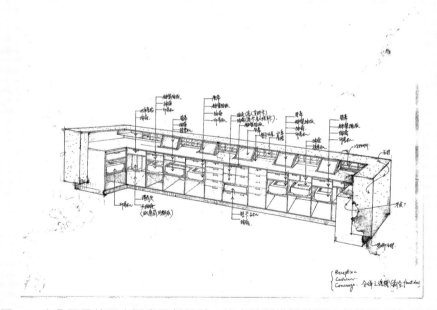

圖3-9　太魯閣晶英酒店櫃臺更新設計，筆者繪製模擬草圖，與營運方協調討論
　　　　後，確定各設備位置。

另有：(1)飯店介紹手冊和價目表：櫃臺需要放置介紹飯店的手冊及價目表以供詢問，手冊及價目表都會設計成3種語文，分別是英文、中文及日文，所以設計特製的格子來放置在櫃臺上以利方便取用。冊子及簡介的尺寸：長21.5×寬9.5（公分）。

(2)接待專用表單：（L21×W15cm，約1/2的A4尺寸）

(三)出納工作

對於出納而言，工作單位的形成多以電腦設備為主，例如印表機、電話及刷卡設備，都是以電腦為主來擺設位置，以下設備都具備才可形成出納可以獨立作業的工作單位。

客人檢查帳單及退房

1. 電腦周邊設備：一套（同前述）。

2. 帳單印表機：特別用來印出客人所要查詢的房帳細目，因為在結帳時使用率很頻繁，所以建議每位出納都有專屬印表機以利作業。

印表機：長43×深35×高15（公分）。

3. 電腦化電動刷卡機：E.D.P system，通常藉由電話來和銀行連線，以識別持卡人的信用程度，適用於Visa, Master, American Express, Diners，客人登記住宿及退房均會用到，由於當出納結帳時使用頻繁不適於共用，建議以三部位置以置於電腦旁為佳。

電話座：長22×寬17×高2.5（公分）。

單據印表機：長18×寬13×高11（公分）。

4. 發票印表機：每當交易產生時就有專屬的一部印表機器印出發票，所有當班出納可以共同使用一部機器即可，或者是以出納人數來平均分配使用，如此當然可提高工作速率。

印表機：長43×深35×高15（公分）。

客人結帳（離開）後：

抽屜：每一位出納當班通常都需要一個專用的抽屜來存放所有財

務單據以及財務報表，如果空間許可，可以考慮設置一個專用隔間在抽屜內，用來存放發票。

　　尺寸：一般抽屜大小，約深42×寬40（公分）。

兌換外幣時：

　　出納專用抽屜：每位出納當班時都有相當的現金供使用，存放現金的抽屜必需設置鎖，而現金包括有各種不同大小的外幣以及新臺幣，通常就在抽屜內設置不同的間隔來存放。

1. 外幣：專用一格，深15×寬40（公分）。
2. 新臺幣：放置零錢，通常分三格，長10×寬10（公分）。
3. 放置整鈔：分四格，深17×寬8（公分）分別放置NT$50元、100元、500元、1000元紙鈔

　　出納專用的各種表單：需要放置於隨手可得的櫃臺上，依據各種不同單據尺寸製成格子放置，方便作業。

其他一般出納及櫃臺通用設備

　　JCB卡刷卡機：和銀行連線專門用來識別JCB卡人，所以如果日後所有的信用卡識別系統都連線，就可以只用一套，不必有不同種識別機器，若是需要裝設時，一台機器就夠使用。

　　尺寸：長15×寬13×高14（公分）。

1. 電話：電話系統可供館內分機對話，與住客對話及外線。裝置於2台電腦單位間共用1台電話，以利於各種資料查詢。

　　尺寸：長27×寬23（公分）。

2. 安全警鈴：和安全部相連接，在危急狀態下觸動其裝置，要求協助，通常都設在不顯眼的地方且容易操作。例如以櫃臺長度區分為二，各設置一個觸動式的警鈴。

3. 監視攝影系統：固定一個在天花板上，櫃臺員工作業的後方方向，可以瞰視員工作業情況，以及客人在櫃臺前的動態。另外可加裝一個環繞整個大廳的動態。

4. 保險箱：即使飯店在每個客房內裝有保險箱，櫃臺仍設有保險箱供客人使用。設計時要顧慮到使櫃臺員工易於督導以及掌握保險箱入口的動態。

五、會議、商店與其他服務設施

(一)會議設施

　　各種國際會議、國內會議，接待會議代表開會住宿已成為旅館經常收入之一。此外，旅館提供的各種文化活動，如發表會、展示會、演講等也在會議室舉行。因此，除了與大型會議中心相連的旅館外，在公共部分規劃設有會議廳或多功能廳，以承接一定規模的會議及文化活動。

　　大會場作會議中心還需設小型會議室以適應分組會議的需要。

　　觀光旅館的會議廳室應具備的視訊設備：

1. 在多功能廳設置同步翻譯系統，分有線及無線兩種。如採用有線系統，應在地面中預埋線路管道；採用無線系統，則需設置室內天線。

2. 現代會議已廣泛以錄影作為報告的輔助材料，投影電視設備常是懸吊在報告講台的上方，電視攝影機可記錄會議情況，作為視訊會議及簡報powpoint。

3. 多功能廳、會議廳應有獨立的音響設備系統，以滿足會議時擴音、錄音、播放音樂或放映影片之用。

4. 會議廳應配備幻燈機、三槍投影機，懸吊天花上下升降，有的多功能廳或大會議廳還配備35mm和16mm的電影放映機。以供powpoint使用。

5. 都市旅館的多功能廳設調光系統，以不同的照明效果滿足宴會、會議、展覽、演出等使用要求。研討會的翻譯位置通常就在前排或次排兩邊位置。

(二)商店

　　觀光旅館中，商店的種類、大小隨旅館的規模與經營特點而異。一

般旅館可以只有設販售部,更多的商品靠周圍提供,規模稍大的旅館,以多種經營促進旅客在住宿期間盡量的消費。

「免稅商店」DFS的設置,給高級旅館一項大利多。出國的旅客往往要採買一些比本國便宜的時尚商品,此時規模龐大,高級名牌商品具全的DFS是旅行者的最愛。臺北晶華酒店的地下1、2樓是臺北市最大的免稅商店,面積有20,210平方公尺,集臺北名牌之大成,應有盡有,滿足了高消費者旅客的需要,大體說來,商店的設置位置應避免噪音對客房的影響。在歐美國家的賣花亭和花店是不可或缺的,它都位於門廳的顯著角落,以五彩繽紛的鮮花爲門廳增添魅力。旅館內的商店可謂「店中之店」,以大櫥窗,製作精緻細膩的裝飾,讓旅館的公共區域環境增加光采。

(三)文化設施

有的旅館設圖書室、閱讀室、教室等文化設施,一來增加文化氣息,向旅客提供更多的休閒方式活動場所,二來給旅館增加出租收益。

六、健身與娛樂設施

(一)游泳池

旅館業者經常需要設置游泳池,不論是室內或室外。旅館游泳池的造形與比賽用的游泳池不同,它趣味性多。水池最小爲8m×15m,推薦尺寸爲8m×18m。

旅館室內游泳池常與其他健身設施組成一個區域,不受季節氣候影響,具有全天候使用的優點,室外游泳池的使用則受到氣候的影響。有的游泳池與室外景觀花園相結合,有寬敞的日光浴平台。兒童戲水池最深應小於1m,與成人池分開設護欄。與兒童遊戲場接近,有必要的遮陽,更進一步裝設控溫裝置。傳統游泳池的溢水口在池壁內側上部,水面低於地面。近年來爲迎合人們近水的心理(親水性),使水面與游泳池的地面同高,游泳池溢水溝即在池的四周,溝面覆蓋排水格柵。風景區的游泳池爲營造與大自然共享融合,時下流行無邊際泳池與海天相連。(如圖3-10~12)

圖3-10 臺北晶華酒店屋頂游泳池修繕更 圖3-11 臺北晶華酒店屋頂游泳池更新完
新施工之中。 成。

圖3-12 游泳池機房設備，毛髮清除過濾
器是相當重要的設備。

(二)各類球場

　　觀光旅館一般設置占地較小的球場，有的設在室內，有的利用屋
頂。郊區旅館用地大，球場種類略多。各類球場有規定尺寸。

1. 網球場、羽毛球場：網球場雙打場地為10.97m×23.77m，單打
　場地為8.23m×23.77m，端線外空地需6.40m，邊線外空地寬
　3.66m。室內為硬地球場，室外有硬地及草地兩種。室外場地
　的長軸以南北向為主，偏差不宜超過20度，球場在屋頂時，需
　設6m高的護網，全天候球場要配備夜間照明。羽毛球場雙打場
　地為13.4m×6.10m，單打場地為13.4m×5.18m，邊線外空地寬
　3.0m。桌球球台為2.74m×1.525m，高760mm，球場一般不小於

12×6m。

2. 撞球場、乒乓球場（可以歸納爲娛樂場所）：撞球場又稱彈子房，
比賽的桌台尺寸是2,750mm×1,525mm。有規範可查尋。

3. 回力球場：回力球又稱壁球，是兩人輪流將球打向牆壁的室內競
賽。場地由四壁圍成，要求前牆高，後牆低，側牆以紅線標示斜
線。香港回力球總會規定球場高6m，面積是6.4m×9.75m。美國資
料略微不同。回力球對於擊球牆面的強度要求很高，依照回力球總
會規定，每一平方毫米牆面，至少可承受7牛頓撞擊力，才可作爲
國際比賽的場地。現一般採用塑膠纖維物料牆面，保養較容易。後
牆面可採用強化玻璃牆面，清晰透明，用以區隔休息準備的運動
者。地面採用楓木地板，球場地面與休息等待區使用不同材質。

4. 高爾夫球場：高爾夫球場占地大，地形起伏變化，比賽用正規球場
應爲18或36洞穴。許多高級渡假旅館設有正規高爾夫球場。

(三)健身浴

1. 桑那浴（Sanna）：Jucuzzi浴原是芬蘭式蒸氣浴，有恢復疲勞、健
身、減肥作用。桑那房用松木木製品或組合式製品，要求美觀耐用
容易清潔、隔熱設備完善耗電能低，且排氣、換氣良好。
一般桑那浴室是由桑那房、淋浴、按摩浴池（Jacuzzi）、按摩室、
休息室、更衣室及廁所化妝間等組成。（如圖3-13）

圖3-13　太魯閣晶英酒店屋頂游泳池旁更新設施增加按摩池（Jacuzzi）。

設計中還需注意的事項：

⑴ 熱空氣和蒸氣散發的位置，一般應將之引到旅館通風系統內。

⑵ 控制濕度，勿使牆面、天花板出現蒸氣水滴。

⑶ 內設立體音響、電視、間接照明燈光及濕度調節器等，使旅客
獲得充分舒適。

按摩浴池則集按摩與沐浴的雙重功效，設多個漩渦式高壓噴射龍
頭，可調節噴射角度、水力及空氣的混合動力，調節溫度。

2. 大浴場：旅館設置大浴場，有不同水溫的浴池，使浴場成為健身與
休閒場所。

(四)健身房

健身設施：健身中心內的主要設施有：三溫暖、蒸氣浴、超音波
池、按摩室、休息室、醫務室、更衣室、淋浴室及衛生設施等。健身設
施位置應便於管理和使用，並且避免噪音對客房的干擾及對其它公共部
分的影響，同時，客人前往健身區域的路線應避免穿越門廳，以避免衣
著不整的不合適。健身中心分為乾區與濕區，乾區是休息區及健身房，
濕區是水池、蒸氣浴等，應區分明確，易於管理。濕區的地面及壁面選
材防滑易清潔是要事，還應絕對做好防水施工。

觀光旅館的健身房常提供拉力器、跑步機器、肌肉訓練機、划船器
機、腳踏車等健身運動機器。健身房的面積要寬敞，光線明亮而柔和，
宜作扶手以便必要時的扶靠。地面鋪地毯或彈性地板，並設音響與空
調。

(五)娛樂

觀光旅館為滿足旅客在緊張工作之餘，希望鬆弛的心理要求，提供
各種娛樂消遣設施，使客人在旅館之內就可有地方輕鬆愉快。尤其在遠
離都市的渡假旅館，不論是山岳旅館或海濱旅館或者是鄉村旅館，旅客白
天出遊，夜晚回到旅館，有必要設置一些娛樂場所，以消磨漫漫長夜。

以娛樂為主題的旅館，那更是多采多姿，形形色色的娛樂場所。普
通的客房內娛樂，就是觀看電視新聞或閉路電視及付費電視。

七、餐飲設施

(一)餐廳規模、數量與面積標準

1. 旅館中的餐廳應有可適應各種來客的餐桌布置方式，以提高餐廳效率。設置活動隔間的餐廳具有更大的靈活性。

2. 餐廳面積標準

   餐廳面積標準以每餐座平均面積計，以每座的平方公尺（M^2／座）為單位。

   美國某旅館設計標準中，各餐廳面積標準為：餐廳1.8M^2／座，西餐廳2.2M^2／座，以上標準適於高級旅館。日本餐廳因和式家具布置占面積較大，標準為1.9～3.6M^2／座，後者適用於高級旅館的小型日本式餐廳。

(二)餐座形式與尺寸

餐廳餐座形式多樣，各類餐廳可按不同的使用要求選擇一至幾種餐座形式組合布置，同時需安排好通道與服務通道，以方便客人就座，服務員服務。

1. 方桌式：4人方桌在旅館餐廳中使用最普遍，其尺寸為780至90cm見方，包括餐座的外包尺寸為158至225cm見方。西餐廳的4人方桌宜選90cm見方，中餐廳方桌85cm見方已足夠。另有90cm×70cm的小方桌，準備作為2人桌，或與方桌合併使用。（如圖3-14）

圖3-14　臺北晶華酒店珀麗廳自助餐廳可調節的餐桌組合。

2. 圓桌式：圓桌用餐是中式宴會的用餐方式，圓桌也是旅館餐廳的常見形式，咖啡廳常有2至4人的小圓桌，中餐廳常用8至10人大圓桌，甚至更大12人，特別室24人份，桌面就要用組合的，以便拆卸移動存儲。

3. 長桌式：長桌式是西餐廳常見的形式，有2人、4人、6人、8人長桌等，需要時可併連更長，或成圓形。

4. 其他組合方式：上述幾種餐桌形式可組合成新的形式。

5. 日本式：日本餐廳傳統用餐方式，在榻榻米上圍餐桌席地而坐，有濃郁的日本文化氣氛，但國際客人對此坐姿不盡適應，採用改良的有椅背的坐墊，無椅腿的座椅，有的餐桌底下凹地板，既有席地而坐的氣氛，又能使客人感到舒適。

(三)各類餐廳布局

1. 中餐廳

中餐廳是國內旅館中的主要餐廳，傳統式的中餐廳通常是一個大空間，無論是團體還是散客均用圓桌用餐。現代式中餐廳的布局靈活多樣，並非一成不變的模式。例如：有的中餐廳分為大、中、小幾種類型，大餐廳可多功能使用，小餐廳隔間作為包廂。作為主餐廳的中餐廳，其室內裝修反映旅館的水準，餐桌間距要適當，備餐車可穿引其間。

2. 西餐廳

(1) 西餐廳：在歐美各國的旅館中，西餐廳是主餐廳，空間最大，常是以長桌或方桌為主，在靠牆的邊際布置火車座等，隨人數的多少可臨時將方桌或長桌調配成其適應的桌式，西餐廳的平面配置較活潑。

(2) 自助餐廳：因取食櫃不同，分下列三種：

① 線型餐台自助餐廳：食物分列在長台上供客人自由選擇，背後是廚房，取食進口處或下方布置客人用餐具與拖盤。（如圖3-15～16）

圖3-15　西安某酒店餐台，分區供應餐　圖3-16　北京某飯店的餐台，頂部裝飾華
食，照明增添菜色美味。　　　　　　美的燈光照明，增添菜色美味。

② 分散型自助餐廳：食物布置流暢，在客人多時，爲避免取食
視線被阻擋。

③ 不規則型：在中央增加食品櫃供旅客直接挑選，流動單線或
雙線取餐。

3. 烤肉餐廳（Gill）：烤肉餐廳所提供的烤肉、魚等，通常當著旅客
面前進行烤製，烤爐成爲餐廳中心，烹飪在餐廳中進行，有的以小
車服務。

4. 日本餐廳：日本旅客多的旅館，常設各種風味的日本餐廳，有茶道
品茶，餐廳平面布置結合餐廳特色，優雅的和式小間約6～8疊。精
緻的日本餐廳往往裝修講究，呈現濃郁的和風。

(四)餐廳設計要點

1. 餐廳空間應與廚房相連，以利供餐及回收碗盤，提高服務品質。同
時，備餐間的出入口宜隱蔽，避免客人的視線看到廚房內部，還必
需避免廚房的油煙及噪音竄入餐廳，因此備餐間與廚房相連的門與
餐廳的門常在平面上錯位，並提高餐廳負風壓。（如圖3-17）

2. 餐座排列應保持客人動線、服務動線的流暢，避免動線過長和穿越
其他空間。

3. 靠窗餐桌常側向布置座椅，以利觀景並擴大了觀景座椅的比例。

4. 餐廳應有提供多種餐桌椅組合調配，以適應一起用餐客人的人數變化。

圖3-17　臺北晶華酒店中庭活動式備餐台，內部功能齊全，方便整備。

5. 餐廳室內設計應有鮮明特徵，餐廳入口則應顯示餐廳的風格。餐桌的照度高於餐廳空間的照度，應重視對用餐私密性的要求。

6. 使用頻繁的餐廳，眾人使用的餐廳應靠近門廳，以供應早餐。風味餐廳及貴賓餐廳可較隱蔽區域。

(五)餐廳內之材料使用

1. 地毯採用高級防燄地毯（80% Wood 20% Nelon & 42oz）。

2. 天花板使用石膏板再加防火壁紙或防火油漆。

3. 壁面使用砌磚隔間加貼磁磚，或石膏板隔間再加防火壁紙或防火塗料。

4. 餐桌、餐椅用高級木質產品並加高級防焰沙發椅布。

八、宴會廳及多功能廳

觀光旅館中，配置各種設備以滿足宴會、會議、展覽、小型演出等多功能使用的宴會廳常被稱為多功能廳。

(一)宴會廳（Ball Room）

1. 宴會廳的使用：宴會收入在餐飲總收入中比例提高，導致許多觀光旅館的宴會廳增加，在旅館中專設「宴會部」，以加強行銷此宴會業務。

2. 宴會方式：

(1) 正餐宴會（Dinner Party）：中餐宴會一般為12人圓桌，主桌

大、地位突出。西餐宴會一般爲長桌式布置，規模大時可採用U
形、口形布置，主桌在長軸中央。

⑵ 大小型酒會（Cocktail Party）：自由、餐飲的宴請方式，需設
置放酒、飲料與食品的餐台，勿需排座位。

3. 宴會廳設計要點

⑴ 宴會廳出入口的位置應與旅館住宿部分出入口分離，避免高峰
宴會人潮對住宿客人的干擾。

⑵ 宴會廳位置以近地面層爲佳，便於大量宴會人潮集散，大宴會
廳所在樓層需配置運輸量大的自動電扶梯或大型客用電梯。

⑶ 宴會廳客人動線與服務動線明確區分，避免交叉。防止廚房噪
音、油煙進入宴會廳。

⑷ 宴會廳淨高度：大宴會廳淨高5公尺以上，小宴會廳2.7公尺～
3.5公尺。

⑸ 宴會前廳或宴會門廳是宴會前的活動場所，此處應設衣帽間及
電話間和公共廁所等。前廳與宴會廳如採用活動隔間，必要
時，可打開以組織大型酒會。

⑹ 宴會廳附近宜設有一定容量的家具庫存，得以收納備用的座
椅、桌子和各種尺寸的圓桌台面等。

㈡多功能廳（Funtion Room）

大型旅館的多功能廳應具有宴會、會議、展覽、展演、教學、發表
會、記者會等多種功能，以不同的家具布置及靈活的隔間方式，適應不
同的功能要求。因此，多功能廳旁應設置有關的輔助和設備用房。

根據不同要求，會議廳的布置也可多樣化。多功能廳常舉辦的展覽
有時裝、產品介紹等。有的設活動舞台，有的固定展覽品，多功能廳應
有相應設施，並需提供搬運展覽品的設備、空間及展覽用照明。舞台分
固定與活動式兩種，活動式舞台又有升降式與拆裝式等。旅館爲了適應
不同規模的多功能使用，多功能廳需有活動隔間，常採下列方式：

1. 推拉式活動隔間，可隔音。

2. 折疊式活動隔間，以相互連接的折疊式門扇作活動隔間。平時折疊
   式門扇疊合藏在牆內，需要時拉出成隔間，上部懸掛於天花板骨架
   內，下部有可降下的橫檔固定位置，隔音良好。這種隔間適合於大
   空間的靈活分隔，最大寬度與最大高度，各廠牌不一，需要專業廠
   商提供的規範再行設計。

九、公共廁所

　　大廳的公共廁所，設計位置既要隱蔽又要易於找到，不要等客人詢
問才由工作人員指點。

(一)衛生設備設置標準

　　衛生設備的設置標準，各國各地都有不同。按英國的規定：男廁馬
桶每100人設1個，至少設2個。女廁馬桶每50人設1個，至少2個。男廁
小便斗每25人設1個，洗臉盆每15人設1個，每16～35人設2個，每36～
65人設3個，每65～200人設4個，每增加100人增加3個。美國某旅館集
團設計：門廳公共廁所的面積標準是：男、女均為0.1M^2／房間數。

(二)設計要點

1. 標誌明顯（指示標誌）：公共廁所的位置要明顯，要有容易看清楚
   明白的標誌，不論是圖案或是文字。旅館趨向國際化，則最好是採
   用國際通用的標誌圖案，易懂免諮詢。
2. 避免直視：一般要求公共廁所的內部，都應避免走進廁所門的開門
   時刻，旅客從大廳一眼就可看進去，甚至於看到馬桶間位置。廁所
   門應該是有轉折，高級旅館應有前室化妝台區、洗手台區、廁所區
   三部分。
3. 裝修材料要求容易清潔：大廳的公共廁所，格調品質應與大廳相融
   合。地面牆面材料均應容易清洗，地面經常採用大理石、花崗石、
   磁磚地磚。牆面材料經常使用大理石、磁磚、防水塗料等。
4. 照明要求：公共廁所應有均勻柔和的照明燈光，洗手台儀容鏡前應
   有專門燈具，高級旅館的廁所化妝台，希望有200lx的照度。並採

用暖色調的燈光。

5. 馬桶間的門扇設計：廁所馬桶間的門扇設計，宜採用木製或美耐板面飾，易清潔又不失高雅。鉸鏈應採用自動回歸的金屬鉸鏈，鉸鏈要調整到回歸離門樘約10cm，若能如此設計，則公共廁所的整體感覺是井然有序，不必敲門而影響環境的寧靜舒適。依照臺灣的殘障法規，每間廁所必需有殘障設施，馬桶間至少要有一扇門是寬90cm，而且是向外翻開的。內部必需有足夠空間可讓輪椅及行動不便的人轉彎活動使用。而且必需加設扶手，以為安全。

6. 小便斗區的設計：除了每個位置必需裝置自動清洗裝置之外，岸頭必需有一個小平台，以便臨時置放物件皮包等。地面材料宜選用容易保養清洗的石材或地磚。尤其小便斗的正下方地面應使用深色（黑色）石材，較容易保養。

7. 化妝台區的必要性：化妝台要寬敞氣派，使用方便，體貼入微，呈現感觀價值。

第二節　客房單元設計

概　要

1. 客房功能分析
2. 客房的空間尺度
3. 客房備品間

4. 客房設計原則
5. 客房浴廁設計
6. 客房設備

學習意涵

1. 分析客房的功能
   睡眠、起居、書寫商務、更衣儲物、盥洗梳妝。
2. 探討客房的空間尺度
3. 了解備品間的規劃設計

關於「客房層備品間的設施設計」。

4. 客房設計的原則是：安全性、經濟性、可調動性、舒適性、簡單優雅。

5. 描述客房浴廁設計

    (1)浴室的功能

       基本功能

       浴室與客房的組合方式

    (2)浴室設備

    (3)浴室設計的要求與舒適感

    (4)客房浴室面積標準

6. 闡述客房設備標準

    (1)客房設備概述

       客房數、客房之設備、客房內地毯、客房隔間牆、客房門窗、客房窗簾、客房壁面處理、浴室內設備。

    (2)客房走廊

       走廊之寬度、走廊之材料

       客房家具統計總表

一、客房功能分析

    客房是旅客生活的主要空間，客房的設計是以旅客在客房中的「行為」，作為設計的基礎。由於旅館的使用目的不同，如：商務旅館、住宿旅館、娛樂旅館、觀光旅館、渡假旅館，甚至於短時間休息的賓館等的客房。旅客團體的組合方式不同，如：旅行團、家庭旅遊、單身業務旅行，對於客房的要求也不相同。旅客在旅館的逗留時間不同，如：短至二、三天，長至數月，對客房的要求也不同。因此，客房設計應針對旅館的使用目的、主要服務對象的要求，進行具體研究，然而也有共同的基本功能。

旅客在客房中的行為，一般有：睡眠、休息、閱讀、書寫、看電視、聽音樂、眺望風景、用茶點心、沐浴、更衣、梳妝、個人商務、會客、網路連繫等。由於旅館的功能特點及客源特點，上述的「行為」有的需要有較大的空間，有的則可以簡略。一般旅館的客房功能構成，總的來說，客房功能構成分為5個空間：睡眠空間、起居空間、書寫商務空間、更衣儲物空間、盥洗梳妝空間。

(一)睡眠空間

睡眠空間是客房最基本的功能空間，主要的需要家具是「床」，每間客房「床」的數量直接影響其他功能空間的大小和構成，也表現著客房的等級標準。

床的尺寸有以下一覽表24：

名稱	尺寸（cm）
單人床Singer	180×210-1
雙人床	Twin 120×210-2
三人床Triple	150×210-1 & 90×210-1

床的高度以床墊墊面離地50cm～55cm為度，在現代旅館中，客房床頭櫃的功能在某種程度上，反映了客房的等級。一般的床頭櫃已包含的基本功能有：床頭燈、電視機開關、廣播選頻、音量調節、電話機、節約能源電源控制板等。

床頭櫃寬度一般為50cmW，有的可到60cmW，置放於單人床的兩邊，留8cm～10cm間隔，以便於整理床鋪。在雙人床的房間，床頭櫃置於中間。

(二)起居空間

一般都市旅館客房的窗前區為起居空間，放置沙發組或休閒椅、茶几。都市旅館為了旅客的安全及減少干擾，一般不設陽台。但是陽台作為起居室的延伸，因為能夠提供優美開闊的視野，而常被風景區渡假旅館採用。

一般商務旅館總是把書寫與梳妝的空間分開，梳妝位置移到浴廁，而在客房一角落設置辦公桌椅及邊几，偶而增設談話椅一張。桌的方向可面壁也可側放。新建的旅館已經很少在客房內設梳妝台及儀容鏡，畢竟在客房內放置壁面鏡子，會影響到商務旅客的公務。（如圖3-18～19）

 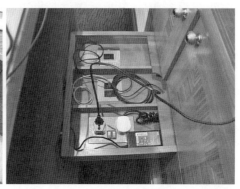

圖3-18　客房書桌邊櫃的設計理應越簡化　圖3-19　客房中必需將客人使用的網路插
　　　　越佳，而且應考慮旅行者匆促離　　　　　座線路統一安置線盒，避免零
　　　　開時勿遺留物品。　　　　　　　　　　　亂。

（四）更衣儲物空間

一般旅館客房的更衣空間是衣櫃或更衣間，用以存放旅客的衣物、鞋帽、行李箱、保險箱，也可當作備用寢具、枕頭、毛毯等的收納櫃，提供旅館客房部服務員整理房間時的整理歸納。

壁櫃一般都位於進門小走道一側，有的將壁櫃擺設於床的一側，背靠著衛浴的牆面，整個大型衣櫃與客房家具相結合。臺北晶華酒店的標準客房，衣櫃都是置放於床的一旁，除了顯得柔和溫馨，有家的感覺外，旅客在此更衣、處理儲物，比起在進門區狹小空間較為寬敞舒適。

為了提高旅客的舒適度，新建旅館客房紛紛設置迷你吧台（Mini Bar），經常設於衣櫃的一隔。做一個台面，底下是放置小品的抽屜，再下設置一個小冰箱。為防止噪音，採用無壓縮機的旅館專用機型。上部分是層板，放置玻璃杯茶具等。為了取掛衣物時有充分的光線，衣櫃內裝有燈光照明，隨著衣櫃門的關閉開啟而自動開關，既增加櫃內亮

度，又可節約能源。

　　一般旅館除了在大廳的櫃臺附近加設貴重物品保管箱室，在客房設有保險箱也增加一些安全感。行李架的設置，有的在衣櫃之內，有單獨在入口區。行李架也有折疊式或可成為坐位式，以筆者經驗，折合式的行李架很容易損壞。

(五)盥洗梳妝空間

　　客房盥洗空間就是浴室，它顯示旅館的等級，也關係到客房的服務品質。旅館建築有別於其他大樓建築的最大特點是：管線複雜。衛浴設備的管線投資較大，因此衛浴設計是關係到旅館的建設成本，並應考慮到設備的安裝、管理、維修與如何更新。一般而言，衛浴空間通常布置兩間相鄰，於走廊的一邊，節省管道面積，又有走廊與睡眠空間區隔以減少噪音。為提高住宿的「價值效益」，設置緊湊而適用的衛浴設備，以適應旅館設計的發展。

二、客房的空間尺度

客房空間尺度

　　客房的橫寬、進深、層高、單元面積、淨面積等是客房設計的關鍵，對於客房功能結構和平面設計及旅館等級與旅館造價有顯著影響。

　　旅館建築客房的空間標準，隨著旅館等級而提高，而擴大，與客房舒適程度成正比。不同國家地區，旅館管理集團及設計部門對客房的空間標準不一，有不同的規定和建議，並且隨著旅館業的發展而變化。

　　1. 美國：不同等級旅館的客房長寬標準為3.82m×4.27m。

　　2. 日本：客房標準為寬4m×深6m。

　　3. 中國大陸：客房標準為4m×7.6m。

　　4. 希爾頓旅館集團：客房標準為4m×5.95m。

　　在進行旅館的客房設計時，更需進一步研究旅館的特點，客房功能對經濟性、舒適性、靈活性的要求，不必拘泥於旅館的標準家具配置，而需對於家具尺寸、配置方式作一翻新的安排。只有精打細算，並且對

於可能的變化作出預計，才能獲得經濟的客房和高效率的客房層平面。
（如表25）

表25　晶華酒店客房種類數量面積之統計

房型	房型（簡稱）	客房數（間）	客房面積（坪）	浴廁
Deluxe king	DK	76	12	除外
Regent king	RK	202	14	除外
Hollywood Twin	HK／HT	48	14	除外
Executive king	EK	16	18	除外
Executive double-S	EDS	22	18	除外
Executive double-N	EDN	24	18	除外
Juner king	JKS	2	19	除外
Juner king	JKN	2	19	除外
Juner twin	JT	2	19	除外
Corner suite	CS／CD	24	23	除外
Regent suite	RS	1	64	除外

　　中國大陸《旅館建築設計規範》規定：客房的起居、休息部分的淨高不應低於2.5m，有空調時不應低於2.4m。局部淨高不低於2m，浴室及房間入口小走廊、壁儲內淨高不低於2m，這反映了既節約經濟，又保持舒適的空間標準的潮流。

　　客房窗台高度和窗的高度，同樣影響旅客對於客房的空間感覺。在風景區或有良好景觀視野的旅館，往往採用低窗台，甚至於落地窗。一般旅館常常採用約90cm的台度。

三、客房備品間

(一)客房層後勤服務

　　《國際觀光旅館建築與設備標準》規定，客房層每層客房數在20間以上者，應設置備品間一處。備品間的配備並無一般規定，通常是看大小空間。

服務工作台、冷熱水供應廚台、水槽，冰箱，製冰機、清潔工具間，還有可以放置服務車的地方，因此地方必需足夠因應全樓或管區的補給之用。有的高層旅館設置被服管道，從每層的服務間就可直接投入換洗布件，直瀉下到洗衣房，免去中途運送之人力與時間。

㈡客房備品室（表26）

表26　客房備品室所需要的設備表

	設備內容	數量			設備內容	數量	
1	飲料貯存櫃	1	台	8	告示板	1	個
2	服務推車（鋁製品較輕便）	2	台	9	冰箱	1	台
3	備品櫃	1	台	10	製冰機	1	座
4	置物架	1	台	11	小型辦公桌	1	張
5	熱水機	1	台	12	大型垃圾桶（12加侖）	1	個
6	清洗用水槽（雙水槽）	1	座	13	工作台	1	個
7	布巾架	1	台	14	寫字台	1	張

實例建議案：關於客房層備品間的設施設計

1. 大陸國內的大型飯店內，根據衛生防疫要求，每層樓要有保潔櫃，及消毒櫃和兩個水池（工作台水槽）。依照建築部建築設計院編的《旅館建築設計規範JGJ62-90》，第3.2.5條客房層服務用房的規定有明文，摘錄如下：

　⑴服務用房宜設服務員工作間、儲藏間和開水間，可根據需要設置服務台。

　⑵一、二、三級旅館建築應設消毒間；四、五、六級旅館應有消毒設施。

　⑶客房層全部客房附設衛生間時，應設置服務人員廁所。

　⑷客房層開水間應設有效的排氣措施，不應使蒸氣和異味竄入客房。

　⑸同樓層內的服務走廊與客房層公共走道相連接處如有高差時，

應採用坡度不大於1：10的坡道。以上法規條文，摘錄參照。上述保潔櫃、消毒櫃等應可設置於備品間之內

2. 備品間的面積，充分利用空間做適當的配置。通常備品間的設施有：

備品台車2部／每客房層，若走廊各區都有台階，不適合設置，就可有儲備品車的位置活動空間。備品間內設置小廁所，以供客房服務人員使用，至少每3層一個小廁所，無法設置可以用管理機制，不允許去使用客房廁所。

四、客房設計原則

客房設計的原則是：安全性、經濟性、可調動性、舒適性，簡單性。

(一)安全性

客房的安全主要在防災、治安、私密等方面。

1. 防災：旅館建築在都市公共建築中火災率較高，其中因客人在旅館客房內吸菸不當，造成的火災占很大比例。客房空間小，失火時充滿煙霧令人窒息，因此客房的防火設施是旅館消防的重點。旅館客房的防火措施有：設置火災偵測器、早期警報系統、嚴格裝修材料的防燄品質、客房住宿的逃生動線、客房門達到防火標準，堵絕分層分區的管路孔洞。

2. 治安：旅館客房的治安重點在於客房層的門禁管理及客房門的鎖匙系統。客房層的安全管理，除了由樓梯、電梯等交通動線前來的人員，還有由員工出入動線的住宿安全，通常是由房務部及安全部門管理。

3. 私密：隱私權是人類的基本人權，尤其住宿的私密性更是需旅館的設計與管理方面所應予重視。一般住宿客人的生活習慣或起居作息減少打擾。門扇的隔音——為提高客房私密性，新建旅館已不再留送報門縫。環繞中庭的客房門扇宜增加密閉條，使門縫密閉。

(二)經濟性

經濟性：除了客房的平面配置效率之外，提高客房家具使用效率也很重要。裝修設計應以「簡單實用」為原則，家具盡量減少不必要的抽屜，常接觸的部位宜採用不易碰壞，易清潔可清洗的面飾材料。一般牆面選用不沾汙，易清潔的壁紙。色彩盡量採用明亮感的，以節省照明光度。電氣照明採用節電系統以節約開支。行李架宜加保護措施。損耗較大的地面，可選用易維護的剪毛地毯等。

(三)可調動性

客房設計的靈活性，指客房空間的綜合使用及可變換使用兩方面，也就是客房的空間使用效率。綜合使用是指空間區域的多功能與高效率使用。可變換使用，客房類型內部布置有一定的可變性，一般採取靈活套房、雙人房中加沙發床或加活動床，可以併床也可以分床。連通房（Connecting Rooms）的設置與調配，臨時改變住客家族或群體住宿，總統套房也可有侍衛房間連結。（如圖3-20～21）

圖3-20　上海某飯店的沙發床（床）　　圖3-21　上海某飯店的沙發床（沙發）

(四)舒適性

影響舒適程度的因素，可以歸納到健康與環境氣氛，生活機能方便及設備條件3大類。（如圖3-22～23）

1. 健康環境：客房提供的健康的條件，包括適當的控制視覺、聽覺、熱感覺等環境刺激，即隔音、照度、空調等。

圖3-22　客房書桌採用玻璃面板有空間寬　圖3-23　客房插座線路必需縮減有規律，
　　　　敞通透性，但也會產生撞擊之危　　　　　避免零亂，打童軍結是好的。
　　　　險。

(1) 隔音：

① 客房噪音來源自室外噪音源及都市環境噪音。相鄰客房噪音源有電視機、電話、門鈴聲、住客談話、鄰房使用浴廁的聲音。客房內部噪音源有浴廁使用的聲音、空調出風聲音、電視機、電話機的聲音。走廊噪音源有鄰房開關房門、旅客談話、服務員聲音、電梯升降機的聲音、其他客人走動聲音。其他噪音源是空調聲音、竄音及其他公共活動的聲音。

② 噪音容許標準和隔音標準：為確保人們生活及工作的環境安靜，國際標準化組織（ISO）提出過不同場所的噪音容許標準。它以噪音標準值（NR曲線）表示，都市旅館客房的NR值希望在30以下。

　　（NR值基本與中心頻率為1000HZ的分貝測量值一致，如NR值為30.即1000HZ頻率的容許噪音為30分貝。）

③ 客房設計中應重視的隔音問題：

樓板的隔音——鋪設地毯或其他軟性覆蓋物是減少樓板撞擊產生噪音的方式。

隔間的隔音——採用磚牆或乾式輕隔間，必需注意兩個客房之間的電氣盒，不能在隔牆的同一位置貫穿通過，如無法在

平面錯開，也應該上下錯開以防串音。輕隔間應按照標準施工規範施作，不可疏忽。

窗扇的隔音——窗縫密閉，並按照隔音採用一定厚度的玻璃，或者用隔音玻璃，有的加雙層窗。

(2) 照度

客房照度包括客房與浴室的照度。按照「國際照明學會」標準，客房照度為100（lx）。日本的JIS規定標準與它相同。中國大陸的規範指出：一、二星級旅館客房75～100lx，三、四星級為50～75lx，五星級為30～50lx。國際上也有新的觀點：客房內分區照明，客房照度50～100lx，閱讀面的照度標準更高。

為用於化妝，國際照明學會的標準是70lx，實際上多數大於100lx，有的豪華旅館的浴室在旅客面部的照度＞200lx。中國大陸的規範：二星級客房浴室150～200lx，三～四星級100～150lx，五星級75～100lx。為使浴室照明，光線明亮而柔和，燈光設計師總喜歡採用間接照明，以洗牆燈代替露明的燈具。

(3) 空調

空調，保持一定的空氣溫度、濕度和氣壓，以確保客人的健康生活。空調的溫度、濕度設計標準與室外氣候有關，各國均有國家規範與規定。中國大陸在旅館建築規範中也列出「採暖空調設計參數表」，以規範旅館的空調設計準則。不同等級旅館的參數不同，以節約能源。

2. 生活機能

客房是旅客逗留的私密小天地，用心的建築師、設計師及業主規劃單位，都極其創造出與眾不同的環境氣氛。在有限的空間中，表達在地文化經濟水準、科學技術人文習俗。客房具有鮮明的地方文化傳統特點，及濃郁的鄉土情懷，使客人產生新鮮感。因造價的原因，客房家具都是相當精簡。需要統一化及規格化。

3. 設備條件

現代設備創造舒適的環境氣氛，只要是業者認為值得，莫不設法增添設備。電話是最基本的設備。另有網際網路設備，供客人在客房內直接上網。

客房空調設備的微調，或客人自由調節室溫以達到客人感覺的最佳狀態，甚至採用恆溫控制，將是旅館的特點。當前最先進的設備服務，莫過於電子卡與客房電視電腦及門卡鎖系統。客人可以通過電視電腦直接使用旅館的各種設施：如向餐廳訂餐消費、客房結帳及其他館內消費。

五、客房浴廁設計

(一)浴室的功能

1. 基本功能：客房浴廁的基本功能是提供洗臉盆、馬桶、浴盆等滿足客人盥洗、如廁、沐浴等個人衛生要求。一般都是三件式的設備。
2. 浴室的人體工學：浴室要求方便、效率。根據對人的行為研究，表現各種動作的人體工學，成為客房浴廁的設計依據之一。
3. 浴室與客房的組合方式：國內的旅館建築及設備標準，設計要點之五有規定：觀光旅館每間客房……設有專用浴廁，其淨面積不得小於3M^2，國際觀光旅館不得小於3.5M^2。國內每家國際觀光旅館，客房浴廁面積都大於這個標準相當多，主要是新建旅館都有國際旅館集團的參與，而且都市旅館的市場所需，大型浴室對於住宿的住房率是很有吸引力。臺北晶華酒店以客房浴室的寬敞聞名，頗得日本旅客的青睞。

(二)浴室設備

高級的旅館在浴廁提供的物品設備越多。客房浴廁的基本設備有：洗臉盆、浴缸、冷熱水、生飲水、馬桶、淋浴蓮蓬頭、電話分機、插頭等設備。（如圖3-24）

圖3-24　時下流行大碗洗面盆，降低台面使空間顯得寬敞，但不易清洗。

1. 浴缸

浴缸的材質有：鑄鐵浴缸、搪瓷浴缸、塑膠浴缸、陶瓷琺瑯、玻璃、大理石浴缸、人造大理石浴缸等多種，以耐撞擊、易清潔、底部止滑為佳。浴缸的選擇，為適應部分旅客喜歡淋浴的習慣，浴缸配件多數附設淋浴蓮蓬頭。隨著旅館舒適程度的提高，高級旅館都競相設置按摩浴缸，以提供旅客舒活度。

2. 馬桶與下身盆

馬桶分為坐式馬桶與蹲式馬桶兩種類型，一般旅館客房都採用坐式馬桶，形式大小甚少變化。蹲式馬桶設置在較無管理的公共場所的多，從前阿拉伯國家的普通旅館，選用蹲式馬桶或較大型的坐式馬桶，都是宗教信仰的關係，穿著長袍，不方便使用一般坐式馬桶。馬桶的供水方式有水箱式與沖水式，設計的優劣在於沖洗的清潔與水流的聲音是否低噪音。下身盆的裝置。在東方的旅館，有的只是特別套房裝置這個設備。臺灣時下流行使用免痔馬桶，可相同效果。

3. 洗臉盆與化妝台

洗臉盆的材質也有：搪瓷、陶瓷、琺瑯、玻璃、大理石、人造大理石等多種，以耐撞擊、易清潔為優點。一般高級旅館都將洗臉盆與化妝台結合起來，將洗臉盆崁入化妝台之中，台面可供放置浴室用品。化妝台正面常是整片鏡面，以擴大空間感。兩側配備有毛巾

架，電插座，吹風機等，還有刮鬍鏡，用以放大刮剃部位。化妝用品的層架有的做成壁龕，簡潔大方。鏡前照明應使光線從人的上前方照到人的臉部，左右可以有補助光，加強化妝的精緻。照明光色應避免使用冷光型的螢光燈，宜採用黃光燈較接近自然光色。講究一點的浴室化妝鏡，鏡面背後還有加裝「加熱導線」消除霧氣。（如圖3-25）

圖3-25　客房浴廁裝設掛衣繩，客人洗滌的衣襪有地方亮掛。

4. 淋浴

為方便、省時、節約等，浴缸配件多設置一組蓮蓬頭，或單獨設置一組淋浴設施與浴缸結合，淋浴時直接站立於浴缸中淋浴，並於浴缸的邊緣加設浴簾，以免沖水濺到浴缸之外。空間條件夠時，單獨設置一間淋浴間，是極佳的構想。

㈢浴室設計要求與舒適感

　　客房浴室設計要求：安全、易清潔打掃、防結露及配置合理緊湊、方便使用等。客房浴室的安全問題是浴室設計的第一要務，浴缸邊牆或淋浴間應設安全拉手等。設置排氣裝置，排除浴室使用時所產生的異味。（如圖3-26～27）

圖3-26　淋浴間玻璃門受各國旅館普遍採 圖3-27　任何建築零件都是耗材，玻璃鉸
　　　　用，門扇應調整到門崁內側，盥 　　　　鏈的使用耗損，其耐久性需要旅
　　　　洗完畢時玻璃門的水珠往內流， 　　　　館管理者經常檢修維護，尤其是
　　　　外面才能保持乾淨。 　　　　潮濕空間。

　　客房浴室的佩件、五金、裝飾的品質很重要，細緻的構思能使客人產生關懷的貼心感心。淋浴蓮蓬頭設置高度宜適中，約170cm。

　　一般旅館的客房浴廁地面選材常用地磚、馬賽克、大理石等，現在有的客房浴廁內鋪防水地毯以及防滑墊。為了清潔時流水能排出，及浴缸的溢水，地板設置地板漏水孔。地板漏水孔很難清洗，容易帶來臭味，也有旅館沒有設置地板漏水口。例如臺北晶華酒店的客房浴廁，興建之初即無漏水頭的設置：因此地面的大理石鋪面是達到水平的程度，不會有洩水坡度的不平整。缺點是當客人有不良習慣，在洗臉盆洗浴時，地面積水就不易排除。

　　客房浴室與客房臥室的組合相關位置，有下列兩種形式：

1. 客房浴室位於客房走廊的兩側：這是最經濟的形式，因為它充分利用進深，提高平面效率。降低了走廊上產生的噪音對客房內客人的影響。而且檢修門開向走廊，可減少檢修時必需進入客房內部干擾客房。

2. 客房浴室向外牆：客房接近走廊，檢修時必需進入客房中，造成不便。在風景區或溫泉區的旅館多採用此種形式，因為通風良好，溫泉硫磺氣味不宜密閉的空間，都市旅館就少有採用。臺北遠東大飯

店的部分客房浴室，浴缸位置就在窗前，如此位於高層旅館中，有如在九霄雲外的洗浴。

㈣客房浴室面積標準

1. 面積標準

旅館的客房浴室已成爲衡量客房和旅館等級的重要內容之一，其舒適程度涉及面積大小，設備設施的種類與精緻程度等。關於客房浴室面積，各國及各個旅館集團自有規定。

中國大陸《旅館建築設計規範》中指出：客房浴室淨面積指標爲：一級旅館4.5M^2，二級旅館4M^2，三級旅館3.5M^2，四、五級旅館3M^2。其中四級旅館要求25%面積作浴室，五級旅館10%面積作浴室。

六、客房設備

客房設備標準：

1. 客房之設備包括：客房內地毯、客房隔間牆、客房門窗、客房窗簾、客房壁面處理、浴室內設備、客房內之設備。（如表27）

2. 客房走廊之設計首要：走廊之寬度、走廊之材料。

每間房間應有的設備：

表27　客房家具統計總表（全館客房家具設備類型統計之總表）

編號	設備內容	數量／每房	總數量	編號	設備內容	數量／每房	總數量
1	床KingBed(180cm)	1		5	床頭櫃BedsideTable	2	
1B	床TwinBed(120cm)	2		5B	床頭櫃BedsideTable	2	
1C	床DoubleBed(135cm)	1		5C	床頭櫃BedsideTable	2	
1D	床HollywoodTwin 105cm	2		6	台燈Bed Side Lam	1	
2	床裙Bedbase	1		6B	台燈TableLam	1	

編號	設備內容	數量／每房	總數量		編號	設備內容	數量／每房	總數量
2B	床裙Bedbase	1			8	扶手椅DeskArmchair	1	
2C	床裙Bedbase	1			9C	沙發Sofa	1	
2D	床裙Bedbase	2			91	單沙發Sofa	1	
3	床罩Bedspread	1			92	雙沙發Sofa	1	
3B	床罩Bedspread	2			10	桌燈TableLam	1	
3C	床罩Bedspread	2			10A	桌燈TableLam	1	
3D	床罩Bedspread	2			10B	桌燈DeskLam	1	
3`	枕頭Pillow	2			10D	壁燈WallLam	1	
3`B	枕頭Pillow	6			11	落地燈FloowLam	1	
3`C	枕頭Pillow	1			11B	落地燈FloowLam	1	
4	床頭板Headboard	2			12B	邊几SideTable	1	
4B	床頭板Headboard	1			12C	茶几TeaTable	1	
4C	床頭板Headboard	2			12D	茶几TeaTable	1	
4D	床頭板Headboard	1			12E	圓茶几RunTable	1	
13C	電視櫃TVCabinet	1			33	圖燈PictureLamp	1	
13B	電視櫃TVCabinet	1			35	裝飾台ConsoleTable	1	
14C	書桌Desk	1			35A	邊桌SideTable	2	
14B	書桌Desk	1			35B	裝飾櫃DisplayCabinet	1	
14C	裝飾桌ConsoleStand	1			74	小凳子SmallBench	1	
15C	行李架LuggageRack	1			127	裝飾櫃ConsoleTable	1	
15B	行李架LuggageRack	1			128	裝飾圓台FlowerTable	1	
16C	衣櫃Armoire	1			70	垃圾桶WasteBasket	2	
16B	衣櫃Armoire	1			1A	大理石几MarbleTopTable	1	
17	吧台矮櫃TV.Cabinet	1			2A	長沙發3 seatSofa	1	
17A	矮櫃Cabinet	1			3A	橢圓形TV.Cabinet	1	
18	小圓桌Round Table	1			4A	餐桌DiningTable	1	

編號	設備內容	數量／每房	總數量	編號	設備內容	數量／每房	總數量
19	休閒椅LoungeChair	1		5A	餐椅DiningChair	4	
19A	沙發Sofa	1		6A	壁燈Wall Mounted Light	1	
19C	小沙發SideArmchair	2		7A	休閒椅LoungeChair	1	
20	擱腳凳Ottoman	2		8A	擱腳凳Ottoman	1	
20C	擱腳凳Ottoman	2		10A	衣櫃Armoire	1	
20D	床尾凳EndBed Stand	1		11A	坐椅DeskChair	2	
23	餐桌DinningTable	1		1A-A	邊几SaideTable	1	
24	沙發Sofa	1		11A-A	餐椅DiningChair	4	
24A	沙發Sofa	1		12A	床頭櫃BedSaideTable	2	
24B	沙發Sofa	1		13A	床頭板D/DHeadBoard	2	
26	落地鏡Full Length Mirror	2			照圖燈PictureLam	1	
26A	裝飾鏡Mirror	2			玄關掛畫ArtWork	1	
26C	落地鏡Full Length Mirro	2			行李架掛畫ArtWork	1	
26B	花盆Plants	2			書桌掛畫ArtWork	1	
31	茶几CoffeeTable	1			廁所掛畫ArtWork	1	
31A	茶几SideTable	1					

第三節　後勤單位的規劃設計

概　要

1. 行政辦公區（Executive office）
2. 前台辦公室
3. 總機房與訂房組
4. 廚房設備及設施
5. 進貨區與驗收
7. 洗衣房與制服室
8. 員工盥洗室與更衣室
9. 員工餐廳
10. 後勤辦公區
11. 房務部

6. 安全監控與安全室

實例：

員工餐廳更新裝修工程（增添餐台工作台設備）

實例：

富春山居渡假酒店後勤支援單位空間規劃面積表

後勤地區建築裝修粉刷表

學習意涵

1. 了解行政辦公室的內涵

　　(1)行政辦公部分

　　(2)員工生活部分

　　(3)後勤辦公區域的狀態

2. 前台辦公室的運作功能

3. 說明總機房配置與訂房組作業問題

4. 闡述廚房設備及設施

　　(1)後勤服務部分

　　(2)廚房設備及設施的後勤功能分區

　　(3)廚房設施更新升級概要

　　(4)說明

　　(5)廚房規劃檢討報告

　　(6)廚房及備餐室

5. 探討進貨區與驗收

6. 陳述安全監控與安全室

7. 解析洗衣房與制服室

　　(1)後勤設施洗衣房的設置

　　(2)洗衣設備的選擇

　　(3)洗衣房設計要點

8. 了解員工盥洗室與更衣室

9. 探討員工餐廳的規劃
   (1)面積檢討
   (2)單位面積功能計算
   (3)施工說明
10. 說明房務部的工作內容
11. 客房管理部（Housekeeping），又名管家部
12. 後勤裝修材料分類說明

一、執行辦公室（Executive office）

行政辦公部分規劃辦公室區，有執行辦公室又稱為總經理辦公室，包括總經理辦公室、副總經理辦公室、住店經理辦公室、行銷業務部及公關辦公室。這個執行辦公室是全館的行政指揮中樞，舉凡總經理召開的各項集會或朝會，都在此地舉行。空間條件足夠的話，財務部門也能規劃在此，否則另覓空間了。空間條件足夠時，建議規劃一間男女分別設置的洗手間還要設置一處收發文書、郵務之位置。

二、前台辦公室（Front Office，簡稱FO）

前台辦公室的功能與設施

在接待大廳總台附近或接壤有一定面積的辦公室與之相連，稱為「前台辦公室」。既要服務旅客，又要便於方便旅客接待服務的組成。

前台辦公室與總台連結，為使將來能容易變革，要用輕隔間。建議設置一處大件貴重物品保管間，大廳副理的桌位、電話總機、交換機位置，與前台辦公室連結，對於客務急速解決才好連繫，以節省人力。

前台與辦公室與住店經理室，前台經理，要能多功能使用。裝修設施要輕巧明朗方便使用，天花板高度足夠，使環境舒坦，通常都是在狹小空間，持續工作造成員工鬱悶。電氣燈具及消防切莫疏忽，採用明架

天花板易於檢修，設置檢修口及回風口。

　　前台的人事編制，辦公桌椅制式化規格化，以利調配。隔屏與家具統一採購。事務機器位置以流暢方便使用為原則。前台辦公室區域若有足夠空間必需設置一個洗手間廁所，男女分別設置，不一定要緊鄰，為了生活方便而不必離開工作地點太遠，不可使用客人廁所。

三、總機房與訂房組

(一)總機房配置與作業問題

　　電話總機要能略為面對面，互相照應以節省人力。牆面材料防火耐髒要有告示板及Mamo板，腰部以上大玻璃隔間，使室內空間顯得寬敞，木門材質門鎖五金嚴選，以免使用有一點磨擦聲音干擾。

　　總機房規劃有以下設施：

1. 總機交換機及配線架系統。
2. 付費電視系統與電視天線系統。
3. 電腦主機系統。
4. 音視訊廣播系統。

(二)關於總機房空間

1. 確定機器確實所占空間，估計電腦室容納2台中繼台工作。
2. 由於電腦主機必需加設獨立的冷氣機，噪音可能影響中繼台操作。
3. 電梯監看系統及消防受信副機由安全室監看，不必然要接至總機房。
5. 電腦主機及獨立冷氣做簡單隔離，以降低噪音。
7. 電腦室鋪設高架地板，以利線路的安全整合。

(三)關於安全與環境管理

1. 總機房相關作業設備內勤監看。
2. 規劃要考慮空調口及消防之問題。
3. 火災警訊以監控室為主。
4. 機器房之溫度應予以考慮。

5. 電梯意外可從監控室發現。

6. 音量調整在末端處理。

(四)機電與消防安全問題

1. 火警一般均由安全室負責巡視再面報。

2. 電梯監視系統因涉及安全，因此放於安全室內控制。

4. 緊急廣播麥克風一支在安全室，一支在總機室內。

5. 配置夜間切換至主櫃臺，由櫃臺接續夜間總機。

(五)關於總機的人力資源

1. 火警訊號發生時，各有關人員應向總機訊問發生位置。

2. 電梯監看，主要不在監看內部，而在電梯運作不正常時，安撫旅客及必要時聯絡相關人員。

3. 緊急廣播之麥克風置於總機台，以確定正常操作及必要時調整音量。

(六)訂房組

訂房組位於總機房的近鄰，跟總機房可相呼應，是旅館客房接單洽詢的部門，包括連鎖旅館的連繫，客戶不受距離及時間限制可由此查詢各項訂房資料，各種房型的每日房價，進而線上訂房。訂房中心是旅館e化的最佳必備功能，可減少人力聯絡成本，業務開發等優點。

四、廚房區的設備規劃

廚房區設備的設置，有旅館廚房設備顧問公司的規劃，業主專案部及行政主廚的調配，以達實用美觀的品質要求。通常列為兩種類型，爐具及特殊設備採用進口設備，而操作料理烹飪器具與運送工具則採用國產設備。如此可以減低構建成本，以及維護零件的取得容易。茲舉例某旅館員工餐廳備餐間廚房設備表：（如表28）

表28 備餐間設備表

		一、員工餐廳配餐室及洗滌室設備表：	數量	給水				排水	
				C W φ"	C W L/HR	HW φ"	H W L/HR	DRAIN φ	FD φ
1	STF01	單水槽工作台 Work table with single sink	1	15		15		50	50
2	STF02	高儲物櫃 Up-right cabinet	2						
3	STF03	保暖飯車 Rice warmer	1						
4	STF04	保暖湯車 Soup warmer	1						
5	STF05	保熱湯池 Bain marie	1						
6	STF06	保冷盤 Cold pan	1					25	
7	STF07	衛生玻璃罩 Sneeze guard	1						
8	STF08	服務台面 Tray rest	1						
9	STF09	工作台儲物櫃 Work top cabinet	1						
10	STF10	開水機 Water boiler	1	15				25	50
11	STF11	四層鍍鉻金屬貨架 4－tier chrome-plated wire shelving	2						
12	STF12	殘菜處理台 Soiled dish table	1	15		15		50	
13	STF13	掛牆篩架 Wall mounted rack shelf	1						
14	STF14	洗碗機 Dish washer	1	25		25		50	50
15	STF15	工作台 Landing table	1						
16	STF16	掛牆篩架 Wall mounted rack shelf	1						
17	STF17	汙碟台 Soiled dish table	1						
18	STF18	活動垃圾台連蓋 Mobile waste bin with lid	1						
		二、宴會廳備餐室設備表：							
1	SK01	活動式冰箱 Roll-in refrigerator	1						
2	SK02	工作台下置層板 Work table with shelf under	1						

旅館設施更新的理論與實務

一、員工餐廳配餐室及洗滌室設備表：			數量	給水				排水	
				CW φ"	CW L/HR	HW φ"	HW L/HR	DRAIN φ	FD φ
3	SK03	過濾式抽油煙罩Exhaust hood grease filter type	1						
4	SK04	四口爐4-open burner counter range	1						
5	SK05	工作台下置層板Work table with shelf under	1						
6	SK06	明火烤箱Salamander	1						
7	SK07	微波爐Microwave oven	1						
8	SK08	萬能蒸烤箱Combi steamer	1						
9	SK09	萬能蒸烤箱推車GN trolley for combi	1						
10	SK10	自來水過濾篩Water filter	1	15					
11	SK11	製冰機連儲冰槽Ice maker with ice bin	1	15				50	
12	SK12	工作面保暖櫃Hot plate store cabinet	1						
14	SK14	工作台Work table	1						
15	SK15	GN盆車Trolley for GN	1						
16	SK16	工作台冰箱Under counter refrigerator	1						
17	SK17	掛牆櫃Wall mounted cabinet	1						
18	SK18	熱湯槽Bain marie	1			15		25	
19	SK19	單層掛牆層架Wall mounted single shelf	1						
20	SK20	雙連水槽工作台Work table with twin sinks	1	15		15		50	50
22	SK22	工作台下置層板Work table with shelf under	1						
23	SK23	咖啡機Coffee urn	1	15D				25	
24	SK24	單水槽工作台Work table with single sink	1	15		15		50	50

一、員工餐廳配餐室及洗滌室設備表：			數量	給水				排水	
				C W φ"	C W L/HR	HW φ"	H W L/HR	DRAIN φ	FD φ
25	SK24a	碗盤櫃Wall mounted tea cabinet	1						
26	SK25	開水機Water boiler	1	15D				25	
27	SK26	工作面儲物櫃Work top cabinet	1						

五、進貨區與驗收

㈠廚房的分區使用

1. 貨物出入區

貨物泛指食品原料、酒類、飲料、食用器皿，乃至垃圾等廢棄物等。高級旅館裝置卸貨平台或下貨的指定地點，分清汙出口。

廚房食品原料的需求量，據統計每人每餐的食品原料需求量約0.8～1.1kg（未計酒水）。為便於採購驗收、過磅、登記，其辦公室需靠近卸貨平台。平台需設橡膠護墊保護措施，以免貨車停靠時的碰撞。地面應耐磨、易清潔保養，最好還加設排水溝，以免濕貨的水漬積滯地面。

由於箱裝物品：如酒、水之類，貨物出入區應盡量離客房部遠些。同時，旅館每天消耗大量空瓶及垃圾，應在近出口處及時處理。

2. 貨物貯存區

⑴ 旅館廚房貨物貯存量因方便的送貨方式，有的食品已屬半成品、半加工包裝品，也減少了貯存量。在偏遠地區的旅館必需比一般都市旅館大的貯存量。

⑵ 廚房貨物貯存有食品原料、酒水飲料、食用器皿及垃圾等，旅館中各類食品原料與酒水等的貯存空間。

① 食品原料的貯存：食品原料貯存分為一般、冷藏兩種。一般貯存為常溫貯存，各類乾貨等按溫度、存期而分類。

② 酒水飲料的貯存：必需有較大空間，存放依照消費情形而定空間。

③ 食用器皿貯存：旅館餐廳用的餐具大量為瓷器，因易破損，故必需設瓷器庫，高級宴會中使用的成套瓷器、陶器、銀器等要有專用倉庫及銀器室。

④ 垃圾貯存：垃圾分為：乾、濕兩種，廚房大部分為濕垃圾，設15℃冷藏垃圾間。乾垃圾中的空瓶、廢罐等經過分裝、壓縮，以便回收。垃圾打包機做為紙盒紙張之包紮，便於減量以利運送處理。

六、安全監控與安全室

(一)安全室

安全室是旅館預防火災、防範瓦斯中毒的中心，也是防止火災擴大的指揮中心，是火災或地震災害來臨之際的指揮疏散中心。（如圖3-28）

圖3-28　宜蘭某溫泉酒店的安全室，職工上下班打卡必經之處。

防災中心內有各類警報器顯示器，可顯示何層何處發生火災或瓦斯濃度超過正常標準，有緊急廣播呼叫設施，指揮旅客疏散等。

防災中心與消防隊聯絡的專線電話。隨著科技的發展，旅館中的防災中心已與控制中心結合在一起，選用先進的多功能電腦監視、記錄、控制電氣、給排水、空調及電梯設備的進行情況，終端機螢幕巡視各處狀況，如發現不正常，進行溫控。

(二)監控中心（安全室）

監控中心是為安全保險而設置的，主要有多台電視監控器，防盜、防竊的報警器等，有的還設置無線呼叫電話。

閉路電視監視系統：

1. 全大樓於各公共場所餐廳出納、廚房、客房、走廊……車道人員出入口均裝置有閉路監視系統之攝影機。
2. 在安全室或中央控制室設有中央監視主機，可利用監視電視機觀看所有之攝影鏡頭，並可當重要時錄影追查。
3. 此閉路監視系統不僅可供防盜、管理並可作火災之監視用。

七、洗衣房與制服室

(一)後勤設施——洗衣房的設置

有設洗衣房：延長布件使用率，減少備品與備件數量，節省運輸車輛與布件清點及管理人員，但是噪音大、有氣味，防災及排放水的問題。

無設洗衣房：需每日送洗或洗衣工場集中洗滌，減少設備空間，卻需增加備品、備件數量和清點布件人員，且洗滌的布件較易損壞。

據資料統計：1000間客房的旅館，自設洗衣房比委託洗衣工場洗，可降低成本15%左右。

(二)洗衣設備的選擇

旅館洗衣設備按洗滌量、洗滌物品的種類、質地、表面處理程度、工作時間及人員多少等因素綜合選擇。選擇時應注意洗滌、脫水、乾燥機器的平衡，只有相應配套，才有效率。旅館衣物可分為布件與合成纖維兩大類，布件一般濕洗，合成纖維和羊毛製品等以乾洗為主。

1. 濕洗主要設備

(1) 洗衣機：洗衣機的功能已經是洗滌與脫水功能合而爲一，並且自動化，洗衣機裝機容量規格繁多，可從20kg到150kg，一次洗衣時間爲40～50分鐘，加裝、卸時間，可將每次容量視爲每小時容量。

確定洗衣量後，應選擇兩台以上洗衣機滿足洗衣需要量，多台配置，使用靈活。洗衣量減少時，可部分分開，旅館高峰可增加洗衣時間。布置洗衣機與洗衣脫水機對周圍尺寸的要求。

(2) 脫水機：脫水機把洗衣機洗過的衣物中10%的含水分離，脫水轉速越大，脫水效率越高。以前脫水機轉速常達500轉／分，現已發展到800、1000轉／分。脫水機一次脫水的時間爲10～15分鐘，因此一台脫水機可完成三台同樣容積的洗衣機的衣物。脫水機規格很多，從5.2kg到200kg不等。

(3) 乾燥機、烘乾機：濕洗衣物中，毛巾類、內衣褲類勿需壓熨、只要求乾燥即可，被單、床單、桌布之類布件則需在半乾燥狀態下取出，即進行壓熨。烘乾機使用5～10分鐘後，衣物呈半乾燥狀態，30～40分鐘後可達完全乾燥。

(4) 平熨機：旅館中大量被單、床單採用平熨機壓熨。小型平熨機滾筒長度0.9～1.6m；大型平熨機的滾筒長度可達2.6.、3.0、3.3.、3.5m多種。平熨機深度與滾筒數有關，一般1～4個滾筒。半乾性布件在平熨過程中乾燥、熨平，平熨機速度每小時660～900m。平熨機是洗衣房中最大設備，對周圍尺寸也有一定要求。

(5) 折疊機：折疊機是與平熨機相連的工作程序，專門折疊床單、被單，其運轉速度、大小規格應與平熨機配套，一般直折2次、橫折三次，折疊速度一般爲65m/s（即3900m/h），先進的折疊機由電腦控制。

2.乾洗主要設備

(1) 乾洗機

不同型號的乾洗機容量不同，應按旅館所需乾洗量選擇，一般為25～35分鐘可完成一次洗滌任務，其中乾洗5分鐘，脫水5分鐘，乾燥15～20分鐘。先進的乾洗機已實現電腦全自動控制。

(2) 熨燙機

熨燙設備種類繁多，有衣服各部位專用型，如人像熨燙機、褲頭壓燙機、袖管壓燙機等。也有多用型的、多用壓燙機等。熨一件衣服約1～1.5分鐘，人像熨燙機每小時約可熨15～20kg。人工1小時可熨10件襯衫；10～13件白桌布；7～10件床罩、被單；40個被套；15～20圍裙；30～35頂帽子。

(三)洗衣房設計要點

1.洗衣房的平面布置應依照工作流程，分設工作人員出入口、汙衣入口及清衣出口。並應避免噪音對客房的干擾。

2.洗衣房要求淨高 > 3.7m。地面為不浸透材，排水通暢，通風良好，防滑。

3.使用50T以上的水時，需設汙水處理。

4.洗衣房內應光線明亮。空調系統單獨設置，一般要求按進新鮮風，每小時換氣次數為20次，在散熱多的設備上加排氣罩，烘乾機、乾洗機、壓熨機等均需管道排除廢氣。室內組織排氣，防止氣味、蒸氣外竄。（圖如3-29）

圖3-29　洗衣工廠的設備。若旅館內無設洗衣房設備，必須外包給大型洗衣工廠洗滌。

5. 洗衣房所需蒸氣壓力一般為2～4×105Pa。

6. 壓縮空氣壓力要求為5～7×105Pa。

㈣制服室

　　制服室是作為職工上工下工必經之處所，舉凡更換制服及脫下制服，必需經由制服室的集散，送往洗衣房。制服室作為洗衣房成果的展示，而洗衣房完成的乾淨制服衣物也必需於此處讓新的更換。制服室的位置必需緊靠近員工更衣室，便於衣物的運送。制服室的功能還有幫旅客做小修改以及紐扣縫合、衣物之檢修。制服室的分區使用必需有布草間、轉輪吊衣架、儲衣櫃不必有門。要有一個領衣櫃臺，櫃臺必需有單獨的門，以管制服務時間。（如圖3-30）

圖3-30　制服室是旅館員工每天來回之地方，上工時領取制服，下工時交回制服清洗。

八、員工盥洗室與更衣室

　　員工更衣室必需男女分開，出入門分開，分區規劃，分為更衣區、盥洗區、化妝區。出入門必需雙重出入門，以利視線的直入，以防開門時的走光。必需有吹風機、化妝台照明設備、自動擦鞋機，及長板凳以利穿鞋及更衣，還必需有大片儀容鏡，還需要一處大桶，以收集換下來的衣物。盥洗區需要分開隔間的淋浴設施，簾幕及置衣架、吊衣掛鉤、置肥皂罐小平台。

　　員工更衣櫃：（如表29～30）

　　1. 材質：塑料金屬製品、鋼質更衣櫃。

表29　更衣櫃統計表

	型式	規格	數量	單位	人／座	人數
女更衣櫃	CD-A620 六門更衣櫃	W900mm×D500mm ×H1800mm	35	座	6人座	210
男更衣櫃	CD-A620 六門更衣櫃	W900mm×D500mm ×H1800mm	25	座	6人座	150

表30　更衣室面積表

	更衣櫃區	淋浴區	廁所區	合計	淋浴間
男職工更衣室	46.75M^2	15M^2	20.8M^2	82.55M^2	6間
女職工更衣室	64.96M^2	15.12M^2	16.12M^2	93.2M^2	6間

　　2.形式：依照型錄式樣，每座寬90公分，深50公分，高180公分，分為上下兩層各3門，可供6人使用。

　　3.鎖匙系統：不鏽鋼平鎖頭，男女分開，要有管理員鑰匙。

　　4.送貨地點：酒店後勤區職工更衣室歸定位。

　　5.檢討：合計更衣櫃數量＝360人份

　　男女職工比例　150人：210人＝42%：58%＝約4：6

㈠員工更衣室：

　　1.每位員工的更衣櫃尺寸是：寬×深×高＝30×50×90cm

　　2.更衣室的面積指標是：約0.7平方公尺／每位職工。

　　3.更衣室的浴室、盥洗室、廁所面積約為更衣室面積的20～30%

㈡美國某著名旅館集團對旅館員工更衣盥洗用房的要求是：

　　1.按每間客房0.6平方公尺計算，其中男女各占50%。

　　2.更衣與盥洗間廁所之比例，一般以65%：35%估算。

九、員工餐廳

㈠員工餐廳的面積

$$員工餐廳面積（平方公尺）＝\frac{0.9M^2／餐座×員工總人數×70\%}{周轉率（次）}$$

周轉率為：3　　每座次單位指標是：0.9平方公尺

實例：

面積檢討：用餐區 = 104.4M^2　　配餐區 = 14.4M^2

洗滌區 = 11.7M^2　　合計 = 130.5M^2

配置桌位人數：120cm×70cm餐桌　22張×4位/張 = 88位

70cm×70cm餐桌－2張×2位／張 = 4位　　合計 = 92位

使用檢討：員工數量350人×1/3×0.9M／人 = 105M^2 < 130.5M^2

說明：員工用餐時間，依照部門分3個時段用餐，每座位周轉率是3，單位面積功能應是以1當3，因此以1/3計算。

(二)員工餐廳廚房更新實例

工程名稱：員工餐廳更新裝修工程

工程地點：晶華酒店4FL

更新項目：增添及改善餐台工作台設備

更新理由：營運設備設施劣化與設施升級改善

臺北晶華酒店是在1990年興建完成，其內部的各項設備設施會隨著時間的增加及使用的損耗而產生故障老化等劣化現象，不僅使維護費用大增，並降低服務品質。將既有設施予以更新，以符合安全性、經濟性、實用性之服務需求。

更新修改的設備工程是由使用單位，人力資源部員工餐廳主廚提出使用改善事項，經現場實地檢視更新單項，參酌廚房顧問的評估，經核准更新升級之後，由專案部提出採購發包申請。

員工餐廳廚房設備更新改善施工說明：

1. 活動碗盤架A

1-1　台面使用1.5mmSUS304不鏽鋼板，下加U型補強板（SUS316更佳）。

1-2　層板使用1.2mmSUS304不鏽鋼板，下加U型補強板。

旅館設施更新的理論與實務

1-3　腳架使用1.5吋不鏽鋼管。

1-4　車輪使用4吋活動車輪，其中2輪附煞車。

2. 活動碗盤架B

2-1　台面使用1.5mmSUS304不鏽鋼板，下加U型補強板。

2-2　層板使用1.2mmSUS304不鏽鋼板，下加U型補強板。

2-3　腳架使用1.5吋不鏽鋼管。

3. 活動碗盤架C

3-1　層板使用1.2mmSUS304不鏽鋼板，下加U型補強板。

3-2　腳架使用1.5吋不鏽鋼管

3-3　車輪使用4吋活動車輪，其中二輪附煞車。

4. 水槽工作台

4-1　台面及槽體均使用1.5mmSUS304不鏽鋼板，水槽附落水頭、止水塞頭、溢水頭及溢水管。

4-2　層板及底板均使用1.2mmSUS304不鏽鋼板，下加U型補強板。

4-3　圍板及拉門均使用1.0mmSUS304不鏽鋼板，拉門附高級拉把手。

4-4　腳架使用高低調整櫃腳4支。

5. 切水果台

5-1　台面使用1.5mmSUS304不鏽鋼板，下加U型補強板，上覆4cm大理石。

5-2　層板使用1.2mmSUS304不鏽鋼板，下加U型補強板。

5-3　腳架使用1.5吋不鏽鋼管。

5-4　車輪使用4吋活動車輪，其中二輪附煞車。

6. 湯鍋車架

6-1　台面層板使用1.5mmSUS304不鏽鋼板，下加U型補強板。

6-2　下層板使用1.5吋不鏽鋼方管，@1.5吋間隔格架。

6-3　腳架及推把框架使用1.5吋不鏽鋼方管

6-4 車輪使用4吋活動車輪，其中二輪附煞車。

6-5 湯鍋使用1.5mmSUS304不銹鋼板，加緣邊，方形湯桶，加環
把二只。

其他需要改善事項

1. 交通運輸無法準時配合。

2. 無擦手紙。

3. 開水機下方有磁磚脫落及無電線板覆蓋。

4. 殘渣台面孔太小。

5. 地面及壁角仍有裂縫和灰塵。

6. 洗滌區窗台內外高低不平。

7. 洗滌區工作台水槽位置應往後移，符合流程。

8. 筐籃架太小無法放置。

9. 餐桌椅不平及台面損壞。

10. 天花板覆蓋不完全。

11. 洗滌區加裝花灑水龍頭。

12. 用餐刷卡機沒有連線。

13. 員工餐廳無電話分機。

房務部（客房管理部）

客房管理部又稱管家（Housekeeping），在國際觀光旅館中，是
客房與公共部分的管理部門，負責保持客房與公共部分的整潔、布件
更換、日用耗品的補充、旅客失物保管、旅客洗滌物的管理等。

中國大陸的一般旅館，由管理部負責客房的經營管理。近年來，
由國外管理的酒店也設房務部。客房設備故障時，由客房管理部通知
工程部對設備進行搶修或維護。

附表實例：後勤辦公區空間規劃面積（如表31）

表31 富春山居度假酒店後勤支援單位空間規劃面積表（為教學略有修改）

樓層	部門／設施	面積（M²）（坪）	備註（人數或設備）
Lobby Floor	Executive office		
	Boss office (BHO)		
B319	GM office	21M² / 6.35坪	總經理1
B317	Makte sales	37.3M² / 11.3坪	祕書1、業務6
B318	Metting room	16M² / 4.84坪	
B321	Frunt office	24M² / 7.26坪	接待及櫃臺6
B323	保管箱室	7.68M² / 2.32坪	（由FO支配）
Pool Floor.	後勤支援單位空間：		
	Staff Entry area 職工出入口區		
B214	Staff Entry	32.5M² / 9.83坪	
B214	Safety stand	（含於出入區）	保安1
B222	H.R.	18.3M² / 5.6坪	經理1、面談室1、人事2
B214-1	保防消防器材間	3M² / 0.9坪	
	房務部（Houskeping）		
B212	Houskeping office	30.1M² / 9.1坪	含經理室、值勤聯絡中心
B221	制服室	70.8M² / 21.4坪	
B221	備品室	10.3M² / 3.1坪	
B226	男更衣室	82.6M² / 25坪	
B227	更衣室男廁所		更衣櫃360、淋浴間14
B228	更衣室男淋浴間		化妝台、洗面盆、馬桶7
B223	女更衣室	65.6M² / 19.9坪	
B224	女更衣室廁所		
B225	女更衣室淋浴間		

樓層	部門／設施	面積（M²）（坪）	備註（人數或設備）
B211	備品區	19.2M² / 5.8坪	儲備架、推車
B211	備品室	6.08M² / 1.84坪	
2FL電訊區			
B231	資訊IT管理間	32.4M² / 9.8坪	

樓層	部門／設施	面積（M²）（坪）	備註（人數或設備）
2FL職工餐廳			
B230	員工餐廳（用餐區）	104.4M² / 31.6坪	座位92
B230-2	洗滌間	11.9M² / 3.6坪	含洗碗盤機
B230-1	配餐間	14.4M² / 4.36坪	含配餐台
2FL行政辦公			
	財務主管室（BHO）		
	財務部（BHO）		
B235	電話中心室	15.05M² / 4.55坪	
B234	住店經理室	12.9M² / 3.9坪	住店經理1
B233	Rooms辦公室	34M² / 10.3坪	Rooms職員6
B238	郵電室（影印傳真室）	5.4M² / 1.63坪	郵務1
	保健室（BHO）	M² / 坪	特約醫師1、專任護士1
B236	會議室	24M² / 7.26坪	訓練室可多功能使用
B240	訓練督導室	11.55M² / 3.5坪	
B245	男廁所	15.84M² / 4.8坪	
B244	女廁所	17.1M² / 5.17坪	
B243	花房	11.2M² / 3.27坪	
2FLMain Kitchen			

樓層	部門／設施	面積（M²）（坪）	備註（人數或設備）
B250	主廚房區	282.4M² / 85.43坪	
B247	宴會辦公室	20.9M² / 6.32坪	
B263	中西主廚室	11.2M² / 3.4坪	
2FL. Engernery	工程部（BHO）		
	工程備品室（BHO）		
	Chief Engernery（BHO）		
	維修庫房（BHO）		
	工程部值班室（設於酒店停車場區下層）		

後勤地區建築裝修粉刷表（如表32）

表32　後勤裝修材料分類說明：

裝修材料	分類編號
天花板Celing	明架礦纖天花、水泥粉刷、RC頂版油漆、石膏板天花、一般油漆、ICI乳膠漆、防火板明架天花、防塵天花板。
地坪 Floor	30×30磨石子磚、30×30磁化地磚、水泥粉刷、方塊地毯、止滑磚、金鋼砂地磚、地坪防水。
牆面 Wall	砌磚、輕隔間、水泥粉刷、20×20磁磚、一般油漆、ICI乳膠漆、水泥漆。
踢腳板Bass	油漆踢腳板、防撞護板、防撞護角、塑膠踢腳板、石材、磁磚踢腳。

第二章　採購發包策略

前言

　　本書所謂「採購發包」，是將旅館所需而本身沒有生產或施作的物品以及工作，以合約方式委由外人提供或製作。在管理實務方面，旅館設施更新的外包商是一種有形的服務產業，服務內容可以被量化，其價值可以被計量。

　　企業外包主要的目的在於：外包是一種策略性的應用。企業任何一項產品外包都有其原因，例如企業不能採自完全內部生產時，外包比較廉價。採取外包，外包的品質良好，企業在資金的投入方面無須承擔資金及管理。

　　外包商的品質水準參差不齊，缺乏創意，局限於單項專業而缺乏旅館經營知識。因而，業主本身專案管理的統籌調合是成功關鍵的核心要素。業者不需承擔施工者經常性的人力費用，以及施工機械工具的承購保養和專門技術的養成。本書可以協助旅館業者，透過以上的研究，進一步思考如何充分運用外包商的功能，增益外包商的利用價值。[1]

　　本章分為四個小節，一、擬定工程分包項目與內容，二、採購發包流程，三、擬定招標文件，四、施工說明以及實例：渡假酒店裝修工程投標須知，實例：酒店主大廳裝修工程一般規定。

　　更新的意義可以解釋為：是修繕旅館的成功。這個工程，也許被歸類作為戰略操作、功能需要、動機趣旨，由「更新」這個過程來達成。旅館更新根本就是旅館一項經營管理的操作。

Chipkin, H. (1997). Renovation rush.
Hotel and Motel Management, 212(2), 25-8

---

[1] 參閱拙作〈旅館建築更新管理之研究──從外包商觀點〉，《理論編》。

概　要

1. 工程分包項目與內容
2. 採購發包流程
3. 招標文件

4. 工程契約管理
5. 施工說明

實例：

富春山居度假酒店新建工程投標須知

實例：

酒店主大廳裝修工程一般規定

學習意涵

1. 擬定工程分包項目與內容
2. 發包程序
3. 擬定招標文件

工程招標業務

預審制度

工程協調會

4. 闡述工程契約管理

(1)設計契約

(2)設計契約的類型

(3)工程契約結構、內容要項

(4)工程承攬契約種類

(5)工程合約文件

工程合約、保證書、保固切結書、預定進度表、估價單及單價分析表、工程材料及人工數量表、施工說明書及設計圖以及施工計畫書。

5. 工程合約資料：

工程名稱、工程地點、合約總價、工程期限、合約範圍、圖說規定、合約保證之外還涵蓋很多工程執行、保固、罰則有關的事項，如：甲

乙雙方指派監工職員、材料檢查、工程變更、工程終止、工期延長、工料價格變動之調整、天然災害、驗收及接管、付款辦法、逾期責任保險以及施工安全與配合。

6. 承包商資格預審

7. 施工說明書內容
　施工說明書效力範圍

一、擬定工程分包項目與內容

確定工程分包項目與內容
施工分包計畫與管理

(一)擬定分包計畫與分包策略

1. 將館內裝修工程分為前場區與後場區。

2. 前場分包。（對外營業的區域）

3. 後場分包。（員工使用的區域）

4. 專業分包（特殊工程及設備，單獨採購發包。）

5. 重要及量大的建材單獨採購。

(二)研擬施工計畫

1. 彙整建築裝修工程的總項目。

2. 圖面整合清圖，檢討施工可行性。

3. 分類分項，製作各項設備總表，利於統計及管理。

4. 製作建設工程「總進度檢查表」。

(三)品質管理

1. 擬定完備的施工說明書及材料說明書。

2. 施工界面的說明。

(四)成本管理

1. 執行預算編製。

2. 發包採購、預算與合約執行。

3. 物料管理、決算。

二、採購發包流程

(一)請購、採購、驗收的作業流程（如圖3-31）

表3-31　流程圖

(二)發包程序

　　旅館更新工程經業主（或受託之設計單位）設計，並完成預算作業後，隨即發布招標公告，進行遴選承造廠商之發包作業。

　　一般工程之發包程序可簡略為：

1. 施工圖說檢閱
2. 工程數量計算及市價查詢，編列發包預算
3. 決定發包底價
4. 招標公告
5. 廠商資格審查
6. 開標
7. 決標
8. 簽定合約

三、招標文件

　　一般觀光旅館的更新裝修工程，往往都有固定的施工班底，也許有

好幾個班底，施工品質及資格確有明顯差異，爲要呈現前場或後場的裝修更新改裝，當然選擇適合的承包商去施工，這是必然的。但是在形式上是必需要有比較價錢，依照價值工程去比較各廠商開出的單項價格的合理性。

(一)工程招標業務

1. 工程招標通知方式

　(1) 公開招標：報紙刊載、機關門首公告、政府採購公告、上網公告。

　(2) 比價：由業主指定3家以上信譽優良廠商，進行工程內容比較。

　(3) 議價：由業主指定營利事業廠商業者來商議建造工程費用。

2. 工程招標程序及招標文件

　(1) 招標程序：籌畫及招標須知，招標比價議價，底價開標決，定約保證金，驗收付款。

　(2) 招標文件：準備之文件內容含決標方式及空白標單、標封、投標須知、繳納押標金通知單、設計圖說、施工說明書、特殊條款、附加條款。

3. 發包要件

　(1) 工程發包作業需要注意控制作業時間，及考慮相關工程間施工的配合，標單之項目、次序及單位也應一致，需統一標單，以便在同一標準下比較價款。

　(2) 合約內容應包括合約總價、完工日期、使用機具、工程進度時限、付款方式、工程責任、施工計畫、驗收細則及意外處理等項目。

　(3) 投標須知內容一般包括投標文件之說明、工地勘察、投標文件之提送規定、投標文件之簽署及效期、押標金、無效標單之說明、開標程序、工程實績、簽約規定等。

　(4) 廠商一般應具備以下資格及證件：

　　① 室內裝修工程業登記證。

② 經濟部所頒公司執照。

③ 本年度公會會員證（指的是營造公會）。

④ 營利事業登記證。

⑤ 最近一期營業或營利事業所得之繳款收據。

⑥ 最近一年內無退票紀錄之金融機構證明文件。

4. 招標文件及須知

(1) 工程單位在辦理招標的作業需準備下列文件：

① 工程圖說。

② 契約樣稿。

③ 空白標單。

④ 空白切結書。

⑤ 投標須知。

⑥ 其他規定文件：工程圖說包括工程之位置、設計圖、施工說明書、材料規範等。

(2) 招標須知除了說明對於文件之處理外，對於押標金、開標程序等都會有詳細的解說。押標金之使用在於保障業主，押標金一般為工程款的5%～15%。

5. 招標公告

招標公告方式有兩種方式

(1) 公開通告。

(2) 個別通告。

工程招標公告內容應包括：

(1) 工程名稱。

(2) 承包商等級要求。

(3) 領取圖說日期、地點、方法和押圖費。

(4) 押標金。

(5) 開標時間及地點。

(6) 有關注意事項。

6. 招標相關法規

公共工程招標方式與過程均需符合：

(1) 《政府採購法》、《營造業法》、《審計法》、《審計法施行細則》、《機關營繕工程及購置定製變賣財物稽察條例》及各機關營繕工程招標辦法的規定。

(2) 《政府採購法》簡介（87年5月27日公布隔年實施）（略）。

(3) 《營造業採購法》（92年1月13日立法院三讀通過）（略）。

7. 投標原則

(1) 室內裝修工程廠商為取得工程的承攬權，就必需按規定參加投標，並於得標後依規定簽定工程契約。工程投標可行性評估之目的，是用以判斷該招標工程之風險程度及判斷參與該招標工程投標之可能得標率。有時經過評估後之結果雖不利於投標，但是為了業績之成長或可轉移新工法新技術，並獲得實際經驗者，仍可考慮參與投標。

(2) 室內裝修工程廠商在投標前評估參加競標的一些重要項目：

① 針對工程業主、設計者及工程費用來源之評估。

② 市場經濟景氣，本身實力及競爭對手之評估。

③ 工程類別及圖說文件內容之評估。

8. 投標前準備之工作

(1) 室外工作：土地勘察。

(2) 室內工作：投標須知研究、合約草稿研究、施工說明書研究、工程設計圖及標單研究，以及地質資料研究。

9. 投標成本因素之考慮

(1) 直接成本與建造地點之相關性。

(2) 分包商之費用和報酬。

(3) 間接工作成本。

(4) 物價指數調整。

(二)最有利標

1. 法源

依據《採購法》第56條第四項之規定，機關辦理採購，採最有利標決標，應於招標前確認其標的屬異質之工程、財務或勞務，不宜以本法最低標辦理者爲適用。所謂異質之工程、財務或勞務，是由不同廠商履約結果於技術、品質、功能、效益或商業條款之履行等有差異者。

2. 決標機制

其最有利標一般分爲四種決標機制

(1) 序位法。

(2) 總評分法。

(3) 評分單價法。

(4) 其他由中央或地方主管機關所認定之方法。

3. 考慮項目

(1) 環保。

(2) 安全。

(3) 方法。

(4) 成本。

(5) 工期。

實例：

某渡假酒店裝修工程投標須知（文稿）

一、工程名稱：**3FL主大廳及公共區域裝修工程**。

二、工程地點：**3FL廊道、男女廁所及電梯廳、樓梯與樓梯廳，即從15軸～18軸及G軸——N軸的範圍，詳圖說**。

三、工程範圍：**本項工程係屬新裝修。包括建築泥作工程、裝修工程、石材工程、木作工程、其他裝飾和空調水電消防等機電工程、燈光設施工程**。

四、投標廠商資格：本項投標作業採取邀標制，由本館採購發包處依以往與本公司之配合度擇邀殷實廠商參與投標。施工廠商必需具備「專業施工技術人員之營造業或室內裝修業」，而有登記證之公司及有登記證之專業施工人員，以承擔竣工查驗之行政程式，以便協力建築師申辯《裝修合格證明》。列舉：室內裝修業 —— 內營室業字第40E＊＊＊＊號，專業施工人員 —— 內營室技字第40E＊＊＊＊號。本項裝修工程依據營建署頒布的最新版本《建築物室內裝修管理辦法施行》。

五、領取圖說：本項工程圖說及材料樣品色樣板，暫存置發包處，供承商領圖時依據材料編號對照表詳實觀察。

六、工程說明：本工程將於　　月　　日上午　　時　　分於4FL. R3會議室，亦即將施工之現場，舉行發包說明會。投標廠商應於投標前審慎研閱全部發包圖說檔，並自行至將施工之範圍，詳為勘查，俾以明瞭本工程一切有關條件及其他有關事項。施工期間之一切用水、電皆由甲方供給，但乙方必需妥為銜接使用，並按照工程部之有關用水、用電、動火須知辦理。如有疑問或圖說不明瞭事項，請洽本酒店工程部或執行專案部，由該部向各投標承商答覆。

七、施工計畫書：

(一) 得標廠商應製作施工計畫書，送甲方核定後作為合約附件。

(二) 施工計畫書之內容應包括：

1. 施工進度計畫表、擬定施工順序、預定進程及預留實際進度欄，以利每週比較進度。

2. 拆除及運棄計畫。

3. 工中臨時措施。

4. 施工人員動線計畫。

5. 安全衛生及防災計畫（周邊不施工地區之維護、噪音、振動、粉塵等公害防止以及防水防觸電、地震、火災等災難之應變對

策）。

　　6. 環境保護計畫。

　　7. 可能參與之協力廠商。

　　8. 其他應辦事項。

八、投標：

㈠ 參加投標廠商應填寫本公司發給的制式標單，並加蓋該公司大小章，並以封套送交採購發包處承辦人收。

㈡ 參加投標廠商應以原子筆或鋼筆，按表逐條填寫清楚。

㈢ 參加領標廠商若有不擬投標，應於投標日前三天通知本公司，並退還圖說檔，否則禁止參加本公司爾後任何投標作業。

九、決標：

㈠ 廠商繳標後，本公司承辦人得各別開啟標單，審查無誤後，得各別徵詢議價，由承辦人依據採購發包程式，簽請核決。

㈡ 業主就投標人之標單審議外，得參考其工程業績、財務狀況、單位部門的評價，進行審議簽核，選擇較優者承攬本工程，並非以最低價得標，其決定方式業主有絕對自主權，各廠商不得異議。

十、訂約：

㈠ 得標人應於收到得標通知後，三日內來採購發包處洽妥工程合約事宜，合約工本費由得標廠商支付。

㈡ 簽定合約之契約單價，應按決標總價之議價比例調整之。

㈢ 未經業主同意而逾期不辦理簽約者，視為拋棄得標，且禁止參加以後業主任何工程之投標。

㈣ 得標人應於規定時間內，備妥履約保證與手續，並覓妥殷實相關行業之鋪保，攜印章至主辦單位簽定。

土、施工期限：

㈠ 預定工期　　月　　日至　　月　　日，共計　　天（日曆天）。

㈡ 每日施工時段，得由工程部與事業單位依例協商規定之。

十一、付款辦法：

㈠ 每半月計價一次，按實做完成評估金額百分之九十給付，餘百分之十為保留款。（本條文由採購部視情況商定）

㈡ 前項付款均以三十天期票支付，以乙方為抬頭人，加注禁止背書轉讓及特別平行線。（本條文由採購部視情況商定）

㈢ 保留款之支付，俟工程全部完工，經業主事業單位正式驗收合格，乙方辦妥工程保固保證手續，由甲方相關部門會同查驗後，一次發還保留款。（本條文由採購部視情況商定）

十二、逾期罰款：在各階段如乙方因素未能如期完工時，每逾一日罰款承包總金額千分之一、罰款逾期達十五天則視同違約，承包商應放棄承攬權，由業主另覓承商繼續施工，如有損害並應賠償業主。

十三、工地負責人：承包廠商應派遣有經驗的專業施工人員，經業主認可者，常駐工地督導指揮施工。

十四、工程變更或中止：工程施工期間，業主有隨時變更設計及中止之權，乙方需絕對遵照辦理，工程追加減帳按合約單價折算，新增項目單價雙方再行議定。

十五、自備材料：

㈠ 本工程圖說或標單所訂材料色樣型錄廠牌，除業主同意之外，承攬廠商不得再提出同等品。

㈡ 本工程所用材料，均為耐燃一級以上。地毯布品必需有防焰標誌。主要建材需提出防火建材之證明文件，以供竣工查驗之需。

㈢ 工程驗收時若發現使用之材料與規定不符，均應以拆除抽換為原則，若確有困難，必需以扣款方式處理者，應按合約該項單價三倍扣減之。

十六、施工大樣圖：

㈠ 承攬廠商應繪製施工大樣圖，也就是工地施工圖（Shop Drawin），依照設計圖說，轉繪施工圖，套繪定料施工時所預期會遇到的細

節部分。

㈡ 預留管線都要繪製裝修施工大樣圖。

㈢ 以上廠商施工大樣圖，不另列收費項目，含於各項單價之中。

六、履約保證：

㈠ 乙方應於訂約時，提供相當於承攬金額不低於百分之五履約保證金，乙方得以現款或定期存款單或金融機構出具保證書，受益人指定為甲方。

㈡ 如甲方認定乙方有違約情事，甲方得依照保證條款，而進行動用履約保證金，乙方不得異議。

九、工程保固：

㈠ 本工程自全部竣工經甲方正式驗收合格日起，由乙方保固一年，乙方需提出合約總價百分之三為工程保固票款，於保固期滿後，甲方無息退還工程保固票款。

㈡ 在保固期限內，倘若工程產生瑕疵，經查明系由施工不良、材料不佳或乙方過失所致者，在文到10日內應由乙方無條件修復，否則甲方另行招商修繕，其所需費用甲方得不經任何法律訴訟程式，進行提示作為支付，乙方不得異議。

㈢ 保固期滿且在保固期間，皆依規定修理缺陷完成時，甲方發還乙方之保固保證金，並解除乙方辦理本工程之全部責任。

十、工程保險：乙方應參加保險有關事宜，在工程進行中，如有工人因工作而致受傷或死亡時，應由乙方負責處理。乙方應提交工作人員意外保險單，經甲方認可後始得請款。

二、局部完工之使用：本旅館工程，為訓練營運，甲方有權徵收使用已完成的局部地區，施工方（乙方）應予配合。

三、附則：

㈠ 本工程所需人工、材料、施工機具，統由承包人負責供給。

㈡ 承包商配合工程需要，如需趕工、夜間施工，廠商不得要求加價。

實例：

酒店主大廳裝修工程　　一般規定

一、一般共同事項

㈠ 施工範圍：本工程施工範圍是3樓A區酒店大廳（含主玄關、接待大廳、櫃臺區）。

㈡ 範圍軸線：15 ～ 17.5 × G ～ N，共計372.6M^{2}約112.7坪。

㈢ 設計疑義：本工程設計圖說的疑義，於工程承包合約之後，以本公司發包時的解釋及施工協調會時的解釋為主，於該項合約金額之內完成。設計圖說的完成品需符合設計師的設計效果及品質。

㈣ 優先順位：本工程的設計圖說的優先順位，於工程進行中是：

　　1. 專案部的解答圖示。

　　2. 各設計圖。

　　3. 工程施工說明事項。

　　4. 廠商的施工圖（Shop Drawing）（經過專案部確認過的）。

㈤ 材料品質：本工程的材料品質必需符合《旅館建築設計規範》，及其規定的防火建材、強化、安全材質。（具證明書）

㈥ 提出圖書（如表33）

表33　本工程承商必需提出之圖書文件

項目	內容	提出時間	執行單位
1	工程合約書	簽約時	專案部
2	施工進度表	開工前	專案部工程部
3	現場代表人	開工前	繳交工程部
4	協力廠商名單	開工前	繳交工程部
5	補充施工圖	開工前	專案部確認
6	工程連繫單	施工中	專案部工程部
7	裝修材料防火證明	竣工時	繳工程部存查
8	工程竣工圖	竣工時	繳工程部存查

項目	內容	提出時間	執行單位
9	工程竣工相片	竣工時	繳工程部存查
10	工程保固書	竣工後	繳工程部存查

二、工程協調會

㈠ 本工程施工進行期間，定期舉行工程協調會，以利按圖、按進度施工之進行。

㈡ 本工程施工進行期間，每日定時舉行工程研討會，以利各項事務的進行。

㈢ 本工程施工進行期間，每日於工程結束前清理工區裝修餘物、廢棄物，整理材料機具，以利安全與衛生及利隔日工作的順利方便。

㈣ 既有部分的取合，本工程未施工的局部應加以妥為保護，勿使破壞損傷。

㈤ 尺寸的依據

　1. 本工程設計圖說的標示尺寸及標單的尺寸，均為計算之用。

　2. 承商施工製作時，仍應實際丈量繪成大樣，經確認後始得施作。

㈥ 裝修五金特別說明　地鉸鏈用　　牌，含玻璃夾具。

㈦ 五金配件以日製品或歐美為主，如：合葉、抽屜五金、把手、滑軌……。

㈧ 門扇全部裝「系統鎖」（業主提供鎖件，承商安裝）。

㈨ 裝修材料表：本項工程裝修材料，詳附FINISH SCHEDULE粉刷表。

三、依標單項目說明（最好每項都加說明）：

　　假設工程說明：

㈠ 臨時隔間：（因地制宜）。

㈡ 標誌看板：（安全衛生規定、警示或其他美化）。

㈢ 工程用水電力：本工程用電用水，均由旅館業主無價提供，施作廠商妥為接送安全使用。（依以往慣例，是否業主無價提供？）

（四）障礙物的處理：本工程施工前，所有與施工無關的全部要排除。

（五）設計高程：建築高程3FL.=⊕ +34.8M

　　　　　　　裝修高度約⊕34.8MH ～ 約⊕39.5M之間。

（六）放樣及打樣板：隔間位置及水平高程的放樣，及壁飾的位置式樣、各項裝飾物均要事先打樣確認。現場樣本的製作規定。

（七）施工搭架：施工中搭設工作架，必需依照勞工安全規定，達到安全標準。

（八）廢氣排除：施工中產生之廢氣防塵埃必需妥為排放，不得影響其他地區之正常營業。

四、施工說明

施工說明書

（一）施工說明總則：內容規定之細則皆可能為工程的一部分，與契約同具約束力。

（二）材料規格：規定各項材料的品質、性質、尺寸等，以符合原設計的要求。

（三）各類工程說明：內容之排列次序是依照施工順序來決定，而且依作業種類分門別類。施工說明書種類：

　1. 指定功能施工說明書（功能說明書）：

　　乃是指定所應具備之效果或功能，而非產品本身。說明書中是說明業主對該項產品所要求達到的結果，而不說明利用什麼方法及程序達到此功能或效果。

　　其優點在於可任由承包廠商依據其經驗及技術，選擇適當的材料、設備、製造方法及過程，缺點是需由指定的檢驗及測試，才能確定產品是否合乎要求。

　2. 作業處理方式施工說明書

　　是將許多無法在現場測試成品的工作，加以說明其施工方式與

工業標準，以釐清設計者與施工者之間的權責。

3. 敘述性施工說明書

敘述性施工說明書對於材料的種類、大小、尺寸、物理性質及產生的效果都加以詳細敘述，然而卻不說明詳細的施工及製造方法，只強調所要求的品質與規格，而這些需要經過監工人員確認即可。

第三章 承包商徵選與資格審查

前言

本章將闡述：業主與承包商的關係、總承包商、專業分包、協力分包，工程部提出之發包方式問題是為將來申請使用執照之計畫，裝修發包投標之形式，依當地法令規範，法務建議是採用總承包與分包的方式。但是業主必需分包才能減低成本。此問題業主將與採購部、專案部、法務室等單位協商研究出可行適法的方案。

本章闡述承包商徵選與資格審查，分為六個項目：資格審查，總承包商，專業分包，協力分包，施工契約管理，施工承包模式。

> 旅館更新的驅動力，首先設定更新目標，要明確改裝到什麼程度格調，以便決定旅館經營者是否具有執行更新的經濟能力。
>
> Paneri, M. R. & Wolff, H. J. (1994). Why should be renovate？.*Lodging Hospitality, 50* (12), 14-19.

旅館設施更新的理論與實務

216

概　要

1. 資格審查
2. 總承包商
3. 專業分包

4. 協力分包
5. 施工契約管理
6. 施工承包模式

學習意涵

1. 闡述業主與承包商的關係

有關業主之義務

建築物室內裝修──工程承攬契約書範本（裝修公會網站可下載）

中華民國營造業研究發展基金會發行之工程採購契約範本（營造公會官方網站可下載）

(1)契約主文部分

(2)重要之一般條款

(3)特別條款

2.總承包商有關建設工程契約之類型

(1)使用「總承包人」之概念

(2)各階段適用工程契約

3.專業分包有關承包商之勞務獨立性

4.協力分包有關狹義之協力行為

5.施工契約管理

(1)施工平行發承包模式

施工平行發承包的涵義

施工平行發承包的特點

施工平行承發包的應用

(2)施工總承包模式

施工總承包的涵義

施工總承包的特點

費用控制、進度控制、品質控制、契約管理、組織與協調

(3)施工總承包管理模式

一、資格審查

預審制度

(一)目的

確保所有合格廠商均有承辦工程之財務能力、技術能力及工程經驗，並且充分了解該工程之內容與特性，以確保業主權益，防止不法圍標或低價搶標。

(二)三段式審查

1. 資格標：

先查核廠商等級及登記資本額，再就廠商之財務狀況、工程實績，及人員機具加以評估，選出參加技術標之廠商（以財務查核為主）。

2. 技術標：

就廠商提出之施工計畫，包括施工方法、施工管理機制、工程進度、品質管制等內容，綜合評估其技術能力與管理控制能力，選出參加價格標之合格廠商。使廠商充分了解工程內容及特性。

3. 價格標：

可以採取最低價或合理標作為決標原則，但需就廠商所提之標單及單價分析表，做價值工程的分析比較，避免有不均衡標發生。

(三)應避免的問題

1. 資格審查流於形式
2. 簡略的技術標評
3. 技術標與價格標未能綜合評估

(四)改善措施

1. 建立廠商資料庫存、設立專責評審小組、制定公平合理之審查基準。
2. 建立綜合評審制度，就財務技術、價格等相關因素，設定評比權重。

實例廠商評比：（如表34）

FUCHUN RESORT 表34　廠商評比表

工程之類別		適用工程金額	
公司名稱		施工資質	
負責人		電話	
聯絡人		傳真	
地址		營業執照	

郵編		成立時間			
資本額					
營業項目					
以往實績參考			優良	普通	低劣
			*		
				*	
				*	
現況 考察 實績 說明 （專業技術）					
總評	優良：以A區別墅參與省級評鑑，獲得錢江盃施工質量優良獎 普通：酒店主體結構 低劣： 請署名：				

注：1. 本表供遴選工程廠商，及評核廠商施工狀況使用
　　2. 適用工程類別：土建結構工程、機電安裝工程、裝修工程或其他需要評估之工
　　　程或設備

核准：　　　　　會辦：　　　　　審核：　　　　　主辦：

二、總承包商

使用「總承包人」之概念是否妥適？

　　統包的概念是由英文（turnkey）而來，其主要涵意在於：

（一）委託人將一工程，由設計開始到施工及安裝等全部過程，合併在一
　　　個招標案，由一家廠商自始至終負責，等得標之承包廠商完成所有
　　　工作後，再交由委託人接收所完成的全部工作。委託人接收之後，
　　　立即可以完成就所完成的工程加以使用或使其運轉。

（二）一般由業主委託設計單位進行工程之規劃設計，並由承包商進行施
　　　工之施工契約有所不同，故有關統包契約與施工契約之分類係承包

商之工作範圍大小不同所爲之分類。

㈢分包是指總承包商將工程中之一部分分包於分包商進行施作，分包
契約就是總承包商與分包商所簽定之契約。總包契約是相對於分包
契約之概念而來，即總承包商與業主所簽定之契約。故總包契約有
可能是統包契約，也有可能是施工契約。

三、專業分包

所謂「專業分包」就是整個整體工程之中，有特定的工程或特定的
設備，必需委託交給有此項專業能力或獨一指定能力的廠商來施作或設
備安裝。承包商勞務獨立性是工程施工契約很重要的一個特徵，承包商
應依契約之約定獨立施作，不受業主之干預，其具體之表現爲：

㈠業主之狹義指示之範圍，僅限於補充契約有疑義或是不完足之情
形，不得干涉承包商勞務之獨立性。

㈡承包商勞務獨立性範圍之變更屬於契約變更，例如：工法之變更、
趕工、工序之變更、資源配置之變更（即使用浮時）。

㈢雙方當事人合意限縮承包商勞務獨立性之範圍者，應以勞務獨立性
限縮之程度，減輕或免除承包商所負擔之瑕疵擔保及危險負擔之責
任。

㈣業主違約預防行爲中，對於承包商提送文件之審查行爲，應限於是
否與契約之定作內容相符，不得干涉承包商勞務之獨立性。

四、協力分包

所謂「協力分包」，簡單的說就是「分小包」來做工程。讓大眾有
能力有意願的人來共同完成這項工程。

有關協力行爲，承包人之義務需發包人之協力行爲始能履行，而
發包人未爲該行爲，致承包人受有損害者，發包人應負擔損害賠償之責
任。若採平行發包形式，則每單位協力廠商皆對業主專案團隊負責。

五、施工契約管理

　　契約管理是工程專案管理的重要內容之一，施工契約管理是對施工契約的簽定、履行、變更和解除等進行籌畫和控制的過程，其主要內容有：根據專案特點和要求確定工程施工發包承包模式（也稱為承發包模式）和契約結構、選擇契約文本、確定契約計價和支付方法、契約履行過程的管理與控制、契約索賠等。[1]

　　施工承包模式有三種：施工平行發承包模式、施工總承包模式、施工總承包管理模式。分別舉例說明如下：

(一)施工平行發承包模式

1.施工平行發承包的涵義

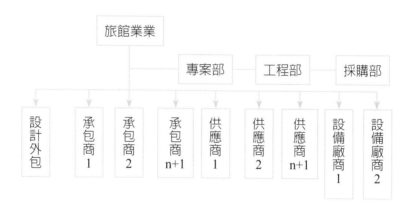

2.施工平行發承包的特點

(1) 費用控制

　　對每一部分工程施工任務的發包，都以施工圖設計為基礎，有圖為憑，投標人進行投標報價較有依據，工程的不確定性程度降低了，對契約雙方的風險也相對降低。每一部分工程的施工，發包人都可以通過招標選擇最滿意的施工單位承包，對降低工程造價有利。對業主來說，要等最後一份契約簽定後才知

---

1 引自：《建設工程施工管理》全國二級建造師執業資格考試用書，編寫委員會編寫，北京：中國建築工業出版社出版，4版，2013年12月。

道整個工程的總造價，對投資的早期控制不利。

(2) 進度控制

某一部分施工圖完成後，即可開始這部分工程的招標，開工日期提前，可以邊設計邊施工，縮短建設週期。由於要進行多次招標，施工總進度計畫和控制由業主負責，由不同單位承包的各部分工程之進度計畫，及其工程的協調由業主負責。

(3) 品質控制

對某些工作而言，符合品質控制上的「他人監督」原則，不同分包單位之間能夠形成一定的制衡機制，對業主的品質控制有利。契約交互界面比較多，應予以清楚預先說明，否則會有三不管的事情。

(4) 契約管理

業主要負責施工契約的招標、契約談判、簽約，招標工作量大。業主在每個契約中都會有相應的責任和義務，簽定的契約多。業主要負責對多個施工承包契約的追蹤管理。

(5) 組織與協調

業主直接控制所有工程的發包，可決定所有工程承包商的選擇。業主要直接負責對所有承包商的組織與協調，承擔類似於總承包管理的角色。業主方可組成一個專案團隊，需要配備較多的人力和精力進行管理。

3. 施工平行承發包的應用

(1) 當專案規模很大，不可能選擇單一施工單位進行總承包或單一個單位做施工總承包管理，也沒一個施工單位能夠進行施工總承包或施工總承包管理。

(2) 由於專案更新施工的時程要求緊迫，業主急於開工，來不及等所有的施工圖全部出齊，只有邊設計邊施工。施工圖不可能是一次完成齊全的。

(3) 業主的專案團隊有足夠的經驗和能力應對多家施工單位。

(4) 將工程分解發包。

　　對施工任務的平行發包，發包方可以根據建設或更新專案的結構進行協力分包，也可以根據建設或更新專案施工的不同專業系統進行協力分包。

㈡施工總承包模式

1. 施工總承包的涵義

　　施工總承包是指發包人將全部施工任務發包給一個施工單位或由多個施工單位組成的施工聯合體或施工合作體（JV），施工總承包單位主要依靠自己的力量完成施工任務。當然經發包人同意，施工總承包單位可以根據需要，將施工任務的一部分分包給其他符合資質的分包人。

2. 施工總承包的特點

(1) 費用控制

　　在通過招標選擇施工總承包單位時，一般都以施工圖設計為投標報價的基礎，投標人的投標報價較有依據。

　　在開工前就有較明確的預算契約價，有利於業主對總造價的早期控制。

(2) 進度控制

　　一般要等施工圖設計全部結束後，才能進行施工總承包的招標，開工日期較遲，專案總進度建設週期勢必較長。

　　施工總進度計畫的編制、控制、協調，由施工總承包單位負責，而專案總進度計畫的編排、控制、協調，以及設計、施工、進貨之間的進度計畫協調，由業主負責。

(3) 品質控制

　　專案品質的優劣很大程度取決於施工總承包單位的選擇，取決於施工總承包單位的管理經驗和技術水準。業主對施工總承包單位的依賴很大。

(4) 契約管理

業主只需要進行一次招標，與一個施工總承包單位簽約。在國內有很多工程建設中，業主爲了早日開工，在未完成施工圖設計的情況下就進行招標選擇施工總承包單位，就是預設單價項目契約。對業主方的投資預算控制十分不妥。

(5) 組織與協調

業主只負責對施工總承包單位的管理及組織協調，工作量大大減小，對業主比較有利。

總而言之，與平行發承包模式相比，採用施工總承包模式，業主的契約管理工作量小，組織和協調工作量也減小，協調比較容易。但是建築工期可能比較長。

(三)施工總承包管理模式

1. 施工總承包管理的涵義

施工總承包管理模式（Managing Contractor，簡稱MC），意爲「管理型承包」。它不同於施工總承包模式。採用該模式時，業主與某個具有豐富施工管理經驗的單位或者由多個單位組成的聯合體（JV）或合作體簽定施工總承包管理協議，由其負責整個專案的施工組織和管理。

2. 施工總承包管理模式的特點

(1) 費用控制

某一部分工程的施工圖完成後，由業主單獨或與施工總承包管理單位共同進行該部分工程的施工招標，分包契約的投標報價較有依據。

每一部分工程的施工，發包人都可以通過招標選擇最好的施工單位承包，獲得最低的報價，對降低工程造價有利。

在進行施工總承包管理單位的招標時，只確定施工總承包管理費，範圍總價或聯合施工（JV），沒有契約總造價，是業主承擔的風險之一。

(2) 進度控制

對施工總承包管理單位的招標不依賴於完整的施工圖設計，可以提前到初步設計階段進行。而對分包單位的招標依據該部分工程的施工圖，與施工總承包模式相比也可以提前，從而可以提前開工，縮短建設週期。

施工總進度計畫的編制、控制和協調，由施工總承包管理單位負責，而專案總進度計畫的編制、控制、協調，以及設計、施工、供貨之間的進度計畫協調，由業主負責。

(3) 品質控制

對分包單位的品質控制，主要由施工總承包管理單位進行。對分包單位來說，也有來自其他分包單位的橫向控制，符合品質控上的「有人監督」原則。各分包契約交界面的定義，由施工總承接管理單位負責。

(4) 契約管理

一般情況下，所有分包契約的招標投標、契約談判、簽約工作，由業主負責。對分包單位工程款的支付又可分為總承包管理單位支付和業主直接支付兩種。

(5) 組織與協調

由施工總承包管理單位負責對所有分包單位的管理及組織協調。這是施工總承包管理模式的基本出發點。

工程實務上，契約雙方當事人於工程契約簽定前必就合約內容進行審慎之檢查，主要審對己方利害相關之項目，事先洞察風險所在及風險影響大小程度及本身可以處理風險的程度，或運用合約條款之修訂，加以釐清責任歸屬以及預先排解，或利用保險方式來分擔風險，甚或無力防止，只能任其發生。[2]

---

2 顧美春，《工程契約風險分配與常見爭議問題之研究》，國立交通大學科技法律系研究所論文，2003年。

第四篇

更新施工階段
（Renovation Construction Period）

第一章　研擬初步工程管理系統

　　旅館更新工程人員應具備之要項：工程人員應了解旅館的營運內涵及旅館建築與設備系統。依據設計圖及施工說明書，在約定工期內有效的運用資金、人工、材料及設備等，配合自己所學之有關建築構造、裝修、設備等有關學識經驗，發揮優良的施工技術。且於施工期間內無災害無意外事故，並克服各種困難，完成專案更新工程的目標。

工程人員應具備的條件

一、技術方面：

　　(一)全盤了解施工方法，並且有繪製施工圖之能力。

　　(二)一般建築結構學（簡單之強度計算及結構概念）。

　　(三)一般建築材料學（規格、市價、材質概念）。

　　(四)一般建築設備學（電氣、給水、排水、衛生、空調、電梯……）。

　　(五)了解旅館建築的內涵及設備生命週期。

　　(六)一般資訊管理及電腦運用。

　　(七)有關法規之知識。

　　(八)一般工務及商務之知識。

二、業務方面：

　　(一)詳閱設計圖說，對圖說有疑問應研討，不得逕行施工。

　　(二)力求施工合理化，研究最新建築施工技術，增進效率，節省材料。

　　(三)妥善保護與保養機具設備，改善工作環境，發揮最大工作效率。

三、精神方面：

　　(一)遵守職業道德及專業倫理。

　　(二)有高度的責任感，對自己的工作永遠負責，要以人和使工作圓滿達成。

　　(三)有決斷力及臨機應變之能力，對突發的事故應冷靜處理。

　　(四)注重細節，顧全大局，以身作則，應有不屈不饒的精神。

本章闡述工程管理系統，第一節　組織工程團隊：一、工程團隊，二、準備工作與假設工程，三、施工計畫，四、施工期間臨時水電及環境計畫。第二節　工程施工管理的目標：一、成本管理（預算管理），二、工程品質管理，三、施工進度管理，四、物料管理，五、材料機具管理，六、小包管理，七、施工安全管理。

　　旅館更新就是：藉由修飾旅館的設施，以改變旅館的配置或增加或更換材料及傢俱、設備及器具，以維持或改進旅館形象的過程。

Hassanien, A. (2007). An investigation of hotel property renovation. The external parties, view. *Structural Survey*.

第一節　組織工程團隊

概　要

1. 組織工程團隊
2. 準備工作與假設工程
3. 施工計畫
4. 施工期間臨時水電及環境計畫

學習意涵

1. 工程團隊的組織與意義
　　初步工程施工管制系統
　　旅館更新施工期間組織表
2. 準備工作與假設工程
　　建築裝修更新施工前準備事項
　　施工上的法規限制
　　施工前的必辦手續
　　工程用電力用水的推定

3. 施工計畫

    彙整裝修工程的總項目

    圖面整合與檢討

    分類分項

    製作各項總表

    發包方式

    契約管理

    進度管理

    品質管理

    成本管理

    工地協調

    變更設計

    安全衛生管理

4. 工程施工期間的臨時水、電

    更新裝修施工現場的供電及要求

    更新裝修施工電力負荷的計算

    更新裝修施工現場臨時電源設施

    更新裝修施工現場低壓配電線路

    電氣設備安裝

5. 施工現場的照明

    工地管理組織，現場職員之編制，依工程種類、規模、緩急程度而異，並隨工程狀況作彈性異動。如籌建初期結構體施工或拆除舊建築設施與裝修工程施工期間，兩者業務性質不同，必要指派特別技術人員或經驗豐富的人員擔任，故人員之組織需有所不同。

一、工程團隊

　　工程初期，只要一位工地主任，一位副手工程管理及庶務即可以了。隨著工程進展，逐步增加工程夥伴及總務會計。（如圖4-1～2）

圖4-1　小規模工程或初期工程

圖4-2　中規模工程或初期工程

初步工程管制系統（如圖4-3）

二、準備工作與假設工程

　　建築裝修更新施工前準備與假設工程：

1. 基地鑑界確認，基地實測、界樁的設置、地形高低尺寸。
2. 基地內有無障礙物，或其他不相干工作物。
3. 基地週邊的埋設物調查。
4. 基地週邊架空線的調查，電力狀況、電話線路狀況、警消關係通訊網線位置。

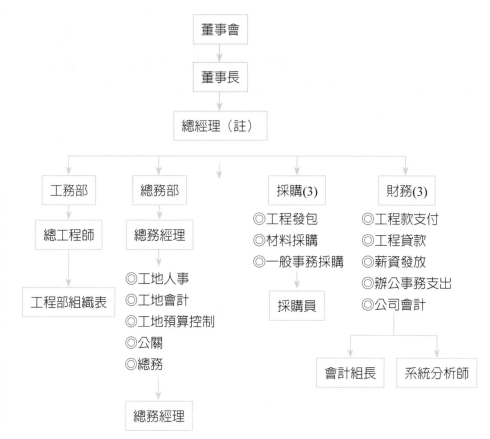

圖4-3　旅館營建工程期間組織表

（註）：籌建或籌備總經理，乃是開發建設抑或旅館更新時期的總經理，要有豐富的
　　　　旅館經營管理經驗，以及豐富的旅館建築設施與設備的經歷，方得以勝任。
　　　　不同於只負責開幕之後經營管理的總經理。

5. 基地週邊的公共工作物的調查

公共電話、郵政信箱、消防栓、交通號誌、公車站牌、人行道路樹
及灌木、制式路燈、電信配線箱、行道樹、其他。調查有無防礙工
程，必要時申請遷移或加以維護。將調查結果繪製平面圖標示，並
照明存證照相的位置、方向、角度均應以予記載。

6. 道路狀況調查

施工區進出道路的檢討，道路佔用的範圍，必要設置行人安全走廊

以供行人通過。施工機具的進出與搬運限制。道路寬度、交叉點狀況、交通規則等特殊調查。上下班或其他特別的通行人車變化調查。

7. 鄰近建物、工作物的調查

鄰近建物的分佈狀況及現況之完全性，必須於開工前申請公證之鄰房鑑定，將近鄰建物的傾斜或龜裂狀況，發生原因、建具的設置，均加以調查及記錄。重機械及大型材料的運輸的調查，必要時得做好防護措施。

8. 週邊住民之狀況確認

週邊商家、噪音、振動、地下污水等情形，有無明顯發生。

9. 電波的障礙調查

鄰近住民收視情況調查，掌握施工中影響範圍。

10. 氣象條件的調查

本地區的年雨量調查，分佈時節調查、風速、風向、氣溫、濕度的調查。

11. 施工上的法規限制

施工上的行政指導單位有：都市發展局、工務局建管處、工務局公園處、交通局停管處。

施工上的法規限制有：建築法、台北市建築管理規則、台北市建築管理單行法規、都市計劃法、消防法、勞工安全衛生法、水污染防治法、空氣污染防治法、噪音管制法、其他。

12. 施工前的必辦手續

取得建築執照（或申請變更使用執照）後6個月必須申辦開工，由承造人營造公司負責辦理，建築師簽章、主任技師簽章、工地主任簽章、安全衛生管理員簽章。必辦手續：鄰房鑑定、基地鑑界、基地實測、安全圍籬，附完全照片（現場勘驗）

13. 地區風俗習慣的調查與確認

14. 工程施工的協定或切結

日照、電波障礙、燥音、振動的對策，保障近鄰住民的生活環境。

15. 施工圍籬的設置與申請

圍籬設置的場合、出入口的位置、場內車輛動線、道路邊的工作物及車輛有無妨礙進場退場。出入口的高低、寬度、荷重的考量，迴轉動線的描繪，進入退出的角度，均詳加計劃。人行通道，設邊門進出以利管制。

關於圍籬的高度、門寬、材質等，市府建管法規均有詳加規範，最好連同車輛之洗車台也一起做好。

為有效利用圍籬之表面，把圍籬加以美化，繪製完成圖於其上或設置花草樹木，以減低傳統施工圍籬所造成的視野衝擊。

16. 材料堆滯及加工場地的選定

工程用設備、作業用地、資材存置場的位置選定均得妥善規劃。

17. 工務所的建立

利用可申請借用的人行道位置，搭建法定規格組合屋，下部預留行人安全走廊，工務所得以瞰視全工區，有效監管施工過程。而既有的路樹，均給以妥善保護。加小圍籬。工務所內設研圖閱圖位置，以建築藍圖的方位為主位，並設置簡報資料欄架提供資訊。工務所原則以9k×2k為最少（k為組合屋版面單位寬度，180公分為1k）。

18. 工程用電力的推定

工程用電力的使用，事前假定施工機械的種類、數量用電量的推定，亦即一施工用電計畫正式今年申請工地臨時電力。

19. 工程用水的推定

工程用水的使用量，會對近鄰的生活有影響，因此不宜使用地下水，正式依法申請工地臨時用水。

20. 工程用水的推定

工程用水的使用量，會對鄰近生活有影響，因此不宜使用地下水，正是依法申請工地臨時用水。

21. 工程中排水的調查

放流、淨化處理的能力、費用、調查，公共下水道的最近距離調查，能延長的最近距離，近鄰的用水的情況調查。

三、施工計畫

施工計畫書之內容應包括：（如表35）

表35　酒店建築工程管理各階段工作概要

	工程構想階段	規劃設計階段	採購發包階段	建築施工階段
工期管理	1.擬定工程計畫 2.初步總進度表	1.綱要進度表 2.初步施工進度表	1.施工總進度表 2.各標預定施工進度表 3.各標發包作業進度表	1.施工總進度表 2.各標施工進度表 3.定期進度檢討
成本管理	1.施工可行性分析 2.工程成本概估 3.資本預算 4.風險分析 5.環境影響評估	1.初期成本估算 2.替代方案評估 3.定案成本估算 4.擬定發包策略	1.主要材料設備採購 2.召開標前會議 3.評估標單 4.建立決標基準 5.工程保證與保險	1.估驗付款 2.工程變更控制 3.成本控制 4.勞務管理 5.物料管理 6.機具管理
品質管理	1.建立工程團隊架構 2.工址勘察評估	1.工程整體規劃 2.審核契約文件 3.確認設計圖說 4.執行施工規範 5.施工性評估	1.品質管制 2.評估施工計畫 3.徵選承包商	1.工程監工 2.安全管理 3.試車運作 4.完工驗收 5.工程保固

㈠施工進度計畫表、擬定施工順序、預定進程及預留實際進度欄，以利每週比較進度。

㈡拆除及運棄計畫。

㈢施工中臨時措施。

㈣施工人員動線計畫。

㈤安全衛生及防災計畫（周邊不施工地區之維護、噪音、振動、粉塵等公害防止以及防水、防觸電、防地震、防火災等災難之應變對策）。

（六）環境保護計畫。

（七）可能參與之協力廠商。

（八）其他應辦事項。

四、工程施工期間的臨時水電

施工現場臨時用電

（一）更新裝修施工現場的供電及要求

施工現場的電力供應，是確保實現高效率、高品質施工作業的重要前提，施工現場的用電設施一般都是臨時設施，但是它對於整體施工的安全、品質、進度乃至於對整體工程的造價都構成了直接影響。施工現場的用電設備主要是動力設備及照明設備，因此要採用380/220V三相四線供電方式。這種供電方式不但可以滿足施工工地用電要求，還要有利於用電設備保護，符合安全用電的要求。

施工現場供電的特點是：用電設備移動性大，臨時用電多，負荷經常變化，用電環境差，所以供電時要注意到這個特點，在建築裝修施工工地的供配電設計中，主要有以下幾方面的工作：

1. 估算施工工地的電力負荷，並根據總的計算負荷選擇工地變壓器。
2. 確定配電最佳位置，布置施工現場供電線路。
3. 根據供電線路配置情況及各線路的計算負荷來選擇配電導線的截面。
4. 根據施工電力的總平面圖，繪製供電平面圖。

（二）更新裝修施工電力負荷的計算

電力負荷的計算主要用來正確選擇變壓器、開關設備及導線的截面積。考慮以下因素：

1. 同組用電設備中不同時工作。
2. 同時工作的用電設備不同時滿載運行。
3. 電動機等用電設備通常以輸出功率為其額定容量，所以應計算設備組的平均效率。

4. 供電線路有損耗，應計算線路效率等。單相用電設備應盡量可能均勻地分配在三相線路上，以保持三相負荷儘可能平衡。

(三)更新裝修施工現場的臨時電源設施

為確保施工現場合理供電，既安全可靠又能節約電能，首先要恰當地選擇臨時電源，並且要按規範要求安裝和維護電源設施。

1. 施工現場臨時電源的選擇

(1) 施工現場臨時電源的確定原則：低壓供電能滿足要求時，盡量不再另設供電變壓器。當施工用電能進行負荷調度時，應盡量減少申報的需用電源容量。工程較長的工程，應作分期增設與拆除電源設施的規劃方案，力求結合施工總進度合理配置。

(2) 施工現場常用臨時供電方案

① 利用永久性的供電設施。

② 借用就近的供電設施。

③ 安裝臨時變壓器。

2. 施工現場配電變壓器的選擇：一般配電變壓器的額定電壓，高壓為 6～10kV，低壓為380/220V。

變壓器的台數由負荷的大小及對供電的可靠性的要求來確定。

(四)更新裝修施工現場低壓配電線路和電氣設備安裝

按規定施工現場內一般不許架設高壓電線。施工現場低壓配電線路，絕大多數為三相四線制供電，它可提供380V、220V兩種電壓，供不同負荷選用，也便於變壓器中性點的工作接地，用電設備的保護接零和重複接地，以利於安全用電。

1. 供電線路的敷設和要求：建築裝修工地的配電線路，其主幹線一般均採用架空敷設方式，個別情況因架空有困難時可考慮採用電纜敷設。施工現場內一般不得架設裸導線。

施工用電設備的配電箱要設置在便於操作的地方，並且做到單機單閘。露天配電箱應有防雨措施，暫時停用的線路即時切斷電源。工程竣工後，配電線路應隨即拆除。

2. 施工現場電氣設備安裝及要求：施工現場電氣設備主要包括配電箱、照明及動力設備。

  (1) 配電箱：總配電箱應設在靠近電源的地方，箱內應裝設總隔離開關、分路隔離開關和總熔斷器、分路熔斷器或總自動開關和分路自動開關以及漏電保護器。總配電箱應裝設有關儀表，如：電壓表、電度表等。

  分配電箱應裝設在用電設備相對集中的地方。動力、照明公用的配電箱內要裝設四級漏電開關或防零線斷線的安全保護裝置。在總的開關和熔斷器後面可按容量和用途的不同，設置數條分支回路，並標以回路名稱，每條支路也應設置合適的開關和熔斷器。開關箱內應裝漏電斷路器保護器，供控制單台用電設備使用。配電箱內必需裝設零線端子板。

  配電箱和開關箱應裝設在乾燥、通風、常溫、無氣體侵害、無振動的場所。

  (2) 動力及其他電氣設備的安裝和使用要求

  ① 露天使用的電氣設備及原件，都應選用防水型或採取防水措施，浸濕或受潮的電氣設備要進行必要的乾燥處理，絕緣電阻符合要求。

  ② 每台電動機都應裝設控制和保護設備，不得用一個開關同時控制兩台以上的設備。

  ③ 電焊機一次電源宜採橡膠套纜線，其長度一般不應大於3m，當採用一般絕緣導線時，應穿塑料管或橡膠管保護。

  ④ 移動式設備及手持電動工具必需裝設漏電保護裝置，並要定期檢查。其電源線必需使用三芯（單相）或四芯三相橡膠套纜線。

  ⑤ 施工現場消防電源必需引自電源變壓器二次總閘或現場電源總閘的外側，其電源線宜採用暗敷設。

  (3) 施工現場工作照明：照明負荷是指施工現場及生活照明用電，

一般工地總負荷的比例很小，通常可以在動力負荷計算之後再加上10%，作為照明負荷。

第二節　工程施工管理的目標

概　要

1. 成本管理（預算管理）
2. 工程品質管理
3. 施工進度管理
4. 物料管理

5. 材料機具管理
6. 小包管理
7. 施工安全管理

附件：

改裝工程每坪單價及裝修材料價格建議表

學習意涵

旅館更新工程專案管理的內涵

1. 旅館更新裝修工程如何降低成本costdown

　　施工成本管理

　　主要裝修材料

2. 施工品質管理

3. 施工進度管理

4. 物料管理

5. 材料機具管理

6. 小包管理

　　小包的定義：小包就是提供協力的組成人員，包括建築師、設計師及各項工程承攬人員。

7. 施工安全管理

一、旅館更新工程專案管理的概念

旅館更新工程專案管理的內涵是：從專案開始到專案完成，經過專案策劃和專案控制，使專案的費用目標、進度目標和品質目標得以實現。包含以下內容：

成本管理、品質管理、工程進度管理、物料管理、機具管理、總務管理、小包管理、安全管理。

二、契約管理

做好合約管理

(一)熟讀合約條款

(二)以書面傳達合約信息

(三)工地紀錄應善加保存，此項紀錄應包括與契約所含內容有關的文書、文件及人、物證，包括：

　1. 通訊或公文往返紀錄

　2. 會議紀錄

　3. 每日進度報告

　4. 工地日誌

　5. 備忘錄

　6. 試驗紀錄

　7. 工地照片

(四)注意時效，對合約執行疑慮，主動要求澄清。

(五)契約管理綜述：

　1. 考驗訂合約的嚴謹度，確實區分「啓造者」（甲方）與「承造者」（乙方）的角色，提高效率，權責區分。

　2. 工程界面的釐清、仲裁條款、進口材料外商合約，應以中文為主要優先解釋為準。

　3. 假設工程由總承包商負責，專業分包只要負責辦理好工人的勞保、健保、施工安全保險即可。

三、營建施工計畫綱要概述

以施工總承包管理模式為例，擬定施工計畫、彙整裝修工程的總項目、圖面整合與檢討、分類分項、製作總表。

㈠成本管理

1. 旅館籌建及更新設施工程如何降低成本costdown：

(1) 整體計畫、預算彙編，確實做好成本管理。

(2) 嚴格區分旅館受益區與非受益區的建築與裝修的預算分配。

(3) 區分前場後場設計的標準。

(4) 設計的靈活度，不拘泥於格式，修改及增建之前應做投資報酬分析。

(5) 採購發包的時機不早不晚。大宗建材自行採購。

(6) 設計圖、標單及施工說明書的嚴謹度，可降低成本。

(7) 量大的規格品自行採購供應給包商施工，以量制價。（如表36～37）

表36　改裝工程單價限制表

項目	單價（含稅）
1.裝修工程（不含活動家具及廚房設備）	
(1) 一般餐廳（如：西餐廳、中餐廳）	35,000元／坪
(2) 高級餐廳（如：俱樂部、鐵板燒、牛排館）	45,000元／坪
(3) 一般客房（不含總統套房及浴廁）	20,000元／坪
(4) 後場辦公室	10,000元／坪
2.水電工程	6,000元／坪
3.空調工程	9,000元／坪

表37　主要裝修材料

項目	材料	單價（含稅）
地毯	1. Axminster	130元／才
	2. Tufted	70元／才
	3. Area Rug	220元／才

項目	材料	單價（含稅）
布料（沙發布、窗簾布）	1.進口布料 2.本地布料	900元／碼 400元／碼
壁布	1.塑膠壁布 2.布面壁布	200元／M^2 350元／M^2
大理石	1.2cmth材料 2.3cmth材料	360元／才 430元／才
花崗石	1.2cmth材料 2.3cmth材料	360元／才 430元／才
磁磚	1.國產磁磚 2.進口磁磚	200元／M^2 550元／M^2

註：1. 前表單價為上限價格。

2. 廚房區之水電工程，依前表單價加45%，空調工程依前表單價加30%。

3. 施工區域小於100坪者，依前表單價加15%。

4. 裝修材料為材料價格，施工工資及異形加工費用另計。

2. 分別敘述如下：

(1) 旅館的籌建要做好成本管理，在各個階段中均有不同的做法。

① 工程構想階段：工程成本概估、資本預算　依照預算彙編數碼執行

② 規劃設計階段：初期成本估算、定案成本估算、擬定發包策略

③ 採購發包階段：

a.主要材料設備採購、召開標前會議

b.評估標單、工程保證與保險

④ 建築施工階段：

a.估驗付款、工程變更控制、成本控制、勞務管理

b.物料管理、機具管理

(2) 確實區分前場與後場的建築裝修內裝標準與預算分配

就經營角度而言，旅館是由「前場部分」與「後場部分」組成。收益部分是直接面對客人的區域，包括：客房部門、餐飲

部門、其他營業部門。這些部門是營利收益地區，盡可投資美化，以增加環境舒適，關係到旅館門面之價值觀。

非收益部門是後勤部門：與廚房有關部門、與管理有關部門、與職工有關部門、與工程維護及機房有關部門。這些部門是職工活動地區，並非營利收益的地區，盡可節省實用好維修即可，以減低旅館籌建造價，降低成本。

3. 施工成本管理：施工成本管理應從工程投標報價開始，直到專案竣工結算，保修金返還為止，經過專案實施的整體過程。施工成本管理要在保證工期和品質要求的情況下，採取相應管理措施，把成本控制在計畫範圍內，尋求最大的成本節約。

還包括建築安裝工程費項目的組成與計算，以及按照費用構成要素劃分的建築裝修工程費用項目組成：

(1) 人工費

(2) 材料費

(3) 施工機具使用費

(4) 企業管理費

(5) 管銷及利潤費

(6) 其他必要的費用

4. 工地成本管理：

(1) 發包方式如前述，編列總預算表，執行總預算控制。

(2) 合約預付款、計價，涵蓋於風險管理。

(3) 承包商於進入工地（？天內）內，提出合約中有爭議的項目。

5. 為控制預算，得規定裝修材料的最低價格以及各設施的單位造價。

例舉參考：改裝工程每坪單價及裝修材料價格建議表。

(二)施工品質管理

1. 實地勘察

承包人對各項文件均應切實了解，估價前並需親自到工程地點詳細勘察。對於地形地物、緊鄰鄰地之環境、溝渠、交通運輸、電、瓦

斯、通訊管線之情況、當地法規以及其他特別規定等，均需調查清楚，日後不得藉詞加價。

2. 圖樣、施工說明書及標單

⑴圖樣包括本合約內所附之施工圖及一切經業主核准之各項補充圖樣。

⑵工程上應有詳細補充之處，於工程進行時，經業主核准之各項補充圖必要時，業主有改良及變更原圖之權。如該項詳細圖發出後，承包人認為與原來總圖不符合，將發生額外工作或材料時，需於五日內提出異議，聲明應加之工料，否則該項詳圖即認為與原圖相符，將來承包人不得要求加帳。

⑶圖樣及施工說明書均係說明工程上一切施工程序、構造方法及使用材料規格之重要文件，二者均有同等效力，其有載明於此而未載明於彼，或二者所載偶有不符者，承包人均應遵照業主之解釋辦理。標單內所列之項目及數量，僅供承包人之參考，在投標前承包人應自行實地勘察，按照圖說規定核對及詳細估算，如發現有遺漏錯誤時，承包人應於投標前或開標時請求說明，否則開標後，所有數量不符與遺漏之項目，應視同已合併於其他相關項目估計在內。除另有注明者外，工程總包價包括所有人工、材料、工具、運輸、保險等費用，如標單、圖樣及施工說明書三者均未載明而為工程慣例上所應有或不可缺少者，承包人亦應遵從業主之指示辦理，不得藉詞推諉及要求加價。

⑷所有圖樣應以注明之尺寸為準，不得以比例尺丈量。如尺寸之數字有錯誤不符或圖樣不明瞭，應即請業主解釋調整。承包人需將各細部放出足尺大樣，請業主核閱認可後方能施工。（圖4-4）

⑸設計師完成之所有圖樣、模型、施工說明書及其副本之版權均仍屬其所有。除合約另有規定者外，業主及承包人均不得使用於其他工程。

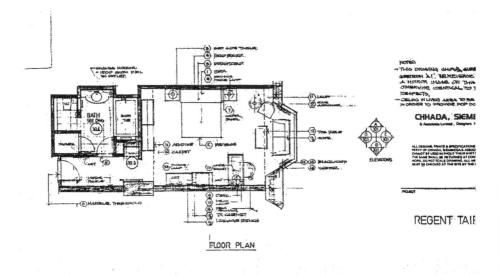

FLOOR PLAN

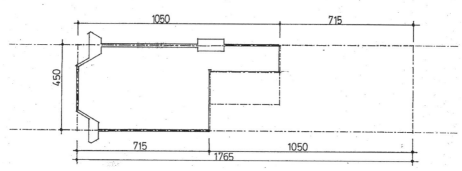

圖4-4　上圖為客房平面配置圖（原始設計圖），下圖是客房地毯的鋪設計畫，地面
　　　的維護耐用是最大考量，避免使用頻繁及地毯清潔機的滾動而翹翻，最佳方
　　　式是客房玄關區及臥室不要有接縫，而衡量地毯出廠的幅寬是12尺幅寬，就
　　　安排接縫在床頭區域，如上圖草案計畫圖。中間的零星區塊，裁剪另作其他
　　　用途。

(6) 本工程任何部分，如發現工作或材料與圖樣或說明書不符時，
均視為劣工竄料，無論已否完工均應拆除重做，並將竄料立即
運離工地，對於完工部分，不得以監工人員未事先制止即屬默
認而拒絕拆除運離。如因拆除而致損及其他承包人之工作時，
承包人亦應負責賠償，如承包人屢經業主或設計師警告，仍不
拆除修正或不將竄料運離工地，業主有權解除合約，其因解除
合約或代為完成而招致之一切損失，承包人應負賠償之責，如

承包人無力賠償時，得依合約之規定辦理之。

3. 工作協調合作

本工程如需與其他工程同時配合施工時，承包人應與其他承包人互相協調合作。如裝置機電、給排水、裝潢及其他各項工程，各該承包人應配合預留槽穴或預埋管路，並依圖示或業主、業主指示位置正確施設。遇有施工設備應共用或施工程序上發生任何糾紛時，應遵照業主之安排與調度，承包人不得異議，否則其所受損失概由各該承包人負責。

4. 工程放樣

工程開工之前，承包人應會同業主及設計師測建物位置，並設置測量標誌及於適當間距安置樣板，樣板由承包人自備不另計價。樣板安裝經業主及設計師複驗合格後，承包人應謹慎施工使尺寸、位置正確。工地內之所有標誌及測量樁橛，承包人應確實負擔維護，未經業主及設計師同意不得擅自移動或毀棄。

5. 施工大樣圖及樣品

⑴ 施工大樣圖係圖樣、圖表、圖解、說明、性能圖表、手冊、型錄、本施工說明書及其他各有關章節，由承包人、製造廠、經銷商準備提供。

⑵ 樣品係材料、設備等之成品及展示匠意之實作，做為評定工作之標準。

⑶ 承包人應事先仔細核對提送之施工大樣圖及樣品，並經簽章，證明查訖後，再行提送。施工大樣圖及樣品應附帶一份送樣的清單於適當時際送審，俾使業主有充分之時間審查及承包人有足夠之時間修正，而不致影響工程之進行。（如圖4-5）

⑷ 業主對完全符合合約規定之施工大樣圖及樣品應迅予核准，惟業主對單項之核准不表示對包含此單項之組合核准。

⑸ 承包人應將業主核覆不合之施工大樣圖及樣品迅予修正後再提送，直至核准為止。（如圖4-6）

圖4-5　陳設裝飾物的設計，必　圖4-6　建材的養生試驗是必要的，避免使用品質不良
　　　　需製作樣品以調整設計　　　　的透蝕作用。樣品置於室外經歷風吹日晒，每
　　　　實物。圖為富春山居火　　　　日記錄材質變化。
　　　　炬盆的試驗。

(6) 施工大樣圖及樣品與合約有不符處，承包人應事先書面提出，否則雖經業主核准，承包人仍應負責。

(7) 經業主核准之施工大樣圖及樣品均應提送三份。並負責控制施工進度。

(8) 所有提送之施工大樣圖或施工計畫書需附有承包人所屬主任之簽認章。

品質管理綜述：

1. 擬定完備的材料說明書及施工說明書，施工介面的說明。

2. Mock-up的施作是不可或缺的。其他如：花崗石的含氡試驗，及諸如契密試驗，均需確實做到。

訂定標準作為管理的依據。事務流程，施工圖繪製。

(三)施工進度管理

　　施工方是工程實施的一個重要參與方，許許多多的工程專案，特別是大型重點建設專案，工期要求十分緊迫，施工方的工程進度壓力非常大。但是，不是正常有序的施工，盲目趕工難免會導致施工品質問題

和施工安全問題的出現，並且會引起施工成本的增加。在工程施工進行中，必需樹立和堅持一個最基本的工程管理原則，就是確保工程安全和品質的前提下，控制工程的進度。

在專案的實施階段，專案總進度不僅是施工進度，它包括：

1. 設計前準備階段的工作進度。
2. 設計工作進度。
3. 採購招標工作進度。
4. 設備採購及製造運輸進度。
5. 施工前準備工作進度。
6. 工程施工和設備安裝工作進度。

1. 工程進度：

   (1) 承包人應於開工前將本工程施工程序繪製工程預定進度表及工地布置圖，以書面送設計師及業主核備，修正進度亦同。經業主核備、核准之修正預定進度表僅作為業主核對之依據，其超出預定期限部分不視為業主同意順延，仍應受合約規定工期及罰則之約束。

   (2) 承包人應遵照合約之規定，業主同意之格式每日填寫工程日報表。

   (3) 業主於驗收時，如發現與合約或竣工圖不符時，應由承包人負責拆除重做或改善，其所需時間超過工程補修通知單所訂定之期限時，仍應視為工程逾期論。

2. 工地進度照片：

   (1) 工地每週（視工期而定，或許每天）應依照工程進行之需要攝取不同角度之工地進度照片，記錄工程之進度。

   (2) 照片背面並應注明工程名稱、地點和日期（其中一份送交設計師）。

3. 進度管理：

   (1) 施工進度從開始必定較為費時，應是越來越快。

(2) 繪製「主進度表」，製作90天工作進度表、雙週工作進度表，每週進度檢討會議。

(3) 材料送審時間，即前置時間。每項施工前30天，必需提出Shop Drawing，供業主及專案部審核，以憑訂料。

4. 工期管理：

進度表的製作、執行，個案施工順序之檢討，價值工程觀念的建立。繪製主進度表，標定最早開工日及最晚完工日，最晚開工日及最早完工日，每週進度檢討。

㈣物料管理

1. 任何材料均為新品，且需先將樣品送請業主核准，將來工地上所用材料即以此樣品為準。其經業主指示所送之材料說明書、試驗數據者，應符合下述原則：

(1) 送樣、型錄及說明書應依工程進度，預留合理之審查及檢驗期間，送請核定。

(2) 其係進口之材料、物件，則尤需妥為計算其運作之時間，務以不妨礙工期為準，否則其責任應由承包人承擔。

(3) 必要時業主得要求承包人證明各項材料、物件之確實來源及產地證明、品質及價格，承包人不得推諉。

2. 除本合約另有規定外，工地上所有材料，無論已否建造完成，任何人不得擅自運離，一應多餘之各項材料及工程進行上所需用之橋架、頂撐等輔助材料，需至各該項工程完成後方得運離。

3. 本工程所用材料，其品質、性質、成分及強度等規格，在本說明書規定或業主認為有必要作試驗者，由業主指示承包人取樣送往指定試驗機關試驗之。並取得試驗報告書備查，所有費用概由承包人負擔。

4. 本合約所規定之材料及規格，如市場無法供應時，承包人應於決標日起（？時間）內向業主提出，否則應設法採購使用，不得要求變更設計或延長工期，若確因市面缺貨不能購辦，承包人得提出同等

品，經設計師及業主審查認可，方得使用，但承包人不得以此要求加帳。

5. 本合約所規定之材料及規格指定廠牌者僅供參考，如用同等品，需先經業主及設計師同意。

同等品：所謂同等品者包括設備、產品、材料等與產品符合下列原則，並經設計師及業主認可同意者：

(1) 符合設計原意。

(2) 不影響設計之空間及尺寸。

(3) 品質相當、規格性能相符。

(4) 可用性相當。

(5) 無損美觀。

(6) 不需要更改施工方法。

(7) 使用操作便利。

(8) 不涉及加帳或減帳。

(9) 其安全上之顧慮者，並需取得該管檢驗機構之安全證明書。

(五)材料機具管理

1. 材料及人工

除另有規定外，承包人之承包範圍包括完成本工程之一切物件、材料、人工以及所需一切施工機械及工具設施。

所有物件、材料、機具設備凡注明應符合標準規格者，意指國家標準及正字標記之規格主體及其附件，附加說明及試驗基準。

所有人工皆為有經驗之熟練工人，遇有特殊工作時，應聘各該項之專長人才擔任之。工地內材料之堆放應遵業主之指示或當地主管機關之規定辦理，凡有關工程安全之工匠，如有焊工、電工等，必要時得依業主或設計師之指示，僱用持有政府發給執照之合格技工。

2. 施工機具及設備

(1) 承包人之自備機具設備

① 本合約工程價款已包括完成本工程主體及附屬工程之施工機

具設備一切費用，承包人應在各承包單項之單價中記入，不得另行編列項目。

②所有機具應以各該項工程施工之適當設備，不得有機件失靈、零件不足或疏於保養維護，以致時作時輟延誤工期之情事。如經監工人員認為該項工具不堪承擔工作所需，而通知更換時，承包人應即照做，不得推諉。

③施工機具應備妥充足數量，不得有延遲補充機具數量不足之弊病。

④施工機具凡有足以產生危及公共安全之虞者，如吊車、吊臂、工作電梯等，均需符合工礦安全檢查規範，並作定期保養與檢查。其他如電焊及彎切鋼筋機具及各種攪拌機、震動器等均需要充足數量，操作順暢，不產生空氣汙染及噪音等違反公共衛生安寧之情事，否則任何違失，均由承包人負完全責任。

⑵機具器材之貯存：承包人應按業主所核定之工程進度表，於工地貯存足量之備份器材，不得因器材貯存數量不足或備份不全，以致影響工程之進行及工期進度。貯存場地應以不妨礙正常作業之操作，並有充分之防災設備，其貯存場所並需有適當之維護空間與設施。

⑶業主供借機具器材之歸還：工程竣工後，所有供給或借用之機具器材，應依業主規定之手續在期限內歸還業主，並負責運送之業主指定地點。

㈥小包管理

小包的定義包括：建築師、裝修設計師、承包商……。

1. 建築師：業主委託設計、監造之建築師本人及其指派之代表。

2. 承包人：合約書內記載為承造之廠商（指建築、水、電、空調及其他各項工程之廠商）。

3. 小　　包：指與承包人訂有合約，或為承包人所僱用，按照圖樣說明書承包本工程內一部分工作而與業主無直接訂立合約之關

係者。

1. 承包人及小包

　(1) 承包人有使其他承包人因工程而受損時，此項損害應由致損者負責向受損者料理清楚。若業主因上項損害而被控訴，則一切訴訟應由致損者代業主料理，如遇敗訴，則一切歸致損者負擔。

　(2) 承包人如欲將本工程內某一部分工作分包於專案工程之小包，則應先將該小包之名稱、經歷於事先徵得設計師同意。小包所做之工程及一切行為由承包人對業主完全負責。

2. 承包人之工程管理

　(1) 承包人須僱用工程經驗豐富之工地負責人（工地主任）長駐工地，代表承包人負責管理工程進行事宜，如業主認為該工地負責人不能勝任時，得令承包人更換之。未經業主同意，承包人不得任意變更工地主任，除非承包人認為工地主任不能勝任，於徵得業主同意後而終止其任用。工地主任於承包人不在時，應代表承包人接受各種指示。

　(2) 承包人應以其最好之技術及注意力有效地督導工程，並應仔細研究所有的圖樣、施工說明書及其他指示，若發現任何錯誤、不符或應刪除部分，應立即報告業主。

　(3) 承包人應負責維護所有工程正確之位置與水平線、參考界線及標點高程記號。

　(4) 承包人應負責本合約規定下所有工程的配合協調，包括各階段設計與工程之配合，確保各項工程之配合，準備必要之施工程序控制表及建築圖以確保所有工程妥善而儘速完成。

　(5) 承包人應負全部工程責任，各小包應在承包人指導下負責其本身所作之工程，並應與其各項工程小包密切配合。

　(6) 承包人應於裝修工地保持注有最近日期完整之施工圖。

㈦施工安全管理

1. 施工作業用地範圍

本工程於開工之前，承包人應於館內範圍內，依照業主核准之工地布置圖，搭蓋施工所需臨時性之圍牆、工地辦公室、工房、料房等設施。

2. 臨時性設施

本工程施工作業用地範圍應徵求業主之同意，以及遵守當地有關施工管理法規之規定，不得擅自占用其土地，否則應由承包人自行負責。

3. 工程障礙物及損壞修復

⑴ 本工程鄰近所有一切公私道路、溝渠、水管及電力、電燈、電話、瓦斯管、電線桿，凡足以阻礙本工程之進行者，應由承包人設法遷移或暫時移置。

⑵ 工程開工前，承包人應將施工區域內之設施現況勘測記錄。

4. 意外防護

承包人於工程進行時，對於鄰近房屋、建物或產業應加以防護，如因本工程施工而有損壞及坍塌時，修理賠償之費用及刑責應由承包人負責。如仍有意外發生，或因工作不慎，導致員工、鄰人、路人傷亡，其保險及醫療等費用及刑責，概由承包人負責。

5. 災害保險

在本工程為正式驗收交屋前，承包人應採取防止各種災害、傷害等之必要措施。並將本工程向國內保險公司投保營造綜合保險，保費由承包人負擔，業主為共同被保險人。保險單正本應交業主收執，投保項目應包括：

⑴ 工程綜合損失險為本工程之承包總價。

⑵ 第三意外責任險。

⑶ 鄰屋及公共設施責任險。

6. 工地環境

(1) 工地應經常保持整潔，不得將進場材料隨意堆置，並應切實注意環境衛生，器材應分門別類整齊堆放在固定場所。

(2) 為確保本工程施工安全及維護公共秩序，承包人應作適當之措施以防範各種可能發生之危險及擾亂安寧，如發生任何事故，概由承包人負責。

(3) 施工期間，承包人應遵照《勞工安全衛生設施規則》及《營造安全衛生設施標準》之規定辦理並遵守各該地方之法令規定。

7. 安全衛生管理

(1) 施工總承包管理公司，每天例行工作是：

朝會→作業前協調→作業前檢查→總承包商安全責任的巡邏→工程安全協調會議→作業場所之清潔收拾→作業終了之確認。

廢棄物的清潔分為大件及小件，分別處理。每天5點收工前整理自責區。每星期六中午11點，工地大掃除，將個人責任區清理乾淨。

第二章 設計圖說、施工規範、建材規格

前言

1. 施工說明書效力範圍

   本施工說明書所列之各種材料規格及其作法為施工之規範及標準，承包人必需達到此規範及標準。

2. 定義

   合約：本工程之合約包括標單（包括所附之工程進度表、工程詳細表、單價分析表）、投標須知、施工說明書、圖樣、工程保證書及簽定合約前後所加入之各項附屬文件。

3. 實地勘察

4. 圖樣、施工說明書及標單

5. 工程進度

6. 承包人之工程管理

7. 施工作業用地範圍

8. 臨時性設施。

9. 工程障礙物及損壞修復

   (1) 凡足以阻礙本工程之進行者，設法遷移或暫時移置，完工後恢復原狀。

   (2) 工程開工前，承包人應將施工區域內之設施現況勘測記錄。工程期間如有設施因而損毀時，承包人應負無償修護之責。

   意外防護、工作協調合作、材料及人工、同等品、工程放樣、施工大樣圖及樣品、專利使用、責任施工、施工機具及設備、劣工窳料、遵守工程有關法規、承包人及小包、工程變更及造價增減、工程檢驗、報請查驗、工程期間臨時水、電、施工期間臨時水、電及其所需之器材及費用除另有規定外，均由承包人自理。

旅館更新工作，是一項爲了使旅館產業，在往後幾年期間內增加營利的工作。不僅包括更新破損家具、固定設施和設備，有時還包括主要建築物系統。諸如空調系統、外觀修繕、或者重新佈建一個營業空間。旅館更新工作，是爲了滿足政府新頒行的法規而進行的工作，爲了滿足新的市場求新要求而進行的工作，爲了使旅館產業在科技競爭中保持領先地位而進行的工作。

S. Mellen, K. Nylen, and R. Pastorino. *CapEx* 2000; *A Study of Capital Expenditures in the U. S. Hotel Industry* (Alexandria, Virginia; International Society of Hospitality Consultants, 2000).

概　要

1.施工規範

2.建材規格

3.機電補充施工說明——現場管理

例舉：

施工規範的內容（地磚施工爲例）

施工規範的內容（金屬暗架天花板）

學習意涵

1.施工規範的意義、施工規範的目的、施工規範的功能、施工規範的內容。

2.建材規格（隔間牆及天花板材料爲例）

　(1)石膏板隔牆及平頂工程

　　工程範圍、一般規定、材料、廠家、隔牆之施工。

　(2)例舉：廚房用複合板材料

3.機電施工現場管理

　總則、工程範圍、圖樣及施工說明、施工進度表、工程施工配合、工程檢驗、材料規格、材料點驗、補充圖樣、機器製造廠資料、安全措

施、環境維護、工地管理、地面清理、臨時水費、駐場工程員、工程趕工、工程變更、潔淨及防護、工程驗收。

4. 飯店更新裝修工程承攬廠商應遵守事項

一、施工規範

(一)施工規範的意義

一般所謂的施工規範是指圖樣與施工說明書，亦即技術規範。施工規範（說明書）與設計圖（合稱施工圖說），是描述工程施工的性質與內容、規定使用材料及各種構件的形狀與尺寸，作為設計者與施工者之間溝通的工具。所以，對施工規範的了解，不但有助於對工程原設計者的構想有更深入的認識外，更有助於施工成本、進度及品質的掌握。因此，在工程進行之初，即應對施工規範（說明書）與設計圖等作深入的研究。

(二)施工規範的目的

施工規範的目的在於使裝修廠商在建造時有遵循之依據，且讓工程完成之品質能與預期結果接近。

(三)施工規範的功能

施工規範的功能如下：

1. 作為設計者與業主之間溝通的工具，使業主能預期了解未來的成果而做決策。

2. 作為裝修廠商於競標或議價時，估計造價的依法。

3. 作為業主與裝修廠商之間，契約構成的必要文件。亦為業主、設計者、營造商、材料供應商、工程師與施工人員，於施工執行期間所共同使用的工程合約文件。

4. 作為工程施工期間所發生之爭議、補償、仲裁、終止合約事件的根據。

5. 作為施工人員施工時之有關權責的指示及根據。

㈣施工規範的內容

　　施工規範是用來配合設計圖施工時之準則，一般包含下列諸項目：

1. 工作項目：項目名稱及說明。

2. 呈送物件：呈送物件包括但不限於下列項目：

　⑴ 大樣圖

　⑵ 現場組裝圖（工作圖）

　⑶ 樣本（如圖4-7）

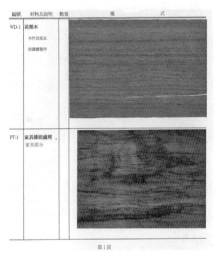

圖4-7　家具木皮樣品。

　⑷ 性能證明書及報告

　⑸ 試驗報告

　⑹ 製造廠商之使用說明或操作說明

3. 呈送物件呈繳的程序

　　一般在合約的特別條款裡，對於施工大樣圖及現場組裝圖，都有通盤整體性的說明。

4. 樣本

　　呈送製造廠商全部的標準樣品，或依照設計師之指定顏色質料及式樣提出樣品。呈送之樣本應是以示範產品功能上的特性，並包含應有的附屬扣件。（如圖4-8）

活動隔音牆板片結構剖析

①水平隔音

為達成最佳隔音效果，因此
採用上、下兩層隔音橡膠之
結構，利用千金頂的原理，
將此種裝有彈簧之雙層伸縮
密封隔音橡膠條緊壓於天花
板的軌道及地板上，其彈簧
結構在地板上所施加的負載
並不會造成超載的結果，甚
至承壓狀態下，提供整個隔
間系統的穩定度。

②骨架

牆板之骨架由鋁或鋼管組合
構成，此種堅固而不變形之
骨架，再配以15mm厚之塑
合板面板，產生出一個高強
度，優越之隔音效果牆，而
且又可以操作自如。

③操作曲柄

人工操作，可藉由一種特製
之曲柄達成之。

④面板

以15mm厚的塑合板面板懸
吊於內架的兩側，提供最佳
的隔音。它們不會受音波的
震動，並可做所有正常之表
面處理，各面板更可在幾分
鐘之內互換。

⑤地面免軌道裝置

⑥釋放機構

連接鄰牆板之磁力可藉由溫
和地拉動分開，使其操作更
加輕易。

⑦滾軸系統

採用高度先進之滾軸系統，
操作時噪音極小；並有不同
之型式供應，以符合不同之
需求。

⑧牆角隔音

特殊成形之橡膠牆角組件，
解決了處理牆角部位密封上
的技術問題；同時也達成了
優越的穩定度及隔音效果。

⑨垂直隔音

所有的隔音牆皆採用極具彈
性的垂直密封側面，凹凸槽
狀緊密配合原理，以確保最
佳的閉合及隔音效果。

⑩隔音

骨架內可填額外之隔音材料
達到不同的隔音需求。

⑪磁鐵條

在凹凸槽狀中裝有重複極化
之磁鐵條，它所產生的吸力
能將鄰接的牆板自動銜接，
及活動方面之接合力，使各
牆板由此種磁條排，提供更
閉合的連接。

圖4-8　活動隔間的規格規範。（製造廠商的圖說）

　　每個樣本均應標示一個識別碼。於指定地點裝設實體樣本，樣本應
完全。被接受之後可留置現場不必拆除。

5. 製造廠商之使用或操作說明

製造廠商之使用或操作說明應包括：運輸、貯存之處理，施工前之
準備動作，組立及裝設程序、試車、調節及運轉之規則等。（如圖
4-9）

圖4-9　活動隔間的隔音試驗報告

6. 所有呈送物必需根據有關規範給予一個識別碼，並成為該工程之永
久紀錄。提出相關呈送物之參考資料，以加速建築師／工程師批核
作業。

如有急件請標示「急件」，「請於（何時）前批核」字樣。

7. 裝修材料及產品

裝修材料標準之依據條例及核准之製造廠商。（如圖4-10）

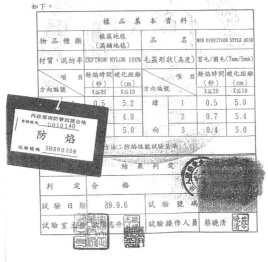

圖4-10　地毯防燄性能試驗報告書圖

8. 工作執行時之注意事項：

(1) 正式運送產品前，應確實了解樣本已被核准，確定工地確實的尺寸、現場施工現況、廠商型錄號碼以及合約上有否其他要求。

(2) 樣品之呈送，並依合約文件上之要求及實際工作狀況。

(3) 於每張大樣圖上和樣本上簽字，以示符合合約文件要求。

(4) 若有任何與合約文件要求上有異者，應於呈送樣本時，以書面說明之。

(5) 樣本需簽證者，切勿於樣本核准前逕行動工。

二、施工規範的內容（地磚施工為例）

(一)準備工作

1. 查閱與鋪貼地磚有關之鄰近工作進度及施工程序。與鄰近工作事先取得協調並密切配合，以避免互相干擾。
2. 依核准之施工製造圖施作。
3. 鋪貼前應先檢查施工面是否備妥，並將施工面清除乾淨。
4. 打底之水泥粉刷，依「水泥砂漿粉刷」之1：3水泥砂漿之規定。
5. 放樣：先求出施工面之中間基準線並按地磚之規格放樣。

(二)地磚鋪貼

1. 鋪貼前應先將施工面掃淨，充分潤濕，縱橫方向務求正直，磚縫亦應平直，台度上端除特別規定者外用單邊圓，如遇柱陽角處，應用雙邊圓。依圖說所示或由承包商註明於施工製造圖上送業主審核設置伸縮縫或其他填縫劑接縫。依廊道進行M，每6M一處伸縮控制縫，並用彈性膠填平。
2. 黏著劑之使用依核准之技術資料及說明施工。
3. 嵌縫：鋪貼後應配合黏著劑之硬化強度並根據核准之技術資料及施工說明書施工。除另有規定外，勾縫寬度不得小於3mm或大於12mm，勾縫顏色需送樣認可後方得使用。
4. 磚面上應擦抹乾靜，不得留有泥漿，凡遇有管洞之處必需照管洞形式開鑿後鑲入。
5. 地磚完工至少48小時後方可勾縫。
6. 地磚勾縫應符合鋪設標準，且使用符合規範之勾縫材料。勾縫材料之拌和及施作應依據生產商之說明書。
7. 牆面磚應依設計圖說所示之種類鋪設，並依照打底方法，視牆面狀況使用適合之砂漿。
8. 許可差：鋪貼完成之表面，於任意之3m圍內許可差不得大於±3mm。

9. 地磚鋪貼應自中間基準線向左右兩邊鋪貼，並予以適當調整，原則上應為整磚，經核可才可使用。裁切地磚並應減至最少。

10. 地磚裁切應使用動力切具裁切，切口應平順整齊。

11. 伸縮縫：廁所、廚房、茶水間等常處於潮濕之場所，其所有轉角及伸縮縫均應做防水填縫處理。鋪貼時需將乳膠砂漿均勻塗抹於施工面及面磚或其背溝中，使其確實黏著於施工面上。

12. 濕度、溫度變化較大之場所，應按地磚及水泥砂漿之伸縮率、吸水率，估算適當之伸縮縫分割線。鋪貼後以木槌或橡膠槌輕敲，一面調整面磚位置及縫寬，同時增加其黏著力。

13. 地坪地磚施工應依圖示瀉水方向及坡度施工，完成後不得有積水或瀉水不良情形。

14. 施工於外牆打底之水泥砂漿及填縫，勾縫材料均需使用防水劑，或採用1：2防水砂漿打底。（如圖4-11）

圖4-11　抿石子地坪施工實景，太魯閣晶英酒店更新庭院景飾設施。

㈢清潔及保護

1. 黏貼及勾縫完成後，磁磚面應立即清洗，以免其他物質黏著其上。

2. 完成之地磚面應保持乾淨，避免裂紋、缺口、破損、空隙或其他缺點。

3. 地坪地磚施工中及完成最後之勾縫，在48小時內該地坪應禁止踩踏。

三、施工規範的內容（金屬暗架天花板為例）

(一)吊架以二分膨脹螺絲固定，端部吊筋應設於RC或磚牆面起30cm內。

(二)天花吊架之金屬構件鍍載重強度通過CNS11984-A2206規範測試，支撐架與暗架之最大繞度在10mm以下，殘留繞度在2mm以下。

(三)天花吊架之金屬構件，其鍍鋅量需達180g/m²，降伏強度33KSI，抗拉強度310MPA。

(四)主架之最大間距不得超過30cm，支撐架之最大間距不得超過90cm。

(五)暗架主架、支撐架規格如下（如表38）：

表38　材料規格

暗支撐架		暗主架		每平方公尺最高容許載重依ASTM C635
高度	厚度	高度	厚度	
41mm	0.8mm	27mm	0.6mm	38kg/m²
		27mm	0.4mm	28kg/m²
		19mm	0.4mm	21kg/m²

四、建材規格（隔間牆及天花板材料為例）

(一)石膏板隔牆及平頂工程

1. 工程範圍

合約圖樣上註明為石膏板隔間牆及平頂天花者，包括材料、人工、施工及機具。

2. 一般規定

除非有施工說明書或圖樣上另有更嚴格的規定外，否則均依照各廠牌對其產品的使用及安裝所印行施工手冊指示所做。承包人需依設計圖樣繪製現場尺寸圖，包括平頂吊架、平頂燈具、器具安裝及補強、檢修口位置、牆面門窗開口補強、收邊處理等，經業主核准後

方可施工。（如圖4-12）

(1) 凡對施工有影響之場地情況均先加以勘察，並需在場地情況合乎施工條件下，水電、空調管線等隱蔽部分檢驗完成，方可開始石膏板料安裝工作。（如圖4-13）

圖4-12　晶華酒店修繕更新外牆，採用C型鋼及DUROCK板材為底，施作外牆鋪面。

圖4-13　乾式隔間基本施工方式

(2) 承包人需受石膏板原廠供應商之施工訓練講習，並證明具有該石膏板隔牆及平頂工程施工技術。

(3) 承包人需提供石膏板及組件原製造廠商品質保證單給業主設計師，並具備可供業主追加15%數量的能力。

3. 材料

所有石膏板料及組件都必需以原廠包裝未開封狀態運至工地，貯於防雨防潮的空間，石膏板堆存時應平放，且避免接觸潮濕表面。

(1) 石膏板

① 需符合ASTMC-36之規定。

② 石膏板規格、尺寸、材質詳合約及圖樣之規定。

③ 使用防火或防潮作用之石膏板需有防火或防潮之規定。

(2) 垂直槽鋼（Studs）：ㄇ型槽式樣，槽鋼網狀開孔槽寬1 5/8吋、2 1/2吋、3 5/8吋或4吋，邊緣（Flanges）最小尺寸15/16吋，縫邊（Hemmed Edges）最小尺寸 5/16吋，槽鋼厚度20ga及13ga，

熱浸式鍍鋅（Hot-dipped Galvanized）。C-H垂直槽鋼槽寬4吋，20ga。E型垂直鋼槽寬4英吋，20ga。（如圖4-14）

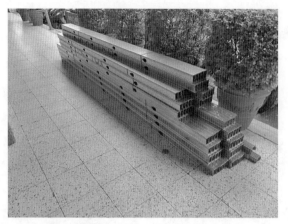

圖4-14　乾式隔間使用的鍍鋅C型槽鋼骨架以及橫向連接零件。

(3) 水平槽鋼（Runner）：淨寬1 5/8吋、2 1/2吋、3 5/8吋或4吋，20ga熱浸式鍍鋅。

(4) 小型槽鋼（Furring Channel）：面寬1 1/4吋，深7/8吋，背寬2 9/16吋，20ga電子鍍鋅。

(5) 門楣補強：左右兩邊門楣補強為兩支螺絲固定的垂直構鋼，門框則以Anchor Clip固定在槽鋼上。

(6) 懸吊及繫綁鐵線（Hanger or Tie Wire）：分別為8ga及18ga鍍鋅鐵線。

(7) 護角鐵片（Metal Corner Reinforcement）。

(8) 隔音纖維氈（Sound Attenuation Blanket）（圖4-15）：凡圖樣上規定使用隔音纖維氈之處，2

圖4-15　乾式隔間使用的玻璃纖維隔音綿，依照設計厚度。

吋厚，需固定於所有鄰接的材料上。隔音氈之厚度依照設計要求的隔音係數強度而定。

(9) 金屬飾條（Metal Trim）：槽寬5/8吋，邊緣分為1吋及1/2吋。

(10) 填補劑：包括強力紙帶及耐久填補劑。

(11) 膠合劑。

(12) 隔音填塞劑（Acoustical Sealant）。

(13) 金屬角鋼（Metal Angle Runner）：13/8吋X7/8吋X24ga鍍鋅鐵片。

4. 廠家：U.S. GYPSUM.NATIONAL GYPSUM，DOMTAR，或設計師認可之同等品。

5. 隔牆之施工

(1) 槽鋼安裝

① 天花板槽鋼

凡與天花板接觸之處，以帶狀填充料直接密封，且寬度至少為1吋。黏貼時以24吋的間隔分隔開。凡是伸出或需要伸出天花之處，需以不超過4呎間隔將其固定在結構體上。

② 地板槽鋼：在最大不超過24吋中心間隔內，以開頭釘或水泥釘將之釘於地板上。

③ 間柱：防火施工說明上指示或需要之間隔，中心至中心之間間隔絕對不能超過24吋。

④ 轉角：在轉角處置放一支槽鋼相隔一塊石膏板的厚度，以中心24吋的距離固定石膏板於相鄰的垂直槽鋼上。

⑤ 門框：把兩支連接的垂直槽鋼用螺絲栓鎖在門框上。

⑥ 水平槽鋼中心至中心之距離不得超過30吋（75公分），在需安裝其他物件如壁櫃、扶架等，除非圖樣另有更嚴格規定，在安裝處另加設兩支水平槽鋼。

⑦ 獨立的垂直槽鋼（Free-Standing Studs）：以支撐槽鋼（Furring Brackets），固定垂直槽鋼於牆面上。

(2) 石膏板安裝

　① 將石膏板直立使其邊端在垂直槽鋼中心密合，固定螺絲間距為12吋。

　② 為減少接縫處理，需採用恰當規格之石膏板，並使牆相對兩邊石膏板接縫錯開於不同之垂直槽鋼上。

　③ 所有石膏板挖洞裝置開關或其他器具，必需以2吋厚之隔音纖維阻隔，不得有透空或聲音傳過。

(3) 護角與收邊

　① 隔牆轉角以護角鐵片（Metal Corner Reinforcement）保護。

　② 凡石膏板貼接其他材料或圖上注明需覆蓋石膏板邊端之處均套以金屬飾條（Metal Trim）保護。

(4) 補縫與接合（紙帶系統）

　① 板面處理

　　塗上寬約4吋之接合劑（Joint Compound），鋪貼上紙帶，予以乾燥，再塗上接合劑，寬度寬於紙帶兩邊角邊約3吋，刮平後予以乾燥。最後再於前一層膜上抹塗接合劑約寬3吋，乾燥後用砂紙磨平。

　② 內轉角接合同板面處理。

　③ 轉角飾條與繫固零件（Trim Corner Guards, Fastenings）：除了不用紙帶以外，處理方法均與板面處理相同。

　④ 不外露的部分：除了不必抹飾與磨平之外，紙帶接合處理同外露部分處理。繫固零件不必抹飾。

(5) 天花之施工

　① 水平槽鋼中心至中心之最大距離為4呎。

　② 鐵鋅鐵絲：9ga，懸吊中心至中心最大間隔為4呎。

　③ 小型槽鋼：中心至中心最大間隔為2呎，以小型槽鋼夾固定。

　④ 板之安裝：將石膏板以十字支撐後，以螺絲12吋距離1只固定在小型槽鋼上，石膏板端邊接合處應錯開。

⑤ 板上補縫接合同隔壁處理。

(6) 施工誤差容許範圍

① 視覺偏差：任何可以肉眼察覺之裂縫、凹凸、不夠水平或不夠鉛直之處均需修正。

② 牆面偏差：與鉛垂面最大偏差不得超過3/8吋。

③ 板上之凹凸：24吋內最大不超出1/8吋。

④ 邊角：不夠方整之處，16吋內最大不超出3/16吋。

(二)廚房用複合板材料

請購廚房及備餐間天花板使用的明架複合板材料，提供給施工廠商安裝。

1. 產品規格說明：

⑴ 規格：2呎×2呎×4mmth

⑵ 材質：12層鋁箔貼合

⑶ 隔音率STC：26db以上（ASTM E413）

⑷ 吸水厚度膨脹率：2.2%（CNS2215）

⑸ 熱傳導率：0.0625cal／m.h°C（CNS7333）

⑹ 符合CNS6532耐燃標準

⑺ 彎曲破壞載重：27.6kgf以上（CNS10995）

⑻ 含水率：4.2%（CNS10995）

⑼ 無甲醛釋出（CNS11971）

2. 尺寸2呎×2呎×4mmth確定，其餘請採購該項板材或同級品。

五、旅館工程部的機電現場管理

機電工程補充施工說明書

機電補充施工說明書，即現場管理單位所規定的施工說明，其內容規定：總則、空調設備規範、機械設備安裝、配管工程、風管工程、保溫工程、配電工程、試車及調整。本段只敘述：總則及試車、

調整及平衡，其他於機電設備敘述之。

(一)總則

1. 工程範圍：本工程除依合約規定由業主供給之設備器材外，承包人應提供一切材料、設備、運輸、工作架及完成本工程安裝所需之人工、機具、測試儀器及安全措施等。全部工程包括下列項目：

   (1) 機器設備之基座及避震設備

   (2) 機器設備及其安裝

   (3) 水管系統之施工安裝

   (4) 風管系統之施工安裝

   (5) 配電系統之施工安裝

   (6) 機器設備之調整及試車

   (7) 施工及竣工圖之繪製

   (8) 試車、調整及平衡

   (9) 打鑿及修補

   承包人應確實遵守內政部頒布之《建築技術規則設備編》、本契約圖樣、施工說明書以及工地監工工程師（以下簡稱工程師）之指示施工。

2. 圖樣及施工說明書：圖樣及施工說明書所載均有同等效力，如載於其中之一而未列於另一者，均需按照圖說施工。凡圖樣及施工說明書未及備載之工作，而為完成本工程之所必需者，承包人應予照辦。圖樣或施工說明書與現場情況不符時，應以工程師之解釋為準。承包人於估價之前應親至工地詳細勘查，日後不得藉詞推諉或要求加價。

3. 施工進度表：承包人於開工前配合建築及其他有關工程，擬定施工進度表，送交工程師核轉，如於工程進行中，實際情形與原訂計畫有所牴觸時，應即請示工程師並聽候處理，不得任意變更。

4. 工程施工配合：本工程之進行應與建築及其他有關工程密切配

合，一切管線敷設其套管吊架等安裝均應事前預先埋設。管道與其他工程之管線牴觸時，應在機電工程師的協調下，預先提出配合的補充圖樣，並商得有關方面的同意。如因協調不足，以致於對建築物做不必要之穿鑿或非得已事後需要開鑿牆面或混凝土部分時，應經工程師之許可，並與建築承包人連繫合作進行，其損壞部分應由承包人負責修護。

5. 工程檢驗：本工程之每一步驟均需報請工程師查驗，非經工程師同意不得進行下一步驟之施工。在工程進行中如工程師發現某一部分工作欠妥，或工作與圖樣、施工說明書不符時，均視為略劣工竄料，無論已否完成，均應拆除重做，並將劣料立即運離工地，業主因此所受之損失由承包人負責。

6. 材料規格：承包人於簽定工程合約後，應儘速將本工程內承包人應予供應之全部材料及設備列表，載明規格及說明廠商名稱、型別號碼及其他技術資料，送請工程師核定轉存。本工程所使用設備及材料均應為符合圖樣及說明規定之全新上等品。承包人應於開工前檢送各種材料樣品，經機電工程師檢驗合格後，留存一份於監工辦公室為樣本，依樣進場使用。如進場才發現不合規定者，應運離工地免於混淆。凡經證明合格之材料，承包人不得擅自運出，材料樣品於工程驗收合格後退還承包商。樣品包括水管、管件、鐵皮、風口、保溫材料、吊料等。

7. 材料點驗：承包人供應之施工材料應按工程進度之需要，分批運抵工地儲放於經工程師指定之場所，材料運抵工地後應即會同機電工程師點驗。業主供給之設備及器材之數量均載明於標單內，該項供給材料運抵工地後，承包人亦應會同工程師開箱點驗。如發現有不符合規定或損壞情形時，應列表向業主報備。

供給材料交予承包人後應妥為保管，如有損壞或遺失，概由承包人負責賠償。若因而致工程延誤且無法如期完工時，承包人應負全責。工程未經驗收前，除因天災人禍或非人力所能抵抗外，不

論已完成或未完成之工程部分及材料，皆歸承包人保管，如有損壞或遺失，皆由承包人負責重建或賠償。

8. 補充圖樣：本工程除機械商供應之藍圖外，承包人應負責繪製大樣圖詳細圖，以作為本工程施工圖補充之用，所有承包人繪製的圖樣應先提送業主機電工程師核准後，方可據以施工。承包人負責繪製之補充圖樣應包括下列各項：

   (1) 凡在施工過程中，因合約施工圖之尺寸過小未能詳明或遇疑難需要詳細尺寸始能施工及檢驗時，應遵照工程師之指示繪製補充圖樣。

   (2) 主要機器之安裝應根據現場情況選用之機器製造廠所提供之圖樣及安裝說明，繪製配置圖、基礎圖及配管圖。圖中應詳細表明基礎、固定螺絲、吊管架、支架及管線配件等尺寸與位置。

   (3) 其他凡工程師認為有需要之部分或需要變更原設計時，均應繪製補充圖樣。

   (4) 補充圖樣之比例尺，除經工程師允許者外，應不得小於1/50。

   (5) 補充圖樣一經工程師核定使用，即視同施工圖發生效力。

9. 機器製造廠資料：有關機械設備等製造廠提供之藍圖、裝置說明及技術資料，承包人應事先充分研究，並按照指示確實施工。此類資料視同施工圖說之一部分，為將來工程驗收之依據。

10. 安全措施：施工之安全亦為本契約要求的一部分，如工程師認為施工用之搭架、扶梯、工具、設施及施工方法等有欠安全時，乙方應即加以修正，在未加修正前不得繼續施工，如因而發生包括人員之傷亡、設備之損壞等，應由承包人負責。

11. 環境維護：本工程施工前已有各項工程在施工，承包人應妥為保護不得損壞，如有損壞時需負責修理。

12. 工地管理：工程進行期間，承包人需負起管理約束及保護其僱用員工之全責，如承包人因設備不周，致有妨礙衛生、治安、公共秩序及危險等情事，而發生對於承包人之員工或第三者之一切傷

亡災害或損失，概由承包人負責撫卹及賠償，與業主及工程師無涉。凡治安機關認為危害治安之嫌疑人員不得僱用之。

13. 工地清理：承包人需負責保持工地整潔，尤應注意防患火災及安全措施，工程完竣後需將工地完全整理清潔，一切垃圾等均應逕行運出。

14. 臨時水費：於施工期間，承包人應自備工程施工所需之必要設備，如需利用業主已有之水電設備，承包人應事先申請，經業主核准後方可使用。

15. 駐場工程員：承包人應派遣富有工程施工經驗之工地負責人（需具有至少一種安全衛生業務主管執照）常駐工地，代表承包人負責管理工程進行事宜。如工程師發現上述人員未具備充分經驗及能力，以配合完成本工程之各項裝置時，得通知承包人立予更換，承包人不得拒絕。

16. 工程趕工：施工期間如因工程落後或遇工程無法停頓必需趕辦完成，而經工程師通知加班時，承包人應即遵辦，並負責其所需之一切額外費用。

17. 工程變更：本工程如有增或減以及變更計畫等情事，需經業主或工程部通知允准後方可進行，否則承包人不得擅自更改。

18. 潔淨及防護：在工程進行期間，凡已裝置之管子之空端應使用管子塞頭或其他管蓋作適當之封閉。所有機械設備、器具及器等，均需加適當之遮護以防止遭受損傷，並需在完工驗收前，全部施以潔淨。

19. 工程驗收：工程全部完竣，經初驗及複驗合格，始得請求驗收。

20. 竣工圖：工程全部完竣後，承包人應繳驗竣工圖3份及光碟3份，載明一切配管、附件及其他隱藏設備之確實位置，俾作為日後檢修及維護之依據。

21. 工程保固：工程完竣後必需自完工正式驗收完成日起保固1年，但業主供給之設備其非導因於承包人之施工或管理不善者不在此

限。

㈡試車、調整及平衡

1. 承包人在啓動空調系統之前，應作下列之檢查：

  ⑴ 檢查設備路線（Alignment）。

  ⑵ 檢查設備之轉動。

  ⑶ 檢查V型皮帶轉動輪。

  ⑷ 檢查並加潤滑。

  ⑸ 檢查連鎖電路（Electric interlock circuit）之動作。

　　各空調設備於完成後，應會同工程部正式運轉試車予以測定，並作書面紀錄報告送請業主機電工程師審核。正試車中承包人應對整個系統作必要之風量及水量平衡，校正與調節至原設計為止。此項查核工作應將整個冷氣系統連續運轉至少2天，旅館工程部機電工程師或其代表人與承包人一併核查記錄全部運轉情況。業主及原設計工程師得根據此等紀錄，計算或估定整個空調系統是否合於規定，如有不合，承包人應無償予以改正。

第三章　施工作業管理與工務行政

前言

　　本章敘述旅館更新施工作業管理與工務行政，分為6個段落：

1. 工程變更的權責劃分及程序，契約變更、索賠、延期處理，工程作業協調及紛爭處理、工程變更設計的處理、工程變更及造價增減、瑕疵修繕費用。
2. 施工作業管理，糾紛的解決方式。
3. 有關展延工期之判斷標準、遲延完工或付款、解除（終止）契約，旅館更新改裝爭議之法律觀點、合約糾紛處理。
4. 工程作業協調及紛爭處理，工程糾紛之定義，工期展延與情事變更原則適用關係之探討，工程變更設計的處理。
5. 工程契約文件管理，爭議的本質、工程糾紛主要類型。
6. 「擬制變更」的構成原因。

　　旅館更新裝修工程的瑕疵，契約變更、索賠、延期處理。裝修業者的權利義務，旅館業主的權利義務。合約糾紛（或爭議）發生的原因及種類，合約糾紛之處理，協商、和解、調解、訴訟、仲裁。一般工程糾紛的處理，大致先進行和解與調解為佳，而在無法達成圓滿解決時，才再以仲裁或訴訟加以解決。

　　結論，以《民法》作為請求權依據

　　雖然更新主要是針對顧客，因應顧客的觀感而更新改裝。但也有其他要求，例如應付政府法規的增修或是連鎖旅館集團對於設施的規範標準。

West, A. & Hughes, J. T. (1991). An evaluation of hotel design practice. *The Service Industries Journal*, 11(3), 326-380.

概　要

1. 工程變更權責劃分及程序
2. 施工作業管理
3. 契約變更、索賠、延期處理
4. 工程作業協調及紛爭處理
5. 工程契約文件管理
6. 「擬制變更」（Change order procedure）
7. 討論與結論

學習意涵

1. 闡述工程變更權責劃分及程序
   (1)工程變更及造價增減。
   (2)變更追加。
   (3)計價方式。
   問題研討：試述一般工程契約中與工程金額相關之規定。
2. 探討施工作業管理
   (1)工作作業。(2)遲延完工或付款。(3)工程延期。(4)有關展延工期之判斷標準。(5)解除（終止）契約。(6)契約書上確認。(7)時效。(8)瑕疵修繕費用。(9)未完成、完成的定義、付款義務。(10)修復瑕疵前，拒絕給付尾款。(11)驗收。
3. 契約變更、索賠、延期處理的研究
   (1)飯店更新改裝的爭議之法律觀點：室設業者的權利義務、業主的權利義務。
   (2)合約糾紛（或爭議）發生的原因及種類。
4. 探討工程作業協調及紛爭處理
   (1)爭議糾紛雙方的主要實務觀點。
   (2)完成與瑕疵、時效。
   (3)工程糾紛主要類型。
5. 工程契約文件管理的內容
   (1)工程文件管理：依業主及承包商分類。
   (2)承包商的定義：可以是設計師或室內裝修公司及營造公司。

6.「擬制變更」「Constructive Changes」（Change order procedure）的構成

  ⑴主要係由業主或代表非依正常工程變更之程序（Change order procedure）所做之行為，造成工程有所變更而言。

  ⑵工期展延與情事變更原則適用關係之探討。

7.結論與討論：以《民法》作為請求權依據。

一、工程變更責劃分及程序

㈠工程變更及造價增減

1.旅館更新裝修工程進行時，旅館業主有增加、減少及修改其中任何部分之權利。所有一切添加之工程仍應按本施工說明書之規定進行。凡一切工程之變更皆由業主設計師發給修正圖書面通知才是有效。凡因這項更改而使造價或施工期限隨之有所增減時，應於該修改工程尚未進行之前，按照下列各辦法協議決定，並由旅館業主與裝修承包人簽定工程變更記錄證明之。

  ⑴ 按契約內所載明之單價按數量核算之。

  ⑵ 由承包人將所修改之作業估價，送由專案部核轉業主認定。

  ⑶ 按承包人對於該項更改工程之實支工料款加上核定之利潤核算之。採用是項辦法時，承包人應按指定之格式呈報工料款項以及一切有關之單據，以憑核算。凡承包人未經任何方面之通知而逕行更改，致有增加工料時，業主概不負責。

2.任何工程如已經照合約規定施工，而經業主通知需要拆除或更改，裝修承包人應於未拆改前通知旅館專案部，並估計損失，開具價格經由專案部轉業主核定。再由雙方簽定工程變更記錄證明，方可更改。

3.如發現所做施工之工作與合約不符或不能使設計師滿意，而經設計師認為難以修改或補救者，業主可照原訂之價目內酌核扣減，以償

業主之損失，由專案部秉公核算，並於承包工程價款內扣除之。

4. 所有加減帳皆應於未尾期付款前結算之。旅館業主與裝修承包人皆不得於末期款付清後再行提出。

(二)變更追加

1. 延長完工期限：如果遇到有追加工程項目的情形，依法律上規定的誠實信用原則，裝修業者可以請求延完工期限。

2. 業主於施作過程中並未提出反對或阻止的表示，就應該認為雙方對於增加或減少工程確有達成合意。

(三)計價方式

如仍需逐一核計並得予以扣減，即屬於實作實算而非總價承攬。

二、施工作業管理

(一)工作作業

1. 設計圖說

(1) 契約內容

① 工程施作範圍。

② 工程圖說。

(2) 工項不符的時候，估價單為準或設計圖說為準

2. 計價方式

(1) 契約內容：工程款費用及工程期限。

(2) 總價承攬或實作實算。

3. 施工期限

(1) 契約內容：工程期限自□年□月起，至□……。

(2) 變更追加。

4. 尾款占總價的比例：完工驗收，甲方應支付乙方工程尾款10%，尾款所占比例不宜過高或過低。

(二)遲延完工或付款

1. 裝修業者遲延，旅館業主的權利是可以請求減少報酬或請求賠償因

遲延而生的損害。

2. 依契約的性質或當事人的意思表示，不在一定期限給付，不能達到契約的目的而言，限於客觀性上有「期限利益」，而且經過當事人「約定」裝修業者需於特定期限完成交付才有適用。

3. 工作需於特定期限完成，若具有「重要利益」，即應在約定期限外，使業者知道他的履行利益與遵照期限給付相關，若業者預期不能完成，可以解除契約。

4. 若給付沒有確定期限，旅館業主在裝修業者可以請求給付時，經他催告仍沒給付，從受「催告」時起，負遲延責任。

5. 保留：工作遲延後，業主受領工作時，不為「保留」，裝修業者對於遲延的結果不負責任。

㈢工程延期

凡符合下列情形之一者，承包人得按合約規定於三天內向業主申請核延工期。

1. 天災地變等人力不可抗拒之災害，工期確受影響者。

2. 業主應行供給（借）之材料、器材設備延遲供應，影響施工進度者。

3. 設計變更或工程數量增加，確實影響工期者。

4. 其他由承包人申請，經旅館業主及設計師核准者。

㈣裝修工程完工之撤除清理

工程竣工後，承包人在工地自備之臨時施工設施均應撤除，施工機具、廢料等應按規定分別歸還及處理。工地並應確實打掃清潔至業主認可。又承包人不得以任何理由占據工地不還。

㈤有關展延工期之判斷標準

有關展延工期之事由，分為「契約變更之展延工期事由」、「阻卻違法之展延工期事由」及「阻卻責任之展延工期事由」三種類型。不同類型之展期事由，其判斷標準皆不相同，另外有關契約應增加之竣工期間之認定，皆屬工程契約重要之議題。

(六)解除（終止）契約

1. 解除契約：「以工作於特定期限完成或交付」為契約的要素。工作完成後解說契約的原因：是指具備《民法》502條第2項規定，工作於特定期限完成或交付為契約的要素而言。裝修業者不於期限內修補瑕疵，業主得解除契約。解除契約後，旅館業主有給付未解除之前所完成工程項目金錢報酬的義務。

2. 終止契約：工作未完成前，旅館業主得「隨時」終止契約，但應賠償裝修業者因契約終止而生的損害。契約終止並沒有溯及既往的效力，損害賠償請求權，因原因發生一年內不行使就不能再行使。契約終止前，如果已經「具備一定經濟上效用」，「可達訂約意旨所欲達成的目的」，並已「為業主受領」的工作，旅館業主有給付相當報酬的義務。

例如：裝修業者依契約施工，已經讓旅館業主試營運，具備一定的營業功能，達到雙方訂約的目的，館方人員也已進入使用設施，旅館業主有義務給付相當報酬對價。

(七)契約書上確認

未經書面，口頭仍具有合意。旅館業主未提出反對或阻止的表示。旅館業主於裝修廠商施作過程中並未提出反對或阻止的表示，堪認雙方對於變更及加作工程這部分確已達成合意。

(八)時效

旅館業主任意終止契約，應賠償裝修業者因終止契約所生的損害，其請求權因其原因發生後「一年」間不行使而歸於消滅。裝修業者的報酬請求權，二年間不行使即消滅。領取估驗款應以「驗收時」起算時點。

(九)報酬請求的時間點及利息計算

報酬應於「工作交付時」給付，無須繳付者，應於「工作完成時」給付。若無確定期限給付，待業者催告而未給付，自催告時起，負遲延責任。遲延利息：遲延的債務，以支付金錢為標的者，裝修業者得請求

依法定利率計算遲延利息，若無可依據，年利率以5%計算。

㈩違約金

除簽約雙方契約中有明確的描述違約金的處理方式，就當作因不履行而生損害的賠償總額。

(十一)拆改費用

拆改費用的負擔：如拆改是因設計錯誤或施工瑕疵所致，費用應由裝修業者負擔，如非因前述原因所生的拆改費用，則由旅館業主負擔。

(十二)瑕疵修繕費用

1. 工作有瑕疵，旅館業者可請求裝修業者修補，若裝修業者不修補，業主可以自行修補，並向裝修業者請求償還因修補而產生的費用，或減少報酬。
2. 若修補費用太高，裝修業者可以拒絕修補。
3. 裝修業者明知材料的性質或指示不適當而不告知業主，不在此限。

(十三)未完成

1. 完成的定義：未施作項目不妨礙「工程契約整體目的的達成」，應認爲裝修業者已完成工程。是否「已完成雙方約定的工作」定之。例如：開關蓋板不正或壁紙局部脫膠等施工情事，不得視爲未完成。
2. 付款義務：室內裝修業者應依約完成施工，旅館業主始有付款的義務。裝修業者未「完成約定的工作」，不可請求旅館業主給付工程尾款。

(十四)修復瑕疵前，拒絕給付尾款

如果裝修承包商將缺失部分留待保固期修補，完成交付的事實。應指此修補項目，「無礙於系爭工程契約目的效用的達成」而言。（系爭，係法律用語，就是這件事的意思）

(十五)驗收

1. 不正當行爲阻止驗收：旅館業主以不正當行爲阻止驗收的發生，應「視爲」清償期已屆至。

2. 不妨礙工程契約整體目的的達成：未施作項目「不妨礙工程契約整體目的的達成」，應認裝修業者已完成工程。

㈤有關預期違約

工程施作中，因裝修承商之過失，明顯而可預見工程有瑕疵、遲延或有其他違反契約之情事者，旅館業主得定相當期限，請求裝修業者改善。裝修業者未於前項期限改善者，發包人得使第三人改善，改善之費用承包人負擔，或終止契約並請求損害賠償。

三、契約變更、索賠、延期處理

旅館更新改裝的爭議之法律觀點

㈠裝修業者的權利義務與旅館業主的權利義務

	室設業者的權利義務	旅館業主的權利義務
1.尾款部分	旅館業主不得以工程有瑕疵為由，拒絕給付報酬。倘工程已完成，縱有瑕疵，亦不得謂未完成。若有瑕疵，依《民法》494條規定，業主僅得主張減少報酬。	
2.驗收	旅館業主拒不驗收，裝修業者得主張《民法》第101條，視為已驗收。	
3.解除契約		依《民法》第511條規定，工作未完成前，旅館業主可任意解除契約，但需負擔損害賠償之責任。若因「瑕疵」而解除契約，需瑕疵重大。因裝修業者「遲延」而解除契約者，依《民法》第502條規定，以工作於特定期限完成或交付為要素，才可解除契約。因請求裝修業者修補，需室設業者拒修補或瑕疵不能修補者，旅館業主才能解除裝修契約。

	室設業者的權利義務	旅館業主的權利義務
4.拆改費用	拆改的費用若係裝修業者的設計錯誤所造成，應由裝修業者承。若非可歸責於室設業者，則應由旅館業主負擔。	
5.修繕費用		旅館業主需先請求裝修業者修補，若裝修業者不為修繕，才得另行僱工修繕並向裝修業者求償。
6.時效	《民法》第127條之規定，室設業者得請求報酬的期限為二年。	裝修業者依《民法》第495條規定請求損害賠償，其權利行使期間為一年。

(二)合約糾紛處理

合約主體間的關係

1. 合約主體之間的法律關係包括：

　(1) 承攬關係：旅館業主（甲方）與承包商（乙方）之間訂定之工程承攬契約（即一方「承包商」為他方「旅館業主」完成一定的工作，他方「旅館業主」挨工程完成後，給付報酬。）

　(2) 委任關係：因旅館業主（甲方）與規劃設計單位（乙方）依其規劃設計委任契約所生之權利義務關係。

　(3) 代理關係：規劃設計單位（乙方）接受業主（甲方）委託執行監造工作時，即為業主之代理人，其代理業主處理承包商（丙方）在本工程上之相關業務。

　(4) 侵權關係：在施工期間，因旅館業主（甲方）或承包商（乙方）之過失或故意，致侵害第三人權益而生之損害賠償責任。

　(5) 監督關係：行政主管單位（通常是指政府機關，例如建管處或觀光局，或規模公司之上層單位）依法規或條例之規定對工程主辦機關、設計監造單位及承包商有監督之責任。

通常（甲方）即為委託工作的一方，其義務是「出錢」。（乙方）即為工作的一方，其義務是勞務製作。但（甲方）必須給予（乙

方）勞務製作的環境空間與時間。

2.業主與承包商

《民法》第二編第八節承攬之相關條文為自四百九十條至五百十四條共計二十五個條文，其條文內容分別如下：

第四百九十條（承攬之意義）：稱承攬者謂當事人約定，一方為他方完成一定的工作，他方挨工程完成後，給付報酬。

第四百九十一條（報酬與報酬額）：（以下請詳閱《民法》規定）

3.業主與規劃設計單位

（詳見前節契約關係，在此不再贅述）

(三)合約糾紛（或爭議）發生的原因及種類

1.工程契約糾紛之主要原因

⑴工程契約品質不佳，如：合約條款規定不明確，契約規定不完整，關聯承包商之間之工作介面（工作的銜接點）事項說明不清或工作責任範圍不明。

⑵契約條款不公平，如：由甲方擬定的契約條文，即往往偏袒甲方，而將缺失歸責乙方。

⑶業主方及監造單位人員之保守心態，如：甲方監督單位怕負責任，而樣樣拘謹，過多的干預。

⑷設計及監造疏忽，如：設計不週全或不完整，造成施工單位無法依照原先施工計畫進行，造成工程進度的延宕遲滯。

2.工程合約糾紛的種類

⑴在規劃設計階段常見的糾紛包括：

① 設計瑕疵或設計錯誤之賠償責任。

② 規劃設計作業延誤之逾期賠償責任。

③ 變更設計之界定及設計費用之爭議。

④ 委任契約中止之相關損害賠償責任。

⑤ 委任關係消滅時，受任人或繼承人之繼續履約義務。

⑵發包階段：廠商資格不符之爭議。工程保證金不足。搶標及圍

標。

(3) 施工階段：施工階段發生的問題最多，牽涉的當事人包括：業主與承包商，承包商與其下包，關聯合約之各承包商，各項設備廠商，不特定之第三人。

(4) 驗收階段：完工之認定，逾期責任及逾期罰款，瑕疵之改正。

(5) 保固階段：工程保固期間損壞責任之認定，保證金之分期退還。

(四)合約糾紛之處理

工程合約糾紛，導因於工程執行之各階段所產生之有關權利義務的爭執，或持不同的見解，以致雙方無法合意依原訂合約內容完成。一般依照工程特性及爭議標的之規模，而有不同的處理模式，其主要處理方式，如下：協商、和解、調解、訴訟、仲裁。

一般工程糾紛的處理，最好是先進行和解與調解，而在無法達成圓滿解決時，才再以仲裁或訴訟加以解決。以訴訟處理時，往往在歷經二級二審後，即便簡易法庭的處理，也延宕多時，才能獲得一個最終確定之判決書，不僅耗時而且貽誤時機。法官並非工程專業，所得判決結果，往往令人啼笑皆非不知所從。

以工程糾紛或爭議處理的時效來看，不但曠日費時，而且因為工程問題的發生，經常牽涉各種專業知識與工程技術，且其肇因常係多種因素造成，亦非一般法院法官所能有效了解及掌握，所以相形之下，仲裁則有快速、專業的優點，而成為解決工程爭議或糾紛的較佳方式。

甲乙雙方若能有榮譽與共，和諧相顧「共同體」的價值觀，有事「和氣生財」。兩方爭議，不可能贏者全取，若協商時雙方各退一些，則造成雙贏。

四、工程作業協調及紛爭處理

(一)工程糾紛主要類型

1. 工程變更爭議

工程變更往往是造成工程糾紛的最主要原因之一，而造成工程變更的原因有許多種，主要分類下列七種：

(1) 擬制變更（另於六、詳述）：契約雙方就條款解釋有歧異，而承包商按業主指示施作造成之成本或工期增加。

① 有瑕疵之契約規範與誤導之資訊。

② 趕工。

③ 業主未履行協力合作之義務。

(2) 情事變更：情事變更是指合同有效成立後，因當事人不可預見的事情發生（或不可歸責於當事人的原因發生情況變），導致履行合同的基礎動搖或喪失，若繼續維持合同原有效力有悖於誠信原則（顯有不公）時，則應允許變更合同內容或者解除合同的執行，目的在於消除合同不可預見的情事變更所產生的不公平後果。

(3) 新增項目：業主所追加工作項目，衍生是否係新增項目，抑或係屬於原契約應施作範圍之爭議。

(4) 刪除工作項目：對於刪除工作項目之刪除，應辦理契約之變更，則無以異。但是工作項目刪除幅度過大，造成承包商之財產損失，或使得專為該工程項目訂購的設備無法他用所致的損失，成為常見的爭議案件。

(5) 實作數量與原契約數量差異所致變更設計。

(6) 額外工程與工程變更的差異。

(7) 設計疏失。

2. 價金給付爭議

(1) 計價方式：常見契約對於乙式計價項目之估驗計價，並未明確規定，造成業主與承包商間之爭執。

(2) 付款遲延：估驗款未準時入帳所衍生之爭議。

(3) 變更金額爭議：工程金額因工項或數目有新增或刪減而產生變更，需重新議價及討論付款方式，此時亦有發生爭議之可能。

(4) 物價指數調整：計算物價指數調整給付工程款時，預付款應予扣除。

(5) 工率降低索賠：因現場環境改變，使承包商原施工之工率降低，導致施工期間變長，成本增加，因此衍生請求工期延長或索賠之爭議。

(6) 工程保證還款時間不明確：各式保證金之還款時間未明定，甚至產生扣款之情形發生。

(7) 瑕疵扣款方式不明確：發現瑕疵時，扣款之時間與金額未訂清楚，造成爭議發生。

3. 工期爭議

(1) 工程延遲。

(2) 工程展延。

(3) 計算方式不明確。

(4) 勘驗日期不明確。

4. 驗收爭議

(1) 分段驗收、部分驗收是允許。

(2) 遲延驗收問題。

(3) 未驗收先行使用問題。

(4) 驗收瑕疵之改正問題。

(5) 扣款驗收之問題。

5. 保固爭議

(1) 保固項目之爭議。

(2) 保固期間之爭議。

(3) 保固保證金提供之爭議。

6. 其他：不可抗拒及除外責任：颱風災害是否可以歸類為不可抗拒

力？民眾抗議遊行造成運輸延誤是否歸類為除外責任。

㈡爭議糾紛雙方的主要實務觀點

1. 完成：所謂「完成」是指，工作物具有約定的品質、沒有減少或減失價值或不適於通常或約定使用的缺點，及從契約目的的觀察，依當事人的約定而發生契約預期的結果。室內裝修業者沒有依約完成工程，不能請求業主給付尾款。

2. 瑕疵：室內裝修業者的工作有瑕疵，需旅館業主訂相當期限請求室內裝修業者修補，如室內裝修業者不在期限內修補時，旅館業主才可以自行修補，並請求償還修補所發生的費用。若瑕疵不重要，業主不可以解除契約。

3. 完成與瑕疵：工作完成與工作有沒有瑕疵是不同的兩件事。室內裝修業者不在所定期限內修補瑕疵，或拒絕修補或瑕疵不能修補者，旅館業主可以請求減少報酬。

4. 時效：旅館業主的權利，如瑕疵從工作交付後經過一年才發現者，不可以主張。業主的瑕疵修補請求權、修補費用償還請求權、減少報酬請求權、損害賠償請求權或契約解除權，均因瑕疵發現後一年間不行使而消滅。

結論

旅館籌備或更新工程，因具有產值大、風險高、專業化、複雜度高及參與人員眾多等特性，只要任何一個環節發生缺失，便易起糾紛，影響整個工程的進行。訴諸法律解決的結果，就是經歷二審三審，短則一年多則三年以上，筋疲力盡，時間消耗所判決的結果，通常是未盡人意，考其原因就是：法官對於雙方說詞加上既有判例及根據法條做判斷，並不清楚這個行業承包方及業主方的相關倫理意識，簡單的說：法官也非學建築裝修工程的，對於商業是非也只憑著自由心證，很難令人心服。對爭議雙方而言，常是一場沒有勝利者的爭議。

常見的爭議原因，起因於契約原因、工程變更、價金爭議、工期爭

議、驗收、保固、其他等之類型爭議發生，必定造成契約之一方權益受損，因而提出索賠，雙方立刻形成對立的緊張關係，影響和諧與誠信。所以如何從工程文件在工程糾紛處理上應用探討的角度出發以避免爭議的發生是很重要的，在事前預作防範措施，倘若無法避免時，如何迅速且妥善處理，使爭議事件處理過程中的傷害降到最低，以減少不必要的無謂損失。

五、工程契約文件管理

文件管理機制可分為權責劃分機制及檔案分類機制，此處以權責劃分機制做比例較重之探討。

由工地負責各式文件的保管工作，從合約管理的角度來說，專業度不夠高，因此越重要的資料，在專案結束後，將所有文件交回總公司合約管理單位保管，在總公司內部專職人員將重要文書資料掃描建檔歸類，對於何種檔案會掃描成電子檔沒有一定規範，專案的紙本會以專案分類的方式，將檔案編碼之後，保存於統一的檔案倉庫。一件專案工程完工後，所留存下來的文件會變成日後竣工文件之一，以供完工後工程維護管理的使用，也許是圖說或許數量計算表、估驗計價或檢驗報告。（如圖4-16～17）

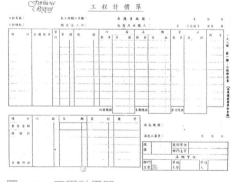

圖4-16　工程計價單

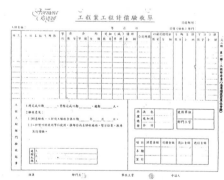

圖4-17　工程案工程計價驗收單

（一）工程文件管理

依業主及承包商分類

1. 承包商部分（可以是設計師或室內裝修公司）

(1) 契約文件

① 契約主文、契約條款、施工總則及特定條款。

② 投標須知、投標單及其他附件、投標補充說明、開標記錄。

③ 招標文件及其變更或補充。

④ 投標文件及其變更或補充。

⑤ 決標文件。

⑥ 設計圖、施工規範及補充說明。

⑦ 嗣後雙方簽認之修正文件。

⑧ 施工過程產生之文件。

⑨ 完工驗收之文件。

⑩ 其他。

(2) 公文：

簽呈、公司發文、工地收支、工地發文。

(3) 知識技術文件：承包商與協力廠商之施工文件、工法要求、檢驗記錄。

(4) 施工照片：施工前、施工中、施工完成之照片。

2. 業主部分（可以是旅館業主）

(1) 契約文件：契約書主文、詳細價目表、決標通知、開標通知、補充說明、投標單、投標單附錄、投標廠商聲明書、授權書、投標須知、特定條款、一般條款、施工技術規範、細部設計圖、契約附件、履約保證金、保固切結書、單價分析表

協力廠商：契約書、設計圖、業主相關施工規範。

(2) 公文：各單位往來文件（簽呈、公司發文、工地收文、工地發文）、各類函件、釋疑文件、備忘錄、初驗、複驗等驗收合格證明書、詳細價目細表、丈量明細表、變更設計之設計圖、變

更設計詳細表、契約變更書、工程結算表、協力廠商安全衛生協議組織、存證信函、陳情函。

(3) 知識技術文件：各類施工計畫書、施工圖、廠商資格文件、產品說明書。

(4) 施工紀錄（施工進度）：施工日誌、監工日報表、氣象資料表、施工進度報告、查驗單、鄰房調查表、鑑定報告、會議記錄、變更設計之會勘記錄、各類施工圖等。

(5) 品質紀錄：材料試驗單、材料檢驗報告、工安環保紀錄、改善紀錄。

(6) 人事管理記錄：人員教育訓練、人員派遣記錄、勞工健檢記錄、財務報表、會計月報、財務報告、成本控制表、專案工程預算執行紀錄。

(7) 施工照片：施工前原有狀況照片、施工中照片、完成後照片、品質改善照片、工安環保有關照片、災害照片、竣工照片。

（二）工程契約文件管理

　　一項工程從規劃、設計、施工到驗收、保固修繕，常涉及施工標的金額龐大、專業技術、風險、合約複雜履約期長等因素參雜其中，裝修設計工程公司為爭取設計及工程施工承攬機會，往往犧牲自己應有的權益勉強接下工作，而導致日後與業主之間的糾紛。

　　臺灣目前的旅館裝修業工程處在一個買方市場狀態，旅館擁龐大姿態，一般說來與工程公司之契約偏重業主的權益保護，以至於得標廠商在履約後，受到不公平條款的損害，工程糾紛不斷發生。爭議結果，旅館業主與裝修施工方都沒有贏家。

　　「價金」與「標的」構成「對價關係」，雙方既互負對價關係之債務，又係互為對價關係之給付的契約，故為雙務及有償契約。

　　工程契約的履行，貴在雙方基於誠信原則基礎下，所以《民法》219條規定：「行使債權，履行債務，應以誠實及信用方法。」凡在業主執行工程過程中，對於契約顯有不公平或權力濫用之情事發生時，廠

商均會予引用，作爲求償索賠之法律請求權基礎。

研究一個工程契約文化與工程爭議的應用，及對權利義務的影響，進者提供業界在辦理合約管理以及面臨工程糾紛時，能夠對應該準備的文件有更清楚的了解，本書亦能協助業界在訂定合約或履約的過程中有所參考價值。

六、「擬制變更」「Constructive Changes」（Change order procedure）

所謂「擬制變更」，主要係由業主或代表業主之工程管理單位，並非依照正常工程變更之程序所做之指示行爲，造成工程有所實質變更而言。亦即依正常之「施工次序變更」及「工程變更」都可能造成承包商施工成本之增加及工期之延長，而承包商亦可要求業主給與價格及工期上適當合理之調整與追加。

假如旅館業主，或代表業主的施工管理監工單位，未依契約所訂之正式變更程序所做出的指示，而導致承包商對先訂契約內核定的施工計畫作變更。也就是說，凡當業主的施工管理者在施工現場以口頭等非正式的「指示」，指引承包商做出與原設計不同之工程變更，而且這項指示也造成承包商工期或施工成本有增加，這種情況即已造成了「擬制變更」的條件，承包商得要求業主以變更設計的方式，請求合約項目的增減來補償金額或追加工期。

「擬制變更」並非由業主正式之書面變更指示所造成，故而在「擬制變更」之情事發生時，承包商應充分掌握、瞭解、確認並證實業主造成變更之行爲及其範圍與所帶來之影響與後果，以做爲事後索賠或要求補償、延工期之依據。這些證據有：業主指示的時間、地點、指示範圍、相關人員，並於事後發文。

所以旅館裝修承包商在裝修工地上應該對任何工作上的變更有詳細的記載，而在變更發生後，爲避免造成裝修承包商因怠於通知延誤時效，裝修承包商更應立即發出《書面備忘錄》或《確認信函》給業主，

要求業主儘速確認其行為及變更之狀況及影響，包括旅館業主之確認函與裝修承包商人員共同會勘鑑定、拍照存證等，以明確劃分雙方之責任，進而確保雙方之權益。

「擬制變更」之常見形態有：

1. 契約規範有瑕疵　有瑕疵之契約規範與合約規範之誤導及圖說之缺失。
2. 施工方法之變更　業主因趕工產生之擬制命令，干擾承包商執行施工。
3. 契約條款及規範之解釋錯誤　由於合約詮釋差異，所衍生之問題。
4. 過度之檢驗　業主未依契約註明之檢驗方法，而強加要求其他檢驗。
5. 合格工作之拒絕　業主未履行協力合作之義務及請求權的時效。
6. 「同等」代替品之拒絕　除非有更為優良且快速施工又能減價的設備材料
7. 「業主供應有瑕疵材料機具及設備」　業主未提供完整資料而衍生之問題。
8. 業主直接提出「擬制變更」的建議，主導變更的內容及工期。

工期展延與情事變更原則適用關係之探討

契約內容如有不公平不合理的條款，其請求權之基礎究應如何？就《民法第二二七條之一類型化契約》顯失公平者無效原則、及《政府採購法第六條第一項》公平合理原則考量，期能提供旅館與裝修業界在履約期間發生情事變更時，如何依法尋求契約雙方當事人風險平衡分配，以達履約之公平合理。

舉凡承攬的契約一定都有需要承擔的風險，工程契約之風險分配狀態，決定了契約當事人承擔風險的責任範圍。在「私法自治」的原則下，風險分配是以旅館業主與裝修廠商雙方當時訂定的契約為準則，在契約有效的情形之下，雙方當事人簽訂了契約，就代表願意也有能力去承擔屬於自己的「風險管理」。

雖然根據法律，上述八項「擬制變更」之形態，均可賦予承包商向旅館業主要求合理費用補償及延長合理工期之權利，但在實務作業上，確實不容易。筆者以爲，以業主方撰寫而經由業主法務確認的契約，極端偏袒旅館業主方之不公平工程契約，經過正式之訴訟法律程序，承包商想要用「擬制變更」之理由，向旅館業主方面獲得合理之補償，其可能性似乎不很大。

　　裝修業者明知契約不合理不公平，但往往爲了承攬目的而勉爲其難，認爲可以冒點風險，取得施工利益。但往往事發之後，悔不當初。因此筆者認爲要使「擬制變更」變得具體可行，則旅館業主與裝修工程業者應早制定一套「公平合理之工程契約」，如此才能促進旅館業主及裝修承包商和諧關係，消弭工程糾紛，提昇工程的品質。

結論

以《民法》作爲請求權依據：（節錄幾條《民法》條文供參考）

　　工程契約中，依《民法》承攬之規定，工程契約訂定當事人雙方之權利與義務包括下列幾點：

　(一)一定的工作與給付報酬。依《民法》505條規定：「報酬，應於工作交付時給付之，無須交付者，應於工作完成時給付之。」

　(二)完成工作之交付與受領完成之工作。依《民法》505條第2項規定：「工作係分部交付，而報到係就各部分定之者，應於每部分交付時，給付該部分之報酬。」

　(三)定作人應協助工作之完成。依《民法》507條規定：「工作需定作人之行爲始能完成者，而定作人不爲其行爲時，承攬人得定相當期限，催告定作人爲之。」

　(四)工作損失之風險承擔。依《民法》508條規定：「工作損毀、減失之危險，於定作人受領前，由承攬人負擔。如定作人受領遲延者，其危險由定作人負擔。」

　(五)工作物之瑕疵擔保。依《民法》492條規定：「承攬人完成工作，

應使其具備約定品質及無減少或減失價值或不適於通常或約定使用之瑕疵。」這是廠商對其完成之工作負有瑕疵擔保之基本責任。工程產生瑕疵在所難免，故依《民法》493條：「工作有瑕疵者，定作人得定相當期限，請求承攬人修補之。」

㈥工作物交付之遲延。依《民法》502條規定：「因可歸責於承攬人之事由，致工作逾約定期限始完成，或未定期限而逾相當時期始完成者，定作人得請求減少報酬或請求賠償因遲延而生之損失。」

㈦承攬契約之終止與解除。依《民法》511條規定：「工作未完成前，定作人得隨時終止契約，但應賠償承攬人因契約終止而生之損害。」

㈧施工中代理職權之交付與行使。工程施工期間，主辦機關有時會指派或委託其代理人或技術顧問機構，代理主辦機關行使契約中所賦予之職權，代理人與契約關聯廠商相互配合與協助，為其必然之義務。

小結討論

《民法》493條規定，旅館業主在僱工修繕前，需先請裝修業者修繕，若不修繕，才能請求裝修業者負擔另僱第三人修繕所產生的費用，此點與實務常情不符。而且，法律上亦對解除契約的條件設有許多限制，非一般人所能認知與體認。

第四章　工程竣工作業

　　本章分爲兩節，第一節　竣工作業：驗收、竣工圖說、結帳追加減、保固作業。第二節　試行營運：試車運轉、訓練操作人員。

　　有關竣工之認定標準，學說上分爲基本竣工與實質竣工兩種標準，如契約中有約定竣工之標準時，應依契約之約定，如契約中無特別約定時，應採基本竣工，實符合經濟效益。

　　Ahmed Hassanien and Erwin Losekoot（2002）認爲更新過程除了包括四個階段，一是更新計劃與控制、二是行銷與宣傳、三是旅館更新之執行、四是更新前評估與更新後檢討。但同時亦考量了不同的三個方面：即旅館更新裝修過程，應把生命週期老化劣化的必然性視爲這是一個永續經營的過程、旅館更新裝修，包括其它的用途企圖或驅動力、旅館更新過程中，賦予行銷的元素和使之與更新執行階段同步實施。

Hassanien, A., & Losekoot, E. (2002). The application of facilities management expertise to the hotel renovation process. *Structural Survey, 20* (7/8).

第一節　專案工程竣工驗收階段管理

概　要

1. 竣工驗收準備	4. 進行驗收結算
2. 編制竣工驗收計畫	5. 移交竣工資料
3. 組織現場驗收	6. 辦理交工手續

學習意涵

1. 專案工程竣工驗收階段管理
   (1)一般規定
   (2)竣工驗收準備
   (3)竣工資料
   (4)竣工驗收管理
   (5)竣工結算
2. 竣工作業與營運方查核表（Check list）
3. 員工設施，後勤辦公室服務走廊
4. 移交單據

移交及試營運，旅館建築工程複雜，通常是階段式的完工移交。為了預算執行計畫，通常投資人希望儘早營運，只要有局部完工，水電可供應，就可試營運。將要完工之時，局部完工的空間設施可作為訓練新進員工的地方，因此，旅館籌建工程，將近完工的階段，應調整各區域完工時程，有些地方應予先行完成。這要從採購發包階段就要有詳盡的計畫，不要等到快開幕才要求哪個餐廳或哪些樓層要先完成，這樣是無法達到的。要嚴格管控計畫，投資人的意見要某些地方先行開幕，專案經理就要配合提早調整進度，臨時的指示是無法達成的。如果能確定提早多少日子完工，就可以提早給客人訂房，這是一筆可觀的收入。

一、一般規定

㈠施工專案竣工驗收的交工主體應是承包人，驗收主體應是發包人。

㈡竣工驗收的施工專案必需具備規定的交付竣工驗收條件。

㈢竣工驗收階段管理應按下列程序進行

1. 竣工驗收準備。
2. 編制竣工驗收計畫。
3. 組織現場驗收。

4. 進行驗收結算。

5. 移交竣工資料。

6. 辦理交工手續。

二、竣工驗收準備

㈠專案經理應全面負責工程交付竣工驗收前的各項準備工作，建立竣工收尾小組，編制專案竣工收尾計畫並限期完成。

㈡專案經理和技術負責人應對竣工收尾計畫執行情況進行檢查，重要部位要做好檢查紀錄。

㈢專案經理部應在完成施工專案竣工收尾計畫後，向企業報告，提交有關部門進行驗收。實行分包的專案，分包人應按品質驗收標準的規定檢驗工程品質，並將驗結論及資料交承包人匯總。

㈣承包人應在驗收合格的基礎上，向發包人發出預約竣工驗收的通過書，說明擬交工項目的情況，商定有關竣工驗收事宜。

三、竣工資料

㈠承包人應按竣工驗收條件的規定，認真整理工程竣工資料。

㈡企業應建立健全竣工資料管理制度，實行科學收集，定向移交，統一歸口，便於存取和檢索。

㈢竣工資料的內容應包括：工程施工技術資料、工程品質保證資料、工程檢驗評定資料、竣工圖及規定的其他應交資料。

㈣竣工資料的整理應符合下列要求：

1. 工程施工技術資料的整理應始於工程開工，終於工程竣工，真實記錄施工全過程，可按形成規律收集，採用表格方式分類組卷。

2. 工程品質保證資料的整理應按專業特點，根據工程的內在要求進行分類。

3. 工程檢驗評定資料的整理應按單位工程、分部工程、分項工程劃分的順序進行分類組卷。

4. 竣工圖的整理應區別情況，按竣工驗收的要求組卷。

5. 交付竣工驗收的施工專案，必需有與竣工資料目錄相符的分類組卷檔案。承包人向發包人移交由分包人提供的竣工資料時，檢查驗證手續必需完備。

四、竣工驗收管理

㈠單獨簽定施工契約的單位工程，竣工後可單獨進行竣工驗收。在一個單位工程中滿足規定交工要求的專業工作，可徵得發包人的同意，分階段進行竣工驗收。

㈡單項工程竣工驗收應符合設計文件和施工圖紙要求，滿足生產需要或具備使用條件，並符合其他竣工驗收條件要求。

㈢整個建設專案已經按設計要求全部建設完成，符合規定的建設專案竣工驗收標準，可由發包人組織設計、施工、監理等單位進行建設專案竣工驗收，中間竣工並已辦理移交手續的單項工程，不再重複進行竣工驗收。

㈣竣工驗收應依據下列文件：

1. 批准的設計文件、施工圖紙及說明書。

2. 雙方簽定的施工契約。

3. 設備技術說明書

4. 設計變更通知書。

5. 施工驗收規範及品質驗收標準。

㈤竣工驗收應符下列要求：

1. 設計文件和契約約定的各項施工內容已經施工完畢。

2. 有完整並經核定的工程竣工資料，符合驗收規定。

3. 有勘察、設計、施工、監理等單位簽署確認的工程品質合格文件。

4. 有工程使用的主要建築材料、構配件和設備進場的證明及視驗報告。

㈥竣工驗收的工程必需符合下列規定：

1. 契約約定的工程品質標準。

2. 單位工程品質竣工驗收的合格標準。

3. 單項工程達到使用條件或滿足生產要求。

4. 建設專案能滿足建成投入使用或生產的各項要求。

(七)承包人確認工程竣工、具備竣工驗收各項要求，並經監理單位認可簽署意見後，向發包人提交「工程驗收報告」。發包人收到「工程驗收報告」後，應在約定的時間和地點，組織有關單位進行竣工驗收。

(八)發包人組織勘察、設計、施工、監理等單位按照竣工驗收程序，對工程進行核查後，應做出驗收結論，並形成「工程竣工驗收報告」，參與竣工驗收的各方負責人應在竣工驗收報告上簽字並蓋單位公章。

(九)通過竣工驗收程序，辦完竣工結算後，承包人應在規定期限內向發包人辦理工程移交手續。

五、竣工結算

(一)「工程竣工驗收報告」完成後，承包人應在規定的時間內向發包人遞交工程竣工結算報告及完整的結算資料。

(二)編制竣工結算應依據下列資料：

1. 施工契約。

2. 得標投標書的報價單。

3. 施工圖及設計變更通知單、施工變更記錄、技術經濟簽證。

4. 工程預算定額、取費定額及調價規定。

5. 有關施工技術資料。

6. 工程竣工驗收報告。

7. 「工程品質保修書」。

8. 其他有關資料。

(三)專案經理部應做好竣工結算計畫，指定專人對竣工結算書的內容進

行檢查。

㈣在編制竣工結算報告和結算資料時，應遵循下列原則：

1. 以單位工程或契約約定的專業項目爲基礎，應對原報價單的主要內容進行檢查和核對。

2. 發現有漏算、多算或計算誤差的，應及時進行調整。

3. 多個單位工程構成的施工專案，應將各單位工程竣工結算書匯總，編制單項工程竣工綜合結算書。

4. 多個單項工程構成的建設專案，應將各單項工程綜合結算書匯總，編制建設專案總結算書，並撰寫編制說明。

㈤工程竣工結算報告和結算資料，應按規定報企業主管部門審定，加蓋專用章，在竣工驗收報告認可後，在規定期限內遞交發包人或其委託的諮詢單位審查。承發包雙方應按約定的工程款及調價內容進行竣工結算。

㈥工程竣工結算報告和結算資料遞交後，專案經理應按照《專案經理目標責任書》規定，配合企業主管部門督促發包人即時辦理竣工結算手續。企業預算部門應將結算資料送交財務部門，進行工程價款的最終結算和收款。發包人應在規定期限內支付工程竣工結算價款。

㈦工程竣工結算後，承包人應將工程竣工結算報告及完工的結算資料納入工程竣工資料，及時歸檔保存。[1]（如表39）

表39　竣工作業與營運方查核表（Check list）員工設施後勤辦公室服務走廊

移交單據
一、工程名稱：
二、工期：
三、工程總價：新臺幣

---

[1] 引自：《建設工程項目管理規範》，中華人民共和國國家標準，GB/T50326-2001中華人民共和國建設部，國家質量監督檢驗檢疫總局聯合發行，2002年5月實施。

㊀已付金額：

㊁本期應付金額：　　　　　　（驗收款）

四、施工廠商評估：

五、會驗（使用）單位：

　　部門主管：

六、驗收單位：

　　計價單位：

　　副總工程師：　　　　　　　　總工程師：

七、竣工圖

㊀承包人應在工程進行當中，對每一工程階段的施工結果作成詳細紀錄，並提送旅館業主核備。

㊁工程完工時，承包人應參照各階段工程紀錄，繪製完整清晰的竣工圖，提供3套給業主。

㊂竣工圖為該工程施工結果之確實記錄，應能方便而清晰地提供旅館業主將來在使用維護及管理上之需要。

第二節　附錄：設備檢查表（Check List）

做一個完整的檢查檢討表check list，必需有簡易平面圖、位置圖，設施編號、設備編號，以利周全的檢查、改進、修繕。而這個check list，事後可以轉化改為電腦內容，改編為營運設備與設施的維護保養手冊，便於管理。

按照次序完工，移交也並非全部一次搞定，接收也要有計畫的安排。移交不只是旅館建築的管理移交，同時也是管理維護的開始，資訊系統、安全管理，包括訓練員工，規格規範圖說，使用手冊等。因此筆者認為最好是應營運的機電人員及安全與資訊人員，提前進來隨同監工，以利移交工作的無縫接軌。施工期間的機電人員擇優選任擔任旅館工程部的幹部或技師，有利於將來的維護管理。

表40　2C套房裝修及設備檢查表
★ CHECK LIST　　　年　月　日

項目	名稱	單位尺寸	初檢	複檢	說明
一、2C型房間					
1	房間門及框				
2	門把及五金				
3	壁面油漆				
4	壁面凹槽				
5	翼牆隔屏				
4	牆裙石材				
5	地坪石材滾邊				
6	開關插座				
7	窗及窗簾				
8	床頭壁飾				
9	天花油漆				
10	天花崁燈				
11	消防設施				
12	木地板				
13	床頭櫃				
14	木作床架				
16	裝飾台	2座			
17	小圓桌				
18	餐椅	4張			
20	長坐墊				
21	圓型靠枕	2個			
22	小邊几				
23	電視櫃				
24	書桌				
25	書椅	1張			
26	書桌檯燈				

項目	名稱	單位尺寸	初檢	複檢	說明
27	床頭檯燈	2盞			
28	沙發				
29	靠墊	4個			
30	圓型靠枕				
31	茶几	4張			
32	浴廁天花板				
33	天花燈飾				
34	回風設施				
35	隔間及拉門	2扇			
36	衣櫃				
37	洗面台櫃	2座			
38	化妝台	1座			
39	化妝椅	1張			
40	洗面盆	2個			
41	面盆龍頭	2組			
42	垃圾桶	2個			
43	壁龕潔具台	4處			
44	儀容鏡	2處			
45	洗面台吊燈	4盞			
46	浴室地板				
47	浴缸				
48	浴缸周邊石材				
49	水龍頭	2組			
50	地墊	1張			
51	馬桶間馬賽克				
52	馬桶間石材				
53	馬桶				
54	草紙架				

項目	名稱	單位尺寸	初檢	複檢	說明
55	馬桶間玻璃門				
56	玻璃把手				
57	淋浴間馬賽克				
58	淋浴間石材				
59	淋浴蓮蓬頭及配件				
60	壁龕	2座			
61	淋浴間玻璃門				
62	玻璃把手				
63	床墊				
64	床單	1床			
65	枕頭	2個			
66	羽毛被	1床			
67	保險箱				
68	冰箱				
69	手電筒				
70	電視機				
71	小音響				
72	吹風機				

第 ⑤ 篇

維護管理階段
（Maintenance and Management）

建築工程於建造過程中，從規劃、設計、發包、施工等階段，所投入之資本、人力與時間等規模龐大，而在完工之後，仍需長時間的營運維護，且此階段中占建築物總生命週期成本約51.1%，若在使用維護階段能善加管理，將能獲得更舒適的使用環境，以及使用者之便利性。

　　觀光旅館的必要永續經營，「除了優越的地段，以及永不間斷的更新與維護。所以除了大規模的改裝，為了維持一定的品質水準，關鍵就在如何讓硬體設施永保如新。[1]」

第一章　旅館建築物設施及設備維護管理系統之建立

前言

　　美國賓州大學Oloufa（1997）對建築物設施維護管理之定義為：

　　「維護可以被定義為一種令建築設施保持在剛完工狀態所必要活動之排序控制，因此維護管理簡單來說就是管理這些維護活動。[2]」

　　學者Corder（1976）認為：旅館維護管理的目標[3]

1. 增加資產的使用壽命
2. 確定所設置運作及提供服務之設施能在最佳之可用狀態下，及獲得最大可能之投資收益。
3. 擔保在任何時候可容易地在緊急使用時，設施能夠運作。
4. 確使每一個人使用設施時之安全性。
5. 保證使用者之舒適感。

　　建築物維護管理系統之建立[4]，發展為旅館建築與設施的管理系

---

[1] 引自：資深記者姚舜，〈以顧客為師定時檢查硬體，永保如新，創造續航力〉，《中國時報》，2006年3月23日。

[2] John W. Korka, Amr A. Oloufa, H. Randolph Thomas, *"Facilities Computerized Mantenance Management Systems"*, ASCE, 1997.9,

[3] Corder, A. S. *"Maintenance management techniques"* McGraw-Hill, Inc., 1976

[4] 楊天鐸，研討會論文，〈建築物維護管理系統之建立〉，第7屆《營建工程與管理研究成果聯合發

統。旅館建築及設施的營運維護階段是建築物生命週期中，與使用者最為密切之階段，但是國內的旅館建築及設施之管理單位，對於旅館建築與設施的修繕，往往採取被動的角色，等待使用者來發現問題並申請修繕。此方式容易造成兩者間對於損壞狀態認知之差異，不能達到有效率之管理，並且容易造成使用者產生不舒適感。

結合網際網路與平板電腦（Tablet PC）之技術開發「旅館建築與設施維護管理系統」，可就建築與設施維護資訊進行分類管理，並將維護作業分為3種層次的電腦化管理。本項維護修繕管理系統增進維護判斷的決策能力及效率，作為相關旅館建築與設備維護管理系統開發之參考。

根據Hassanien（2006）的研究，旅館更新的內涵有以下六點：一是更新的原因、二是更新的標準作業程序（SOP）、三是更新的驅動力、四是計劃和控制、五是實施與執行、六是評估與檢討。

Hassanien, A. (2006). Exploring hotel renovation inlarg hotels: a multiple case study. *Structural Survey, 24*, 41-64.

第一節　旅館工程部的組織架構

概　要

1. 飯店工程部的管理和運行目標
2. 飯店工程部的組織結構
3. 旅館主要部門的人事編組

學習意涵

1. 定義飯店工程部的管理和運行目標

表會論文集》，2003年，頁509-516。

2. 圖示說明飯店工程部的組織結構

第一類為按照工程技術專業特點進行配置。

連鎖飯店（集團）在工程技術上會採用集約化的管理模式，集團會統一配置各種專業的技術人員（服務團隊），為集團下屬的企業服務。

3. 表列旅館主要部門所營業務

旅館從業人員的人事編組

招募及訓練

旅館經營團隊的報到時機

一、旅館工程部的管理和運行目標

旅館工程部的管理和運行目標是保持旅館建築結構、設備、設施在標準狀態下的運行，根據旅館的總體經營目標，在有計畫和可控制的狀況下，為前台經營服務，從而和旅館的所有部門融合在一起為賓客服務。

二、旅館工程部的組織結構（如圖5-1）

按照工程技術專業特點進行配置、工程領域的服務外包、遠程控制等新管理模式。許多的旅館工程設備和設施實行了服務外包，這樣既做到了專業化的維護保養，又節省了人員費用。

連鎖旅館（集團）在工程技術上會採用集約化的管理模式，集團會統一配置各種專業的技術人員（服務團隊），為集團下屬的企業服務。

三、旅館主要部門的人事編組

旅館從業人員的人事組合就好像是一個家庭，同仁們都以「我們家」稱呼。大家長是總經理與副總經理，一主外行銷業務一主內職工群。（如表41）

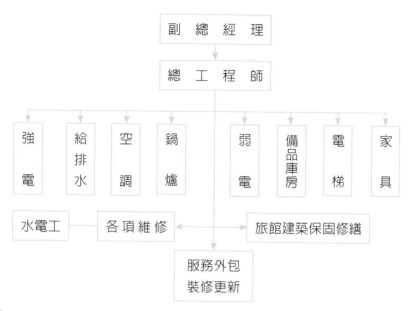

圖5-1

表41　旅館從業人員的人事編組

部門	旅館主要部門的業務
執行辦公室（Executive office）	總經理辦公室、行銷、公關、業務。
客房部（Rooms）	住客之接待及結帳。 客房銷售業務之推展。 外包保全公司業務之督導。 宴會會議之接單及安排。
餐飲部（F/B）	中西餐廳服務及廚房管理。 餐飲促銷活動之執行。 新菜單之開發及擬定。 宴會會議之接單及安排。
房務部（Housekeping）	房間之清潔服務。 旅客交通運輸服務。 花房之業務與洗衣業務。 館內安全勤務。
行銷公關部 （Marketing Public Relations）	廣告企劃之擬定及執行與美工事務。 對外公關業務之處理。 促銷推廣活動之規劃。

部門	旅館主要部門的業務
人力資源部 （Human Resources）	人員招募訓練、人力資源規劃。 勞健保業務之執行。 員工餐廳、員工宿舍、更衣室、醫務室之管理。 勞工關係之協調及排解。
財務部（Finance）	薪資發放及股務作業。 應付帳款之支付。 財務報表之編制與分析。 客戶信用之審核帳款之收回及催收。 驗收倉儲及成本控制之業務。
採購部（Purchasing）	食品飲料及一般用品之採購。 工程之發包。
工程部（Engineering）	水電空調設備之維修保養。 更新及改裝案件之規劃與執行。 家具設備維修保養。 設備設施的更新計畫。

第二節　旅館管理者應具備的基本觀念

概　要

1. 商品的觀念
2. 作為「服務」他人的觀念
3. 品質的觀念
4. 系統「團隊」的觀念
5. 成本效益的觀念
6. 例舉：
　(1)緊急維修
　(2)維護保養費用

學習意涵

1. 旅館管理者的態度
　 旅館從業者的觀念。
2. 旅館是以「空間＋時間＋服務」的存在著。
3. 作為「時間產品」。

4.旅館的經營活動，要以生產技術和技術發展作為依拖。

5.作為「服務產品」。

一、旅館管理者的基本態度

商品的觀念、服務的觀念、品質的觀念、系統「團隊」的觀念、成本效益的觀念。

旅館，具有典型的商品特性，但是它又不同於一般的商品。旅館商品是買方帶不走的，不是以貨幣換實物。旅館，總是以「空間＋時間＋服務」的獨特形式存在著，三者相互依拖，缺一不可。

作為「時間產品」，旅館產品是在賣時間的，它受到天候、季節、時局、外在環境等影響，時間因素的限制。房間的銷售不像其他貨品一般，今天賣不完明天賣。今天沒有賣出去的房間，其價值就失去了，這個房間明天還會有一天的價值，它是無法累積，也無法延伸。產品價值以時間為計算單位，隨市即逝，不能貯存。季節的變化左右著旅館市價的變化，和消費需求的變化。因此，旅館存在與發展，需要比較穩定和具有一定規模的消費市場，而消費市場的穩定與規模，又以社會經濟發展同步。此外，旅館的經營活動要以生產技術和技術發展作為依拖，借助生產技術發展提供的設備、設施來製造更優秀的旅館產品，以彌補由於季節變化產生的季差現象。

例如：臺灣的旅館住房率通常在七、八月是淡季，房間賣不掉也不能累積，就只有依賴行銷手段，提出促銷節目，如考生住宿優惠，增加住宿進帳，不賣白不賣。

第二章 工程維修部的管理

本章分為三節，第一節 工程維修部的內涵與作用，維持內外裝修的清潔與完善，電力設備保養及增設更新，空調設備保養及增設更新，給排水設施，防火措施，預防保養。第二節 總工程師的職責，工程部的組織，總工程師的工作細則，制定其他計畫。第三節 各類機房：鍋爐房、受電室、發電機房、空調機房、電梯機房、電腦機房、CCTV機房、維修機房。

Hassanien（2006）總結認為，旅館更新的原因可分為：策略性的、階段作業性的或機能性的需要或配合更新的目的。例如：由於產業的競爭，必須滿足顧客需要，維持或增加住客率。改進作業效率，以增加營運效率及減少長期作業費用。維持公司形象及標準。提昇旅館等級。配合新的市場趨勢及科技需要。配合政府的法規變更的需求。天然災害如颱風地震火災的復元。

Hassanien, A. (2006). Exploring hotel renovation inlarg hotels: a multiple case study. *Structural Survey, 24*, 41-64.

第一節 工程維修部的內涵

概 要

1. 維持內外裝修的清潔與完善
2. 電力設備保養及增設更新
3. 空調設備保養及增設更新
4. 給排水設施
5. 防火措施
6. 預防保養

學習意涵

1. 工程維修部的職責範圍
2. 機房與工程維修部分的作用

3. 工程維修用房有哪些地方？

　(1)鎖匙工場　(2)家具工場　(3)木工工場

　(4)油漆工場　(5)管工工場　(6)電工工場

　(7)印刷工場　(8)內裝修工場　(9)其他

4. 機房與工程維修部分的面積標準

5. 機房的建築面積因設備而異。

一、工程維修部

　　後勤服務部分包括為旅客服務、關係旅館營業的各種不與旅客直接接觸的部分、維持內外裝修的清潔與完善、電力設備保養及增設更新、空調設備保養及增設更新、給排水設施、防火措施、預防保養。（如圖5-2～3）

圖5-2　廣場地磚的修繕是旅館工程部的經常性維護工作。某旅館廣場的修繕工作。

圖5-3　廣場地坪的崩壞及龜裂原因在於沒有管制重壓的車輛種類及人孔蓋周邊設計不當所致。

二、機房與工程維修部分

　　各類機房是確保旅館正常營運的內部工作用房，維修部分則是在旅館某一部分發生故障時，進行檢修及修繕的各個工作部分。旅館的各類機房是供應電、水、熱、汽、瓦斯、空調的關鍵場所，做好機房管理

是做好後勤管理的保證。鍋爐房，變、配電室與備用發電機房，冷凍機房，空調機房，電話機房，電梯機房，電腦機房，閉路電視與共用天線機房。（如圖5-4）

圖5-4　客房浴廁的水龍頭經常故障的原因，有可能是老化劣化現象。如果單獨處理此項缺失，是會連帶損害裝修，恐怕不值得，必需在更新計畫之中，趁機會也列入給排水配管的更新，但往往業主都不肯做這徹底的更新。圖為太魯閣晶英酒店更新裝修時拆卸下來的浴室浴缸水龍頭組。客房不經常使用，水管內壁汙垢造成內徑的縮減，減低流水量的功能。

三、工程維修用房

大型旅館中，一般設置以下維修工場，解決日常修繕問題。

㈠鎖匙工場。負責鎖匙修理，修配。

㈡家具工場。負責家具修繕，設置地點靠近木工、油漆工場。

㈢木工工場。負責門扇、木工修理，工場應有一定的木料堆放區。

㈣油漆工場。負責油漆更新與修補，油漆工作場應特別重視防火，需設警報器、防火噴灑設備。因有噴漆作業，燈具需採防爆燈。
　　漆罐與壓縮機宜有專用小間存放，並有良好的空氣處理。

㈤管工工場。負責修理水管線及設備零件。

㈥電工工場。負責修理電機、電氣線路與燈具。

㈦印刷工場。負責印刷菜單、旅客邀請卡、名片等。

(八)電視修理工場。負責電視機、音響、通信設備的修理等。

(九)內裝修工場。負責室內裝修的修繕。

上述工場應包含一定數量的原料、組件、零組件，木工、家具、管工等工場的出入口，一般要大於180cm寬。

四、機房與工程維修部分的面積

機房的建築面積因設備而異，先進而小巧的設備，使機房面積大為減少。

美國喜來登旅館集團，擬定一個機房面積標準如下：

鍋爐房 = 1M² / 每間客房，（美國SOM設計事務所認為：1000間規模的旅館，接近1M² / 間，500間客房時為1.6M² / 間，300間客房時為1.8M²/間），冷凍機房 = 0.5M² / 間。電話機房。500間客房旅館的電話機房30M²，1000間客房旅館的電話機房50M²。

國際上著名旅館集團的工程維修用房也很緊湊，列表42參考，如下：

房間名稱	「喜來登」的面積（M²）	「SOM」的面積（M²）
油漆間	11	27
木工間	14	45
內裝修間	11	36
電工間	11	14
維修間	28	
修鎖間	6	
修電視間	14	

第二節　總工程師的職責

概　要

1. 工程部的組織

2. 總工程師的工作細則

3. 制定其他計畫

4. 附錄：

　　富春山居登報求才：

　　酒店養護總工程師

第二章　工程維修部的管理

317

學習意涵

1. 旅館工程部的職責

   (1)國際觀光旅館的後勤營運的設備設施，由建制單位的工程部負責管理管轄。

   (2)旅館工程部的作用，就是要使設備正常運作。

2. 總工程師可運用的資源

   (1)人力資源

   (2)預算資源

3. 總工程師的工作細則

   基本職能

   (1)責任

   (2)實行監督

   (3)接受監督

   (4)教育

   (5)經歷

   (6)其他

   求職者應具備的品德修養

   申請人必需在工作需要時服從分配

318

一、旅館工程部的職責

臺灣的國際觀光旅館的後勤營運的設備設施，包括旅館建築、機電設施及營業設施的保養維護，都由建制單位的工程部負責管理管轄。

在大型旅館中，旅館工程部由許多專業技術的工程師及技工組成，應能操作複雜的旅館機電系統、各項設備系統。而小型旅館則可採用外包維修的方式，對於定期正常保養和修理的工作與館外維修機構訂定契約，而突發的狀況，則難以即時應付，因此任何類型的旅館，都必需有

一位有專門技術且又懂得管理的總工程師，而以上這些專技人員必需有證照，以茲證明其對此工作確是學有所專。

旅館工程部的作用，除了要使設備正常運作，和設備壞了就修理，而延遲資本支出之外，要能計畫減少能源消耗，有效提高利潤。

通常旅館工程部，是在設備安裝，開辦營業之後才開始成立而履行其職責，其目的是將保養和修理的開支降低，而又能計畫日新月異的先進技術與設備，以使旅館業者能降低成本，提高品質，增加利潤。

在旅館等籌建的經過與設備系統的組合過程，對於爾後工程維護與增進是很重要的訊息，因此工程維修部的專技人員最少應有籌建時參與的人員，以提供經驗的解說與傳承。設備工程應是一個延續的工作，所以在旅館開辦之前，旅館工程部即必需參與建設，以利開辦之交接運轉，甚或直接由籌建的工程部擇優適時的轉移，留任為旅館的工程部。

總工程師可運用的資源

人力：依旅館的規模籌組工程部，包含空調、機電、資訊、能源甚至木工、油漆等人員，還要有為應付特別工作而得僱用的臨時技工人員。

預算：經費、預算的提報、計畫編列與運用。

旅館更新是隨著旅館營運策略的活動，並非經常性，因此在人力資源上並非經常職務，必需仰賴外包的專業專案實現。旅館的內部改裝更新，大致上都是外包給外包商（包括建築師、設計師、專案管理等）去執行。

二、旅館總工程師的工作細則

(一)基本職能：對旅館內外設施的保養工作進行管理或監督，工作範圍包括電器、冷凍設備、管道、空調設備、冷氣設備、建築結構、停車場的保養，以及使旅館各種設施處於良好有效的狀況所進行的各種維護工作，並有效使住房客人及全體員工安全和舒適。

1. 責任

　(1) 保養所有的電、水、蒸氣、瓦斯等的分配系統。

　(2) 保養和操作冷暖空調、通風、排放流、冷凍等系統。

　(3) 負責建築物及地面的保養工作。

　(4) 根據所有契約、租約、服務協議書和保單，檢查及協調旅館外包契約承包商所提供的維修服務。

　(5) 對有關熱能源、照明、動力以及這些設備的費用做詳盡的記錄。

　(6) 及時滿足旅客、員工及管理部門所提出的服務要求，包括修理或更換室內固定設備和家具。

　(7) 根據良好的工程管理規範，制定一項有效的護防性保養措施管理。

　(8) 培訓及監督下級員工，做好安全應急的訓練。

　(8) 不斷巡視大樓及地面，保證旅館符合職業安全及衛生管理規定的法規以及防火安全法。

　(10) 維護一個安全的、清潔的、有秩序的工作環境。

　(11) 計劃、制定、實施能源管理計劃。

　　① 對設備運轉情況作經常的記錄。

　　② 對公用事業方面的消費作經常的記錄。

　　③ 就能源管理問題對有關的操作部門的員工進行教育。

　　④ 確立年度節能目標。

　　⑤ 分析和調整機械設備的運轉情況以節約能源。

　(12) 制定年度開支計劃和維修預算。

　　① 選擇符合品質標準和定價規格的備品供應商和承包商。

　　② 保持零件、工具及必須用品的適量庫存、保存購貨紀錄

　(13) 執行其他指派的任務。

2. 實行監督：副總工程師、木工、電工、維修工、油漆工、金工、冷凍機械和音響技術員。

3. 接受監督

    ⑴ 上級主管：總經理

    ⑵ 最基本的要求：

4. 教育：具有大專或同等學歷程度。受過以上的技術訓練：製冷、鍋爐、管道、空調、動力或建築結構。

    個別「專業證照」之具備。

5. 經歷：必須在旅館／汽車旅館、醫院、高層公寓從事建築或機械工作，工作經驗五年。必須持有執照資格，還需懂得一些木工和油漆工的知識。

6. 其他

    ⑴ 旅館總工程師求職者應具備下列品德：

      旅館總工程師應具備的經營意識、服務意識、預算控制、維修意識之外，應有如下品德修養：

      ① 有效的溝通能力

      ② 行政管理能力

      ③ 良好的交際能力

      ④ 自我激勵，不推諉塞責，不牽拖前任，不遺憾後任

      ⑤ 旅館設備機械方面的才能

      ⑥ 要有專業倫理的態度

    ⑵ 必須在工作需要時服從分配

(二)Subject：關於發揮酒店工程部的功能問題，呈報意見

  說明：

1. 有鑑於營運中的富春閣及A型Villa的修繕及增建工程，經常發生工作時機的資訊不統一，影響營運品質的問題，有以下之檢討：

    ⑴ 富春閣及A型Villa都是營運中的生財面積，一切的修繕及增建工程的施工時機，必定以住客營收為考量。因此，維持營運與施工修繕應是要相輔相成。

    ⑵ 營運工程部隸屬會館營運單位，一切的運作連繫，以使營運建

築的設備正常運作，和設備壞了就修理而延遲資本支出之外，要能計畫減少能源消耗，有效提高利潤。

2. 富春山居的開發項目有先後。

(三)富春山居登報求才：（圖5-5）

徵求　酒店養護總工程師

專上程度，機電相關科系畢業，具酒店、飯店、賓館、渡假中心機電規劃、施工、保養、修繕經驗5年以上，有高、低壓電設備室內配線、水、電、空調系統歷練者有大陸經驗且願常駐大陸者。

圖5-5　富春山居度假村登報求才徵人啓事

資料來源：筆者於杭州富春山居擔任工程總監之時期，登報徵求酒店養護總工程師之啓事小廣告。

第三節　各類機房

概　要

1. 鍋爐房
2. 受電室
3. 發電機房
4. 空調機房

5. 電梯機房
6. 電腦機房
7. 監視器機房
8. 維修機房

學習意涵

1. 旅館的各類機房是供應電、水、熱、瓦斯、電話、空調的關鍵場所。
2. 概述旅館的各式各樣機房

　　(1)鍋爐房

　　(2)變、配電室與備用發電機房

　　(3)冷凍機房

　　(4)瓦斯表房與調壓站

　　(5)空調機房

　　(6)安全監控室

　　(7)電話機房

　　(8)電梯機房

　　(9)電腦機房

　　(10)閉路電視與共用天線機房

　　鍋爐房、受電室、發電機房、空調機房、電梯機房、電腦機房、CCTV機房、維修機房。機房與工程維修部分：各類機房是確保旅館正常營運的內部工作用房，維修部分則是在旅館某一部分發生故障時，進行檢修及修繕的各個工作部分。

　　旅館的各類機房是供應電、水、熱、汽、瓦斯、電話、空調的關鍵

場所，作好機房管理是作好後勤管理的保證。

一、鍋爐房

(一)鍋爐種類

鍋爐可分爲熱水鍋爐和蒸汽鍋爐兩類，前者供應熱水，後者供應蒸汽。蒸汽鍋爐又分高壓、低壓兩種，工作壓力超過0.7×10^5Pa稱爲高壓鍋爐，工作壓力低於0.7×10^5Pa即爲低壓鍋爐。

(二)鍋爐燃料

鍋爐燃料有重油、輕油、瓦斯。燃油的鍋爐房對環境影響較小，一般將油櫃設在地下室中，場地清潔，但是燃油價格大大高於煤價，因此使用燃油鍋爐提高了旅館成本。燃燒瓦斯的鍋爐比燃油鍋爐更方便，因鍋爐房不需運油車的出入，瓦斯管線可把瓦斯源源不斷地送進鍋爐。

(三)鍋爐房的布局方式

鍋爐房的布局有以下三種方式：

1. 鍋爐房獨立布置：旅館總平面布局中，將鍋爐房獨立布置於基地下風向、較隱蔽的地方，即使有較大的堆煤場與灰渣場也無礙。如基地條件限制、鍋爐房在旅館上風向，煙囪無法隱蔽，則不宜採用獨立式布置。目前臺灣的旅館已無此方式的設置。

2. 鍋爐房與旅館建築靠在一起：旅館基地不大，鍋爐房可與旅館建築緊靠在一起建造，其連接部分應設「防爆牆」，並不在此牆上開門、窗洞口。鍋爐房、煤堆、灰渣場均應在旅館主出入口視線之外。這種布局方式利於煙囪結合旅館主樓屋頂排煙，煙囪不像獨立式般顯眼。

3. 鍋爐房在旅館建築物的地下或屋頂：爲讓出地面位置，使旅館公共部分面積儘可能多，一般國際高級旅館，在足夠安全的條件下，常將鍋爐房布置在旅館的地下室或屋頂層。

中國大陸的旅館設計規定限制，高壓蒸汽鍋爐不應在高層主體建築之下，也不應布置在人員密集場所的下面。設計時必需按消防規範

設置耐火三小時的牆體和耐火兩小時的樓板等。鍋爐房進入屋頂層或地下，應採用燃油或燃煤汽作燃料。

中國大陸近年來，一些外資旅館大都採用燃油鍋爐進入屋頂層或地下室的方式。上海商城波特曼酒店，鍋爐房在48層最高處，三台燃燒0號柴油的鍋爐（12T/h）運行其中。上海太平洋大酒店，鍋爐房在裙房下方的地下二層，除了防爆牆等滿足消防要求外，還設置直通室外的疏散通道，其出口即在旅館前加以裝飾綠美化。

4. 鍋爐房的環保要求：一般要求鍋爐房的煙囪高於周圍建築，以減少煙囪排放的塵埃對周圍環境的影響，並應滿足環保部門提出的除塵量控制標準。機房內壁應作吸音處理，以降低噪音對周圍環境的影響。

臺北晶華酒店的鍋爐房位置建設在旅館大樓東側的頂樓，挑高兩層的六公尺高度，與空調機房合併為一處約180坪的大機房。鍋爐三座位於北側區域，空調主機位於南側區域。東北角煙囪排放的塵埃油漬經常隨著東北風往西南吹拂，大大的影響了屋頂游泳池的品質，油漬漂浮在水面，使游泳池的清潔管理增添不少麻煩。當初不知原因為何設計在此處，至今想更新的可行性都難。

這個挑高寬廣的空間，三面都是視線良好的大玻璃，如此方正完整格局，應該是可以做為第二個大宴會廳。又由於地版的防震問題，多少影響了下一層的住房使用，因此開幕後由客房更新為辦公室使用，又更新為客房會客廳公共使用，因為樓上機房噪音的關係，就是不能住房。

二、變、配電室與備用發電機房

變配電室相當於旅館的心臟，一旦發生供電故障，會造成正常秩序的混亂。變電室的位置與採用變壓器的種類直接有關，按消防規範規定，採用濕式變壓器即油浸式電壓器的變電室不得進入地下室，用乾式變壓器可進入地下室。

為防止外電源因突然事故中斷而停電，高級旅館常設備用發電機房，配柴油發電機組作應急電源，該機組發電時噪音很大，故應注意對周圍影響，並作吸音處理。變配電室應避免高溫、注意通風，還應防止水的滲漏對電氣的干擾。

臺北晶華酒店的緊急發電機位在旅館大樓地下四層的西南區域，平常相安無事，緊急發電時瞬間排出的柴油煙對周圍環境有很多的影響。

三、冷凍機房

冷凍機房是冷源供應地，其主要設備是冷凍機和水磅，噪音很大，有的冷凍機噪音可達90dB以上，幾台冷凍機在一間機房內，噪音更嚴重。與冷凍機有關的冷卻水塔一般布置在屋頂上，也是噪音源，對旅館本身或周圍建築都會產生影響。

無論單獨設置，還是進入地下室，冷凍機房均應採取減低噪音的措施，以牆隔音減少門窗是降低噪音對周圍建築影響。

冷卻塔因有通風降溫的功能要求，無法封閉，在選用低噪音冷卻塔的同時，採用有隔音、吸音性能的樓板與導向排氣罩的方式均可降低噪音。

四、瓦斯表房與調壓站

瓦斯表房是安放瓦斯計量裝置——瓦斯表的場所。它應滿足當地的瓦斯公司對安裝的要求，瓦斯表房應設置在地面層，並有直通室外的門。

瓦斯表應根據瓦斯性質選用。瓦斯調壓站是區域性設置的瓦斯調壓裝置，它能以降壓或升壓的方法將該地區瓦斯氣管線壓力調整到所要求的壓力狀態。瓦斯調壓站屬易爆炸建築，消防規範對旅館與瓦斯調壓站的安全距離有明確的規定，一般要求離開25公尺以上。

五、空調機房

空調機房空調送風、回風的鼓風機房、排風機房及新鮮風機房等。由於送、排風機都是由電動機帶動，所以空調機房均有一定的震動與噪音，應進行處理以免影響鄰近房間。

目前常在設備基座下採用減震器，減少震動對樓板的影響，降低固體傳聲。同時在空調機房中，增加牆與吊頂的吸音材料，吸收空氣中部分噪音，以減少對鄰近房間的噪音影響。

六、安全監控室

安全室是為安全保險而設置的監控中心。主要有多台電視監控器，防盜、防竊的報警器等，有的還設置無線呼叫電話。安全室一般與防災中心鄰近，有的也合二為一。

七、電話機房

電話機房一般由電話交換機房、話務室、蓄電池室與檢修室組成。其位置應靠近前台辦公室及經理辦公室。室內要求防潮、防塵，先進的交換機設備所占電話機房的面積較小。

八、電梯機房

電梯機房位於電梯最上停靠層的上方，電梯機房的面積有一定的規則，按照臺灣的電梯協會及國家標準，電梯機房的面積應大於機坑面積的2倍。電梯機房的高度也有規定，《建築技術規則》有明確規範。電梯機房內有各種配電盤、儀表盤，要求機房通風良好，屋頂有隔熱措施，夏天可對設備採取降溫措施，確保電梯的正常運行。

九、電腦機房

旅館專用的電腦功能日趨複雜，除客房狀態顯出、查詢旅客、餐廳

記帳之外，還適應信用卡的運用、客房預定等，有的還與電話交換機構成一體。電腦機房應作為前台辦公室的一部分，設在附近，在總台和經理室等處設置終端機，使旅館管理人員及時了解情況。電腦機房設計必需在電腦正常運行的溫度與清潔度要求。

十、閉路電視與共用天線機房

旅館為確保電視的清晰度，應設共用天線（CATV），當旅館設有線閉路電視時，則應設閉路電視（CCTV）與共同天線機房。機房內設放映機，定時播放專有電視節目為旅客服務。收費的閉路電視一般在客房內採用投幣式或記帳式收費。

目前，有的旅館已出現雙向電視系統，即通過電視回答旅客要了解的諸如餐廳菜單、用戶帳單等，其一端的控制也可設置在該機房內。

第三章　維護與修繕

本章分為二節，第一節　設備與工程的使用年限：一、固定資產使用年限，二、常用家具及物品的折舊年限，三、標準品與裝修樣品的保存與建檔。第二節　局部更新。

Jan deRoos,（2002）認為，由於旅館市場的競爭，有必要對旅館進行更新改裝，從而保持和提高旅館的營業效益，使之處於良好的營業獲利狀況。旅館更新裝修的原因很多，常見的是：旅館設備的使用程度，已到了使用年限。旅館建築物設施的經營年限到了必須更新。旅館設施中的陳設裝修已經老舊破損。內部設計已經過時而失去吸引力，導致客人嫌棄，營業收入下降。更新一個現有旅館，是一個投資機會；在時間和費用方面，都遠勝過重新建造一個新旅館。必須裝置新的生活科技來滿足客人的需求。

Jan deRoos (2002), *Renovation and Capital Projects*:
Hospitality Facilities Management and Design.USA:
Cornell Hotel and Restaurant Administration
Quarterly.pp.509-511。

第一節　設備與工程的使用年限

概　要

1. 固定資產使用年限
2. 常用家具及物品的折舊年限
3. 附錄：
   固定資產耐用年數表
   （資料來源：中華民國行政院主計處，本研究擇要整理。）
   房屋建築及設備固定資產耐用年數表
   經濟部投資事業處

1. 固定資產耐用年數表（表43）

   第一類　房屋建築及設備（表44）

   第一項　房屋建築

2. 固定資產（略）

   日本旅館固定資產使用年限（表45）

3. 日本旅館常用傢俱、物品的折舊年限（表46）（資料來源：日本宿泊設施整備法）

一、表43　固定資產耐用年數表

第一類　房屋建築及設備

第一項　房屋建築（如下表43）

表43　折舊年數表

項目	折舊年數
土建	50
電梯	25
其他工程	20
水電系統	15
環控系統	15
供電系統	20
通訊系統	30
機電設備	20

（資料來源：中華民國行政院主計處）

表44 固定資產耐用年數表[1]

設備項目	耐用年數（年）
鋼筋混凝土建築物	50
建築物附屬設備	10
機械設備	17
交通及運輸設備	5

（資料來源：中華民國行政院主計處，本研究擇要整理。）

二、表45 房屋建築及設備固定資產耐用年數表

號碼	細目		耐用年數
1011	辦公用、商店用、住宅用、公共場所用及不屬下列各項之房屋。	鋼筋（骨）混凝土建造、預鑄混凝土建造	50
		加強磚造	35
		磚構造	25
		木造	10
1022	升降機設備		15
1023	空調設備	窗型、箱型冷暖器	5
		中央系統冷暖器	8
1025	給排水、煤氣、電氣、自動門設備		10
3032	木片、單板、合板、木器、木材防腐、人造板及其他製造及加工設備		7
3153	有線電視播映設備		6
3193	工具、器具（含生財器具）、自動販賣機、洗衣設備		5
3195	自來水及下水道設備、起重輸送機械及設備		10
3196	輸送管、水槽及油槽	鑄鐵輸送管（含PE輸送管）、鑄鐵水槽及油槽	20
		鋼鐵輸送管、鋼鐵水槽及油槽	11

---

[1] 資料來源：固定資產耐用年數表，中華民國行政院主計處，本研究擇要整理。

號碼	細目	耐用年數
3199	旅館及飯館設備、大眾浴池設備、冷藏設備、鍋爐設備、視聽娛樂設備	7

資料來源：經濟部投資事業處

時間：中華民國86年12月30日

說明：

一、本表依《所得稅法》第五十一條第二項及第一百二十一條規定訂定之。

二、營利事業各種固定資產計算折舊時，其耐用年數長於本表規定者，應於開始提列折舊之年度辦理營利事業所得稅結算申報時，於財產目錄內註明，一經選定後，如因特殊情形得申請變更，但以一次為限。

三、本表模具如因使用情形特殊，未達規定年限者，得按費用列支。本表所列固定資產係指全新者而言。固定性之附屬設備無單獨使用價值者，其耐用年數隨其主要設備。

三、固定資產（略）（如表46）

表46　日本旅館固定資產使用年限

種　類	細　　目	使用年限 特殊	使用年限 一般
建築物	鋼筋混凝土，筋性混凝土結構建築	30	47
	同上，但木製裝修部分的面積占30%時	25	36
	磚石結構，磚塊結構	30	42
	鋼結構	13	16、18
	冷凍機（功率在22kw以下）	8	13
	（功率在22kw以上）	10	15
設　備	電器設備（給排水、衛生、瓦斯、鍋爐、空調、電梯設備、其他）	10	15
	床	5	8
	桌、椅	3	5
	電視機、收音機	3	5

種　類	細　目	使用年限 特殊	使用年限 一般
家具用具	冰箱、瓦斯設備	4	6
	窗簾、地毯、其他纖維製品	2	3
	餐廳及廚房用品（瓷器及玻璃品除外）	3	5
	電話機、音響廣播設備	4	6
	電話設備、通訊設備	6	10

四、表47　日本宿泊設施的使用年限[2]

表47　日本旅館常用家具、物品的折舊年限（此為會計的年數字）

部門	物品名稱	年數	部門	物品名稱	年數
客房	床	8		廚房機具	10
	床墊	3		廚房用具	3
	床被	3		餐具類	3
	床頭板	15		幛窗	3
	電視	5		消耗品	3
	寫字台	5		鋼琴	5
	床頭櫃	5		櫃臺	10
	桌子	5	總服務台	門廳家具	5
	凳子	5		消耗品	3
	消耗品	3		鋼家具	15
	鏡	5		金庫	15
	木家具	5	管理	滅火器	5
	桌子	5		冰箱冷凍	10
	椅子	5		消耗品	3
	照明音響	5		桌子	5
	椅子	5		制服	3

---

2 引自《日本宿旅泊設施整備法》。

部門	物品名稱	年數	部門	物品名稱	年數
職工餐廳	廚房設備	10	公用部門	電話交換機	10
	廚房用具	3		標誌廣告	5
	餐具	3		綠化	3
	消耗品	3			
	地毯	3			

第二節　局部更新

概　要

實例

　　更新富春閣廚房設備之調查現況

實例

　　富春山居高爾夫球場會館廚房設備表

學習意涵

局部更新裝修

　　電氣設備、弱電設備、給水排水、消防排煙、空調設備；餐桌、餐椅、沙發、會議桌、其他桌椅

廚房設備之調查現況

實例

說明：

　　「廚房設備」的規劃設計是一種專門技術，非仰賴專業技術人員不能爲功。但是，太過依賴所謂「專業廠商」，若業主專案不介入，有時不免失之東隅。因爲再大的廚房空間，外包的廚房設備顧問都有辦法

將空間填塞完整，有些沒必要的廚房設備恐怕很少用到，而基於尊重專業，是要仔細查盤查舊有的可用度，以及轉移新空間的可行性。畢竟已完工使用的設備，已經列為資產。

畢竟旅館更新並非經常性的，觀光旅館的更新計畫與執行，大多委託外包商實現。「外包」是一種本來應該在企業內部實施的生產活動的一部分或全部，委託公司外面的企業製造的一種機能。策略性外包可以讓企業充分善用外在資源，專業外包所提供的技術、創意，有時並不是企業本身所能辦到的。

富春山居度假酒店的籌建過程從高爾夫球場及富春閣招待所與villa開始，再進行渡假酒店的建築部分。富春閣招待所有一個周全的餐飲接待設施，就是有一個中西餐飲完整的廚房設施與設備條件。隨著會館及酒店的逐漸完成，原本招待所的廚房設備變成了閒置空間及接待貴賓的備餐區域。而又高爾夫會館的餐廳也有一個完全的廚房設施及完整的廚房設備，營運使用之後發現有些設備使用率相當低，甚至於不符使用，正需要給予更新及調節設備。為充分利用營運空間，調度廚房設施與設備就成了當務之急。況且酒店本身還正在建造一個中央廚房的規模。

當下請外包商廚房顧問公司做初步的規劃，筆者對於這些已經列入公司財產的設備必需有合理合適的利用。與廚房顧問協商之後，將三處的功能調配，即做了以下的實地現場調研：

更新富春閣廚房設備之調查現況（如表48）

表48　富春山居高爾夫球場會館廚房設備表

編號	設備名稱	規格（長×深×高）	單位	數量	備考
01	湯鍋蒸槽（電力）	110 × 76 × 83cm	台	1	遷移再安裝
02	煮麵槽（瓦斯）	45 × 76 × 83cm	台	1	移庫存
03	工作台冰箱	90 × 76 × 88cm	台	1	移庫存
04	蒸爐	90 × 120 × 82cm	台	1	移庫存
05	工作台	70 × 120 × 82cm	台	1	遷移再安裝
06	炒鍋	100 × 120 × 82cm	台	1	遷移再安裝

編號	設備名稱	規格（長×深×高）	單位	數量	備考
07	水槽冰槽	120 × 76 × 88cm	台	1	遷移再安裝
08	工作台	143 × 76 × 88cm	台	1	移庫存
09	高雙門冰櫥	90 × 76 × 170cm	台	1	移庫存
10	雙水槽工作台	170 × 76 × 88cm	台	1	原位不更動
11	工作台	126 × 76 × 88cm	台	1	遷移再安裝
12	工作台（＋層架）（層架）	180 × 75 × 88cm（＋100cmH）	台	1	遷移再安裝
13	工作台抽屜冰箱（marble top）	140 × 76 × 88cm	台	1	移庫存
14	工作台抽屜冰箱	140 × 76 × 88cm	台	1	遷移再安裝
15	工作台三門冰箱（marble top）	180 × 76 × 88cm	台	1	遷移再安裝
16	手推車	100 × 55 × 88cm	台	1	遷移再安裝
17	高層架	113 × 50 × 180cm	台	1	遷移再安裝
18	手推車	100 × 55 × 88cm	台	1	移庫存
19	工作台冰箱（餅房）	180 × 76 × 88cm（＋層架＋77cmH）	台	1	遷移再安裝
20	水槽工作台	150 × 76 × 88cm	台	1	移庫存
21	櫥窗冰櫥	75 × 76 × 88cm	台	1	遷移再安裝
22	洗滌工作台	183 × 77 × 88cm	台	1	此設施不用
23	洗碗機	100 × 76 × 88cm	台	1	遷移再安裝
24	沖洗滌台	76 × 76 × 88cm	台	1	遷移再安裝
25	工作台抽屜冰箱（＋層架）	140 × 76 × 88cm（＋100cmH）	台	1	原位不更動
26	工作台抽屜冰箱（＋層架）	140 × 76 × 88cm（＋層架 ＋100cm）	台	1	原位不更動
27	工作台	60 × 76 × 88cm	台	1	原位不更動
28	六口爐	119 × 76 × 88cm	台	1	原位不更動
29	鐵板燒台	70 × 76 × 88cm	台	1	原位不更動
30	油炸鍋	60 × 76 × 88cm	台	1	原位不更動

編號	設備名稱	規格（長×深×高）	單位	數量	備考
31	工作台	30 × 76 × 88cm	台	1	原位不更動
32	洗滌斜層架	100 × 48cm	台	1	遷移再安裝
33	雙層層架	150 × 76cm	台	1	移庫存
34	洗滌水槽工作台	150 ×76 × 88cm	台	1	此設施不用
35	層架（雙層）	148 × 30 cm	台	1	移庫存
36	層架（雙層）	148 × 30 cm	台	1	遷移再安裝
37	層架	150 × 30cm	台	1	原位不更動
38	層架	120 × 30cm	台	1	遷移再安裝
39	層架	200 × 30cm	台	1	移庫存
40	排煙罩（中式炒爐）	250 × 120cm	頂	1	遷移再安裝
41	排煙罩（西式6口爐）	340 × 90cm	頂	1	原位不更動
42	烘焙爐（披薩爐）		座	1	原位不更動
43	飲料冰櫥（備餐區）	150 × 60 × 87cm	台	1	原位不更動
44	飲料冰櫥（備餐區）	150 × 60 × 87cm	台	1	原位不更動

第六篇

旅館設施更新
（Hotel Facilities Update）

第一章 變更使用

前言

旅館的更新不是目的，僅僅是用來實現更大目標的手段，提高旅館產業的競爭地位，使旅館產業的價值極大化。營業中的旅館建築，若要更新裝修，有法規可循，例如：建管方面，依建築使用分類、餐廳變更為商店、必須就B-3類組規定項目檢討。局部小更新，就要申請室內裝修審查。旅館業界的所謂「變更設計」，其實不叫變更設計，而是稱為「變更使用執照」。若屬於國際觀光旅館，則依照申辦變更使用執照流程進行辦理。

「室內裝修審查」與「變更使用執照」，兩者的位階程度不同。更新裝修，若沒有涉及樓地版面積，不涉及結構變更，那就只要辦理「室內裝修審查」；但每次申請的範圍，必要在一個防火區劃的範圍。但是兩者的程序（流程），幾乎一樣。例如：在原本的客房部分，原本沒有陽台而今留出了陽台，樓地版面積就縮小了（原本陽台不計入樓地版面積），因此就是有變動到外牆。顯然已經達到「變更使用執照」的強度了。

如果是國際觀光旅館，需經辦的官方單位除了建築管理處、消防隊、衛生局，還有在台北的交通部觀光局。這個流程是：國際觀光旅館申辦變更使用執照流程：平面計劃圖→觀光局（核准後）→建管處(會：消防、衛生、使照科)→建管處核准→動工施作→（竣工後）報請建管處竣工會勘→（核可後）發給變更使照證明→報請觀光局竣工會勘。

既然達到變更使照的強度，那麼就兩項一起辦理，比較省時省事。室內裝修審查與變更設計為二件事。若外牆有變動就要變更使照。外牆變動的變更設計在建管處審查，原因除了立面材料不同，也有涉及到樓地板面積更動的部分，例如外牆往內縮，面積會變小。

本章分爲三節，第一節　變更使用的原因和方式，第二節　執行要點，第三節　變更使用的流程。

Chipkin（1997）認爲，旅館更新縱使有許多不同的原因，概括而言旅館更新根本就是爲旅館的營運操作（Hotel opration）。

Chipkin, H. (1997). Renovation rush. *Hotel and Motel Management, 212* (2), 25-8.

第一節　變更使用的原因和方式

概　　要

1. 更新的原因
2. 變更使用執照檢附證件順序表
3. 檢討案例

學習意涵

1. 分析旅館更新的原因
2. 變更使用執照檢附的證件

   探討過程與行動中所產生的問題與行政法規程序上的必要動作。

   例舉臺北地區的案例

3. 檢討案例

   就《國際觀光旅館建築及設備標準》設計要點之第九、第十作檢討。

   建築管理方面：依建築使用分類，餐廳變更爲商店必需就B-3類組規定檢討。

一、旅館更新的原因

著名旅館的總經理說：「很多設施比較老舊，要保持一定水準。我們不是一次更新，而是不斷的更新，保持妥善，讓顧客有新盈感。」不是因為生意不好而改裝，是在正常營運狀況下實施更新。財務長認為，有獲利的情形下才能改裝。為了在市場上佔有的地位是被動的更新。在財務允許範圍之內，維持設備的水準，更新是最佳手段。面對設施退流行及設備升級的壓力時，因應對策是擬定餐廳與客房的翻新計劃，以提高市場競爭力。

從大環境來講，保持一定標準，是飯店永續經營的策略。無論外部環境是如何變化，保持旅館經營的標準，就是企業競爭的原則與作法。經常更新，保持新盈狀態。某旅館前總工程師說：由於建築設備的老舊，外牆漏水，加上機器設備的故障頻頻，以及安全上的考量，進行大規模的更新。礁溪某著名溫泉旅館總經理認為，旅館設施更新，對旅館而言是一種重新商品包裝，為了提昇商業競爭力。老舊飯店，必須持續不斷的進行更新。旅館更新的原因可分為：策略性的、經常作業性的、或機能性的需要，或配合更新的目的。

二、旅館更新之建築結構消防的限制

旅館建築各項結構設備設施的使用生命各有不同，要延續整體的工程生命，就必需局部或大部分的整修更新，如同人體的診察治療，以達到延年益壽。

就「更新整建」方面，探討過程與行動中所產生的問題與行政法規程序上的必要動作。就修建而言，所謂「過半的修理或變更」，是很難認定的，通常是不去碰到必需申請建管。也就是說，通常會去規避法令的上限，未構成建造行為的界限，只當作建築物的「整建」。雖然基於經濟上及時間上的考量，不去觸碰申請管道，但是以建築師或專案人員的立場，則必需在建築技術規則中規定到的各個層面，如安全、衛生、

結構、消防、進出口等，牽涉到人身安全的問題必需考慮進去。建築物要變更使用，在現行法規上的問題和限制，需要重新檢討的部分必需執行。

案例：

　　由原本辦公室變更為俱樂部餐廳，由於俱樂部無使用分區組別的適用性，需要何種使用用途的空間，再來檢查使用分區組別的適用性，定案後再進行實質建築設計的課題。

　　由於業者對法規的認知與建管單位的認知不同，產生許多分歧，臺灣現在開始實施建築師簽證制度，原則上只要建築師蓋章簽名的項目即由建築師負責，將來對法規的解釋，以政府機關「法規會」的解釋為依據。

　　觀光局的《國際觀光旅館管理規則施行細則》，雖然一再放寬限制，舉凡建築消防衛生或其他法令有規定的，都盡量減除觀光局的限制。如消防法規的問題、安全梯的問題等，都是最傷腦筋的問題。

三、計畫書

　　案例：計畫書的目錄編輯

　　前言

(一)更新計畫

(二)空間的法規檢討

(三)設施計畫建議

(四)財務預估

(五)經濟效益分析

(六)變更使用執照之流程

案例：

　　為計畫將餐廳及廚房區變更為商店事宜，就國際觀光旅館的管理規則問題的可行性，采逸樓及廚房區變更規劃為賣店，並就旅館的管理規則問題的可行性於是請教管轄單位。就《國際觀光旅館建築及設備標

準》設計要點第九、第十，關於餐廳面積與客房之比例及廚房與餐廳的比例，均先行評算過，本館餐廳總面積若減除此區也還合規範要求。

本旅館1樓中餐廳區域計畫變更爲賣店事宜，依觀光局的管理規則立場

建管方面：依建築使用分類，餐廳變更爲商店必須就B-3類組規定項目檢討，其中停車空間之檢討依停車空間規定每150平方公尺設置一輛。結構載重問題，因商店與餐廳係同等級，每平方公尺300公斤應可達到。可依據建築法規進行變更。

四、變更使用執照檢附的證件（如表49）

表49　變更使用執照檢附證件順序表

	內　　　容
1	變更使用執照申請書及用途概要表
2	檢討項目簽證表
3	審查表
4	原使用執照影本或謄本
5	委託書
6	土地使用分區證明
7	都市計畫地籍套繪圖
8	現場照片
9	使用權同意書（未涉及他人產權者免附）
10	建築物勘測成果表
11	建築物謄本
12	建築物結構安全證明（建築師簽證）
13	圖說

第二節　執行要點

概　要

1. 變更使用的法規依據
2. 執行要點
3. 建築物使用分類項目檢討標準
   實例：
   國際觀光旅館申辦變更使用執照流程
   實例：
   建築更新行政法規程序流程

學習意涵

1. 變更使用執照的法規依據
   國際觀光旅館申辦變更使用執照流程
2. 變更使用執照之流程圖
   建築更新行政法規程序流程圖
3. 建築物使用分類項目檢討標準。

一、變更使用執照的法規依據

　　國際觀光旅館申辦變更使用執照流程：（如表50）

　　平面計畫圖→觀光局（核准後）→建管處（會消防，衛生，使照科）→建管核准→動工施作→（竣工後）報請建管竣工會勘→（核可後）發給變更使照證明→報請觀光局竣工會勘。

　　業主之觀光旅館建築圖，在觀光局有存檔，可申請借圖。（如圖6-1）

　　依照建築法之使用管理規定執行。（圖6-2）

表50　國際觀光旅館申辦變更使用執照流程

序	流　　程	備註欄
1	計畫變更之平面圖（載明各項使用面積、計算式，並著色）	跑照建築師
2	發文觀光局說明變更使用之動機。	觀光局審查會
3	觀光局審查會通過後，發給觀光局核准圖（平面圖）備妥消防圖（簽證）、機電圖、裝修圖、送建管審核。	會消防－衛生
4	消防審圖通過。	
5	建築審圖通過。	
6	可以開始照核准圖施工。	
7	完工後申報查驗、消防、裝修（建築）。	
8	取得變更使用執照及領取竣工圖（建築使照圖）。	
9	再向觀光局申報竣工。	
10	觀光局會同建管、消防、衛生、旅館工會等單位來作竣工會勘完成程序。	

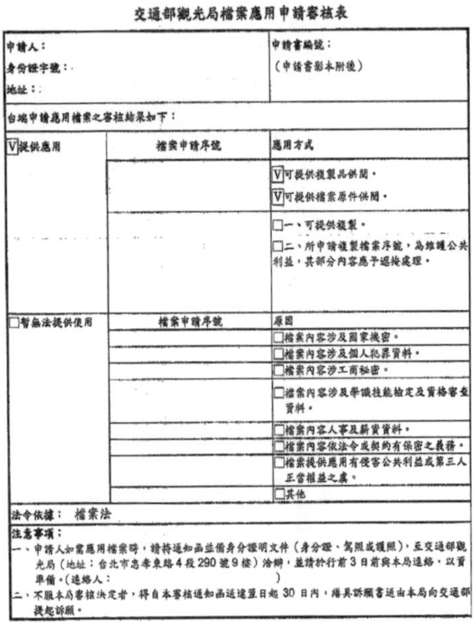

交通部觀光局檔案應用申請審核表

申請人： 身份證字號： 地址：		申請書編號： （申請書影本附後）
台端申請應用檔案之審核結果如下：		
V提供應用	檔案申請序號	應用方式
		V可提供複製品供閱。 V可提供檔案原件供閱。
		□一、可提供複製。 □二、所申請複製檔案序號，為維護公共利益，其部分內容應予遮掩處理。
□暫無法提供使用	檔案申請序號	原因
		□檔案內容涉及國家機密。
		□檔案內容涉及個人犯罪資料。
		□檔案內容涉工商秘密。
		□檔案內容涉及學識技能檢定及資格審查資料。
		□檔案內容人事及薪資資料。
		□檔案內容依法令或契約有保密之義務。
		□檔案提供應用有侵害公共利益或第三人正當權益之虞。
		□其他
法令依據：　檔案法		

注意事項：
一、申請人如需應用檔案時，請持通知函並備身分證明文件（身分證、駕照或護照），至交通部觀光局（地址：台北市忠孝東路4段290號9樓）洽辦，並請於行前3日前與本局連絡，以資準備。（連絡人：　　　　　　　）
二、不服本局審核決定者，得自本審核通知函送達翌日起30日內，繕具訴願書逕由本局向交通部提起訴願。

圖6-1　觀光局檔案應用借圖申請表（管建署網站可下載）

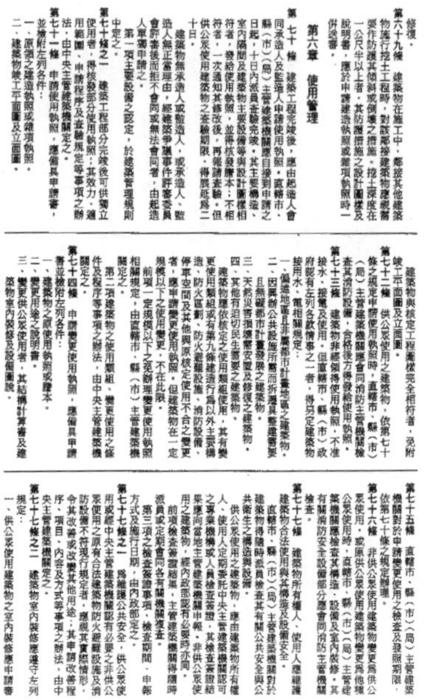

建築法

修復。

第六十九條　建築物在施工中，鄰接其他建築物施行挖土工程時，對該鄰接建築物應視需要作防護其傾斜或倒壞之措施。挖土深度在一公尺半以上者，其防護措施之設計圖樣及說明書，應於申請建造執照或雜項執照時一併送審。

第六章　使用管理

第七十條　建築工程完竣後，應由起造人會同承造人及監造人申請使用執照。直轄市、縣（市）（局）主管建築機關應自接到申請之日起，十日內派員查驗完竣。其主要構造、室內隔間及建築物主要設備等與設計圖樣相符者，發給使用執照，並得核發謄本；不相符者，一次通知其修改後，再報請查驗。但供公眾使用建築物之查驗期限，得展延為二十日。

建築物無承造人或監造人，或承造人、監造人無正當理由，經建築爭議事件評審委員會評審後而拒不會同或無法會同者，由起造人單獨申請之。

第一項主要設備之認定，於建築管理規則中定之。

第七十條之一　建築工程部分完竣後可供獨立使用者，得核發部分使用執照；其效力、適用範圍、申請程序及查驗規定等事項之辦法，由中央主管建築機關定之。

第七十一條　申請使用執照，應備具申請書，並檢附左列各件：

一、原領之建造執照或雜項執照。

二、建築物竣工平面圖及立面圖。

建築物與核定工程圖樣完全相符者，免附竣工平面圖及立面圖。

第七十二條　供公眾使用之建築物，依第七十條之規定申請使用執照時，直轄市、縣（市）（局）主管建築機關應會同消防主管機關檢查其消防設備，合格後方得發給使用執照。

第七十三條　建築物非經領得使用執照，不准接水、接電及使用。但直轄市、縣（市）政府認有左列各款情事之一者，得另定建築物接用水、電相關規定：

一、偏遠地區且非屬都市計畫地區之建築物。

二、因興辦公共設施所需而拆遷具整建需要且無礙都市計畫發展之建築物。

三、天然災害損壞需安置及修復之建築物。

四、其他有迫切民生需要之建築物。

建築物應依核定之使用類組使用，其有變更使用類組或有第九條建造行為以外主要構造、防火區劃、防火避難設施、消防設備、停車空間及其他與原核定使用不合之變更者，應申請變更使用執照。但建築物在一定規模以下之使用變更，不在此限。

前項一定規模以下之免辦理變更使用執照相關規定，由直轄市、縣（市）主管建築機關定之。

第二項建築物之使用類組、變更使用之條件及程序等事項之辦法，由中央主管建築機關定之。

第七十四條　申請變更使用執照，應備具申請書並檢附左列各件：

一、建築物之原使用執照或謄本。

二、變更用途之說明書。

三、變更供公眾使用者，其結構計算書及建築物室內裝修及設備圖說。

第七十五條　直轄市、縣（市）（局）主管建築機關對於申請變更使用之檢查及發照期限，依第七十條之規定辦理。

第七十六條　非供公眾使用建築物變更為供公眾使用，或原供公眾使用建築物變更為他種公眾使用時，直轄市、縣（市）（局）主管建築機關應檢查其構造、設備及室內裝修。其有關消防安全設備部分應會同消防主管機關檢查。

第七十七條　建築物所有權人、使用人應維護建築物合法使用與其構造及設備安全。

直轄市、縣（市）（局）主管建築機關對於建築物得隨時派員檢查其有關公共安全與公共衛生之構造與設備。

供公眾使用之建築物，應由建築物所有權人、使用人定期委託中央主管建築機關認可之專業機構或人員檢查簽證，其檢查簽證結果應向當地主管建築機關申報。非供公眾使用之建築物，經內政部認有必要時亦同。

前項檢查簽證結果，主管建築機關得隨時派員或定期會同各有關機關複查。

第三項之檢查簽證事項、檢查期間、申報方式及施行日期，由內政部定之。

第七十七條之一　為維護公共安全，供公眾使用或經中央主管建築機關認有必要之非供公眾使用之原有合法建築物防火避難設施及消防設備不符現行規定者，應視其實際情形，令其改善或改變其他用途；其申請改善程序、項目、內容及方式等事項之辦法，由中央主管建築機關定之。

第七十七條之二　建築物室內裝修應遵守左列規定：

一、供公眾使用建築物之室內裝修應申請審

圖6-2　《建築法》——使用管理（詳官網）

二、流程圖（如圖6-3）

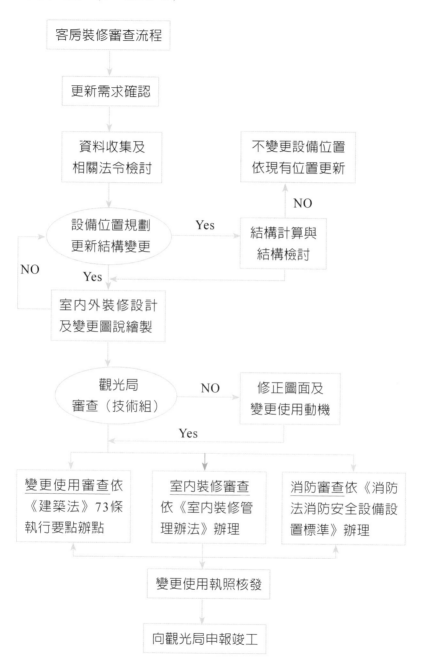

圖6-3　建築更新行政法規程序流程

第三節　變更使用執照的流程

概　要

1. 建築物室內裝修管理辦法
2. 變更使用應考慮之重點
3. 建築物室內裝修管理辦法
4. 申請變更使用執照應附的有關文件與資料

案例：

更新裝修：申辦室內裝修合格證明之流程

學習意涵

1. 闡明建築物室內裝修管理辦法

　　(1)依照營建署網頁

2. 變更使用應考慮之重點

　　(1)變更使用審查過程不確定，恐影響時程之因素

　　(2)不宜先行動工

　　(3)消防設備工程費

　　(4)結構安全考量

　　(5)室內裝修工程

　　(6)空調系統

3. 申請變更使用執照之流程

　　(1)申請書、委託書

　　(2)上項資料及圖說

　　(3)新設計之室內裝修圖說

　　(4)各項裝修建材之防火證明

　　(5)室內裝修業登記證明 —— 專業設計技術人員簽章

　　(6)室內裝修消防安全審查申請書 —— 消防設備師簽章

4. 申辦變更使用計畫書

5. 經費概估：（如表51）

　　變更使用作業費

表51　經費概估

項目		金額	費用包括之工作內容說明	備註
變更使用作業費	1.建築師費用	300,000	1.現場勘查 2.整合室內裝修設計、消防設計 3.變更使用圖說繪製、法令檢討、簽證及送審 4.室內裝修審查圖說繪製、法令檢討、簽證及送審 5.竣工勘驗 6.取得變更使用執照及室內裝修合格證	
	2.結構計算、補強設計、簽證費	130,000	1.結構變動部分之結構計算及簽證 2.結構補強設計圖說	
	3.室內裝修審查、查驗費	100,000	1.不含室內裝修細部設計、監造費	
	4.消防設計、簽證費	100,000	1.消防設施設計 2.消防圖說送審	
	5.空調設計費	60,000	1.空調系統容量設計 2.空調系統配置	
	6.機電設計費	60,000	1.用電容量設計 2.用電系統配置	
	小計：	750,000	3～6項以變更面積1,300M2計	
裝修工程	7.室內裝修工程費		1.室內裝修細部設計 2.室內裝修現場監造	

第一章　變更使用

349

項目	金額	費用包括之工作內容說明	備註
8.室內裝修工程費	費用依照實際設計結果而定		
9.空調系統設備工程費			
10.室內電扶梯工程費			
11.消防系統設備工程費			
12.其他（結構補強等）			

註：費用金額僅供參考，因時因地制宜。

一、建築物室內裝修管理辦法（提供營建署網頁，讀者自行上網查閱。）

（營建署網頁：http://www.cpami.gov.tw/chinese/index.php?option=com_content&view=article&id=10440&Itemid=57）

二、變更使用應考慮之重點

(一)變更使用審查過程中，恐影響時程之因素

1. 變更使用為較新的業務，現有法令不夠周全、審查時礙於法令不明確處，會因承辦人員不同而有不同的法令詮釋及要求。

2. 承辦人員業務及任務繁多，難以控制審查進度。

3. 高層建築，簽核層級較高，需時較長。國際觀光旅館同時受觀光局審查管制。

4. 室內裝修工程進度影響後續竣工審查之時程。（如表52）

(二)不宜先行動工

變更使用執照因涉及變更使用圖面之審查、室內裝修審查及二次消防審查，至取得施工許可需時數月，期間不宜先行施工，避免受罰及勒令停止使用。宜將營業時段列入考量以減少損失。

(三)消防設備工程費

1. 原有防火區劃及消防設備於前次裝修時遭受破壞。

2. 若貫穿兩層樓以樓梯或扶梯連繫，將破壞原有防火區劃，需將上下兩層消防設備同時規劃，消防工程費用較高且不可避免。

表52 變更使用進度表
變更使用進度（工作日為準）

工作項目 / 日期	第一個月				第二個月				第三個月				第四個月				第五個月				第六個月				第七個月				第八個月				第九個月				第十個月				第十一個月			
	1	2	3	4	1	2	3	4	1	2	3	4	1	2	3	4	1	2	3	4	1	2	3	4	1	2	3	4	1	2	3	4	1	2	3	4	1	2	3	4	1	2	3	4
室內裝修設計			■																																									
觀光局審查					■																																							
變更使用圖說繪製							■																																					
結構計算、補強設計								■																																				
變更使用及室內裝修圖說審查									■																																			
消防審查																																												
業主進行室內裝修工程																																												
其他後續作業																																												

變更使用及室內裝修圖說審查：主管機關內部作業，此時程難以控制，為預估時間

業主進行室內裝修工程：時間由業主掌控

其他後續作業：取得觀光局核准

3. 供公眾使用的高層建築，除了變更使用範圍內之消防設備外，需使用到的線路及設備均列入檢修範圍，包括：滅火器及室內消防栓設備、自動灑水設備、火災自動警報器、緊急廣播設備、標示指標設備、緊急照明設備、緊急電源插座、排煙設備。

4. 確實費用俟消防技師現場勘查並依變更使用圖進行規劃後估算。

㈣結構安全考量

貫穿樓板並加設電扶梯部分，需經結構技師計算並簽證負責，若有必要則需結合補強。

㈤室內裝修工程

室內裝修則因裝修材料不同，工程費相差甚多，需以依業主要求完成之室內裝修圖估算才能得知。

㈥空調系統

若計畫設置專用之中央空調系統，需經空調技師或水電技師規劃設計後，確定冰水主機噸數、空調系統配置及機房位置，據以估算費用。今原有空調機房恐不敷使用，需設專用之空調機房。

三、申請變更使用執照之流程

㈠申請書、委託書。

㈡上項資料及圖說。

㈢新設計之室內裝修圖說，包括裝修圖及消防、機電圖。裝修圖包括：平面圖、天花板圖、立面圖、主要隔間細部圖、主要裝修細部圖消防、機電圖包括：載明裝修樓層現況的防火避難設施、消防設備、消防排煙、灑水設備、排煙系統昇位圖、消防檢討說明、防火區劃、主要構造位置之圖說，其比例不得小於1/200。

㈣各項裝修建材之防火證明。

㈤室內裝修業登記證明：專業設計技術人員簽章。

㈥室內裝修消防安全審查申請書：消防設備師簽章。

說明：1.上項裝修圖說，必需由國內有證照的室內裝修公司出圖，

出名稱，並予以簽章。會產生增加設計費用。

2.上項機電、消防圖說，必需由國內有證照的機電公司出圖，出名稱，並予以簽章。會產生增加設計費用。

(七)室內裝修核准：臺北市建築師公會。

(八)校對副本核轉審查結果（變更之設計圖）：臺北市建築師公會。

(九)消防設備申請核准：臺北市政府消防局。

(十)核發裝修許可函：臺北市政府工務局。

(十一)開始施工：申請人業主。

(十二)室內裝修竣工勘驗申請。

(十三)竣工勘驗合格：臺北市建築師公會。

(十四)校對副本核轉審查結果（施工完畢之設計圖）：臺北市建築師公會。

(十五)消防設備竣工勘驗核准：臺北市政府消防局。

(十六)核發室內裝修合格證明：臺北市工務局。

（申請變更使用執照之流程及說明，在營建署網站可供下載。）

四、案例：更新裝修　申辦室內裝修合格證明之流程

(一)室內裝修申請

1.申請人業主。

2.委託申辦－請開業建築師或室內裝修業有專業設計技術證照者。

3.業主準備建築物權利證明文件。

(1)建築物使用同意書、(2)地籍資料謄本、(3)土地使用分區證明、(4)土地登記簿謄本。

4.建築物登記簿謄本。

5.建築物權狀影本。

6.原核准的現況圖說：包括載明裝修樓層現況的防火避難設施、消防設備、防火區劃、主要構造位置之圖說，其比例不得小於1/200。

7.掛件申請。

第二章　旅館更新與改裝

前言

　　更新變革就能再生，這就是永續經營的「核心價值」。如何因應市場需求，舊有旅館建築要如何積極面對更新轉型，提升硬體設施品質，再顯昔日風華，創造事業第二春。對於舊有的旅館建築，將之重新整修、重現生機是一項要務，旅館建築的殘值利用再生，創造經濟價值。本書依據市場調查、法規檢討、風險評估、需求預測、經營規劃、財務預測、機會研究等評估模式，客觀的分析。

　　法規規定，籌建觀光旅館或國際觀光旅館，都必需由交通部觀光局取得籌建核准，其適用之法規，除了《觀光旅館業管理規則及施行細則》、《國際觀光旅館建築及設備標準》外，觀光局還分別舉出供業者參照執行：《發展觀光條例》、《風景特定區管理規則》、《觀光地區建築物……等規劃限制實施辦法》、《區域計畫法》、《都市計畫法》、《土地使用分區管制規則》。

　　本章分為4節，更新與改裝的必要性，時尚性的改裝，營運行銷的必要性，崇新的人性觀點，擴充消費容量的作法，改變其他用途。第一節　更新及改裝的可行計畫，淡季時節、分區分期的作法、外製內裝的設計方式、局部更新的作法、換季與節慶、法規的變更與遵循、預算的核定與執行、經營單位的配合。第二節　機電消防上的考量，機電系統供給容量、消防設施的檢討與補充、設備系統的增設。第四節　有計畫的施工，可施工的時間、運送材料的時間及動線、拆棄的時間及動線、施工期間之空調供給、廢氣汙染的排除、假設工程、竣工檢討。

　　所謂是「新」（new），可能對公司是「新」（new）。或對於市場或顧客是「新的」（the new）。對現行的產品加以改進，產品的重新再定位及減低成本。推展各種各樣的方式的新產品，

有一種行銷的義涵。在整體營銷計劃的意義是新產品。但是，在旅館業而言，它是經營環境的更新。

Cooper, R. (1999). Product Develoment for the Service Sector: Lessons from Market Leaders, *Persueus Books*.Cambridge, MA.

第一節　更新及改裝的可行計畫

概　要

整建及改裝的可行計畫

1.面臨法規問題

2.實際設計

3.適法性的名稱

4.修建與修繕

學習意涵

1.面臨「法規問題」，法令詮釋及要求。

2.實際設計的挑戰：

　⑴結構體受限制。

　⑵建築法對於修繕、修改等沒有很明確的法源作依據。

　⑶研討可行性，配合法規的限制，作有效的評估研究。

3.建築法所稱的建造係指有下列行為：新建、增建、改建、修建。

4.一般旅館建築變更使用，在現行法規上需要重新檢討的部分有：

　⑴消防和防火避難問題。

　⑵結構問題、載重問題、安全強度問題。

　⑶土地使用分區組別適用問題。

　⑷停車場和防空避難問題。

淡季時節、分區分期的作法、外製內裝的設計方式、局部更新的作法、法規的變更與遵循、預算的核定與執行、經營單位的配合。

一、面臨「法規問題」，使得可行性大為降低。而審查時，現有法令的不夠周全不明確處，會因承辦人員的不同，而有不同的法令詮釋及要求。現行法規問題，新法規經常有增修，限制了更新的條件，如停車場的問題因用途的不一樣，所需求的停車位也不一樣。再者建管單位的審查問題，審查所需要的原始資料文件圖檔，經常需要向主管機關申請複印，手續很繁瑣。

二、在實際設計上又是另一項挑戰：

 ㈠結構體受限制。

 ㈡建築法對於修繕、修改等沒有很明確的法源作依據。

 ㈢安全梯的增設與逃生路徑等受限。

 ㈣縱使建築師在現有範圍內做修改、整建，並配合機能需求作重新創造設計，但是法源上並沒有明確。對於建築更新的趨勢，如增建、修建、改建裝修等研討可行性，配合法規的限制，作有效的評估研究。

三、目前最大問題應該在如何找出適法性的名稱、條文，至於新舊的融合。建築法所稱的建造，係指有下列行為：

 ㈠新建：為新建造之建築物或將建築物全部拆除而重新建築者。

 ㈡增建：於原建築物增加其面積或高度，但以過廊與原建築物連接者，應視為新建。

 ㈢改建：將建築物之一部分拆除，於原建築基地範圍內改造，而不增高或擴大面積者。

 ㈣修建：建築法所稱建造，係指新建、增建、改建、修建，然並未規定「重建」或「修建」之定義，法未予明定，依建築法第九條第四款所謂修建中之「過半之修理」，係指屋架未有過半之更換或修理，而其餘桁條、椽子、屋面板及屋面瓦全部翻修，雖翻修範圍過半，仍不視為建築法第九條第四款之修建行為，已前經內

政部函釋在案。從而定謂之修建，謂建築物之基礎、樑柱、承重牆壁、樓地板、屋架或屋頂，其中任何一種有過半之修理或變更者，參以本法第八條之規定，亦即指主要結構有任何一種有過半之修理或變更者，方為「修建」。

四、任何一種有過半之修理或變更者。就修建而言，所謂過半的修理或變更是很難認定的，儘量不使修建程度達到申請建管範圍。也就是說，通常會去規避法令的上限，未構成建造行為的界限，只當作建築物的「整建」。雖然基於經濟上及時間上的考量，不去觸碰申請管道，但是以建築師或專案人員的立場，則必需在建築技術規則中所規定到的各個層面，如安全、衛生、結構、消防等，牽涉到人身安全的問題考慮進去。一般建築物要變更使用，在現行法規上的問題和限制，需要重新檢討的部分有：（如圖6-4）

㈠消防和防火避難問題。

㈡結構問題、載重問題、安全強度問題。

㈢土地使用分區組別適用問題。

㈣停車場和防空避難問題。

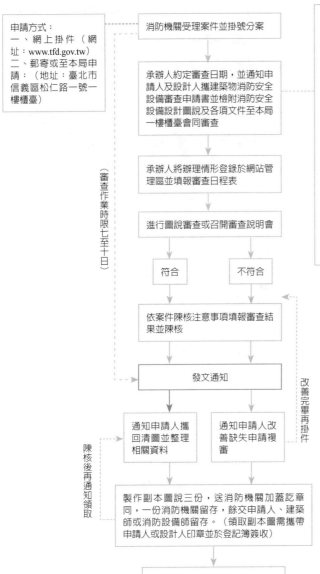

申請方式：
一、網上掛件（網址：www.tfd.gov.tw）
二、郵寄或至本局申請：（地址：臺北市信義區松仁路一號一樓櫃臺）

消防機關受理案件並掛號分案

承辦人約定審查日期，並通知申請人及設計人攜建築物消防安全設備審查申請書並檢附消防安全設備設計圖說及各項文件至本局一樓櫃臺會同審查

承辦人將辦理情形登錄於網站管理區並填報審查日程表

進行圖說審查或召開審查說明會

符合　　　　不符合

依案件陳核注意事項填報審查結果並陳核

發文通知

通知申請人攜回清圖並整理相關資料　　通知申請人改善缺失申請複審

製作副本圖說三份，送消防機關加蓋訖章同，一份消防機關留存，餘交申請人、建築師或消防設備師留存。（領取副本圖需攜帶申請人或設計人印章並於登記簿簽收）

檔案室歸檔

（審查作業時限七至十日）

改善完畢再掛件

陳核後再通知領取

檢附文件：
一、審查申請書乙份
二、委託書乙份
三、臺北市建築師公會核准室內裝修文件及平面圖說各乙份
四、使用執照影本乙份
六、原核准消防安全設備圖說乙份
七、室內裝修消防安全設備圖說乙份
八、消防用緊急發電機電源容量計算書（容時未變更者除外）
九、施工中消防防衛計畫書（未達消防法第十三條規定：地面層達十一層以上建築物、地下建築物或中央主管機關指定之建築物者除外）

圖6-4　建築物室內裝修消防安全設備圖說審查作業流程

一、審查流程：

掛件 → 分案辦理 → 審查承辦人（組） → 退件（附件資料不齊、無法據以審查，承辦人（組）亦得通知限期補正）。

不合格 → 約定審查、複審（初審） 辦理結果

合格 → 繕打會審表 → 合格函稿

陳核 → 發文 → 領件

承辦人依流水編號號調簿登記案件資料

備帶函文或身分證明文件洽災害預防課領取。

退件（稿）

會審表格式

申請人攜帶案件並填交掛件申請至本局收發室辦理，由收發人員收發文後送交災害預防課。

辦理期限以七日內辦單為原則，必要時得依規定展延（以三次為限）：
1.第一、二次展延由課長核定。
2.第三次展延需由局長核定。

二、附件種類：

※1.變更（補發）使用執照申請書或建築物室內裝修申請書	6.發電機簽證（需經電機公會認證）
※2.原使用執照（申請補發者免附）	7.建築圖一份（含現況配置圖、面積計算圖表、各層平面圖、立面圖、門窗圖等）並加蓋建築師大、小章及簽名。
※3.建築物樓層概要表（如附表2-3）	8.消防圖三份（含索引圖、圖說檢討、數量表、各層平面設計圖、昇位圖等）。（掛件時可先附一份，待審通過後補齊另一份）。
※4.消防設備師或消防設計人員證書	9.原核准消防設計審核圖一份（二原圖亦可）
※5.廠房核定函（申請用途為廠房者）	10.其他（依據最新法令規定應檢附之文件）

註1：特種建築物、地下建築物及收容人員眾多建築物之審查另依《新竹市消防局建築物消防安全設備審查暨查驗作業規定》辦理。

註2：「製造、分裝、貯存或處理公共危險物品之數量達管制量三十倍以上之場所」申請建築執照或變更使用時，需檢附危險物品保安監督人證明文件，並制定防災計畫書。

註3：消防圖及建築圖放入牛皮紙袋以大信封裝封袋內，與卷宗上下切齊。

註4：民國九十年四月以後，設計單位需於圖審通過後，檢附一片光碟設計圖檔。

註5：打※者均為影本即可，但需加蓋「大、小章」及「影本視同正本章」。

圖6-5 申請「變更使用執照（含室內裝修涉及用途變更）、補發使用執照消防審查」流程及附件種類圖

第二節　機電消防上的考量

概　要

機電消防上的考量
1. 設備規劃設計送審資料
2. 消防設備工程

學習意涵

1. 室內裝修審查之消防設備規劃設計送審資料
2. 消防設備工程
   (1) 設計工程
   (2) 消防設備工程之範圍
   (3) 室內消防栓箱設備
   (4) 自動撒水系統
   (5) 自動泡沫撒水設備
   (6) 二氧化碳滅火設備
   (7) 排煙設備

機電消防上有以下幾點考量：機電系統供給容量、消防設施的檢討與補充，及設備系統的增設。

一、室內裝修審查之消防設備規劃設計送審資料

(一) 所有權人或使用人
(二) 消防安全設備設計人
(三) 建築物地點
(四) 建築物消防安全設備圖說審查申請書
　　（消防局回函，圖說核准函）

㈤委託書

㈥消防設備師證書

㈦使用執照影本

㈧建築物室內裝修圖說申請書

㈨建築物「一般、無開口」樓層檢查表

㈩各項消防安全設備概要表

二、消防設備工程

㈠設計工程

本計畫之設計係參照內政部訂之《建築技術規則》內之《建築設備編》內第三章有關之消防設備標準規範，並依地區消防主管機關之規定辦理。（如圖6-6）、（如表54）

㈡消防設備工程之範圍計有 1.室內消防栓箱設備、 2.自動撒水設備、 3.泡沫撒水設備、 4.自動滅火設備、 5.中央HALON（海龍）滅火設備、 6.排煙設備

㈢室內消防栓箱設備

㈣自動撒水系統

㈤自動泡沫撒水設備

㈥中央二氧化碳滅火設備

㈦排煙設備

相關檢附資料如下：（有關法規在營建署網站皆可下載）

一、建造執照消防安全設備圖說審查「新建、增建、改建」

㈠消防圖說申請書（申請人＋設計人＋監造人大小章及簽名）

㈡建照執照申請書（建築師＋起造人大小章）或建造執照

㈢建築物「一般、無開口」樓層檢討表及各項設備概要表

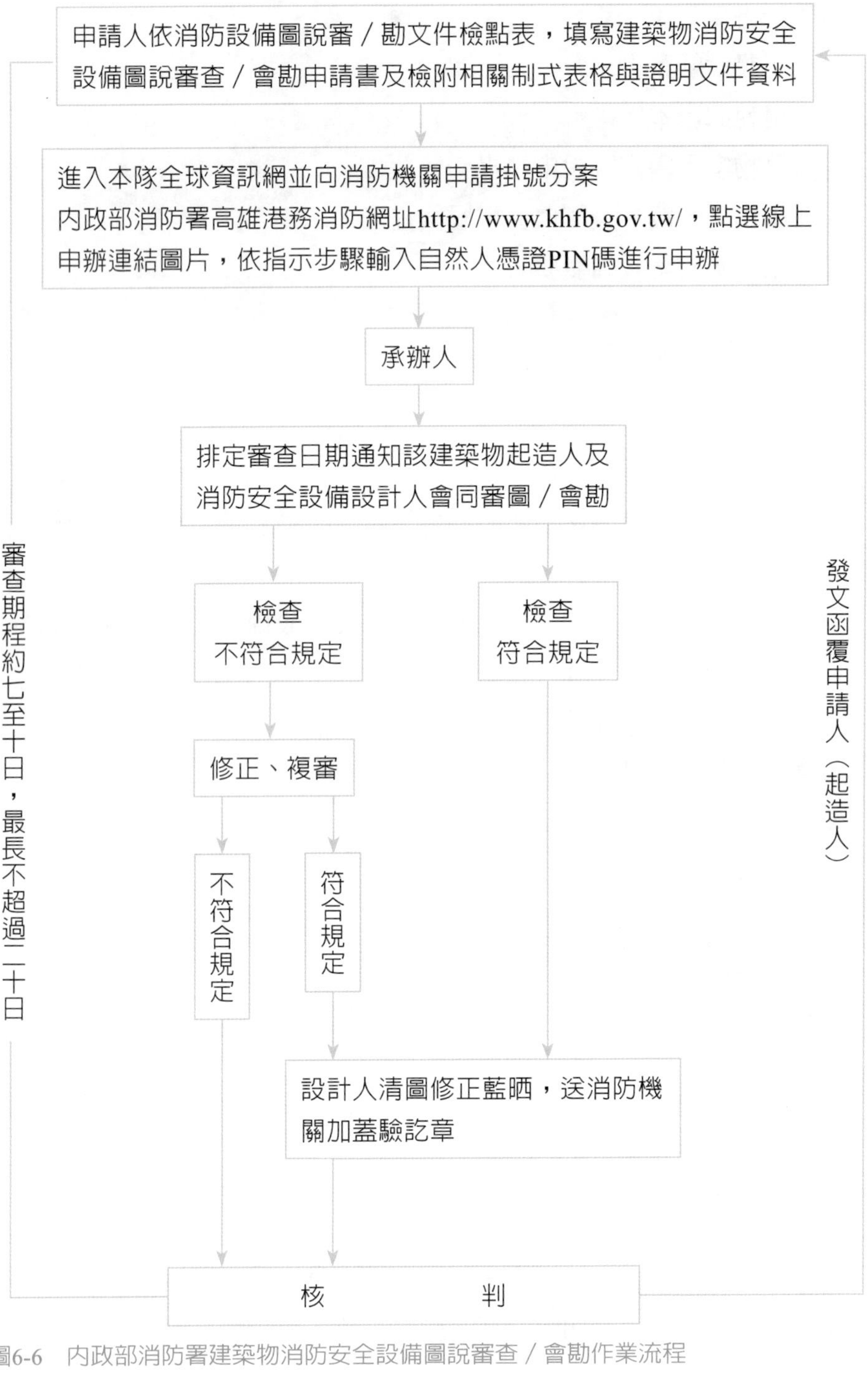

申請人依消防設備圖說審／勘文件檢點表，填寫建築物消防安全設備圖說審查／會勘申請書及檢附相關制式表格與證明文件資料

進入本隊全球資訊網並向消防機關申請掛號分案
內政部消防署高雄港務消防網址http://www.khfb.gov.tw/，點選線上申辦連結圖片，依指示步驟輸入自然人憑證PIN碼進行申辦

承辦人

排定審查日期通知該建築物起造人及消防安全設備設計人會同審圖／會勘

檢查
不符合規定

檢查
符合規定

修正、複審

不符合規定

符合規定

審查期程約七至十日，最長不超過二十日

發文函覆申請人（起造人）

設計人清圖修正藍晒，送消防機關加蓋驗訖章

核　　　判

圖6-6　內政部消防署建築物消防安全設備圖說審查／會勘作業流程

表55　消防機關辦理建築物消防安全設備審查及查驗作業基準

消防機關辦理建築物消防安全設備審查及查驗作業基準

【公布日期】中華民國九十一年七月八日【公布機關】內政部

【法規沿革】

中華民國九十一年七月八日內政部內授消字第0910089036號函訂定發布全文六點，並自中華民國九十一年十月一日起正式施行

【法規內容】

第1點

　　為利消防機關執行《消防法》第十條所定建築物消防安全設備圖說（以下簡稱消防圖說）之審查及建築法第七十二條、第七十六條所定建築物之竣工查驗工作，特訂定本作業基準。

第2點

　　建築物消防安全設備圖說審查作業程序如下：

　　㈠起造人填具申請書，檢附建築、消防圖說、建造執照申請書、消防安全設備概要表、相關證明文件資料等，向當地消防機關提出。其中消防圖說由消防安全設備設計人依滅火設備、警報設備、避難逃生設備、消防搶救上之必要設備等之順序依序繪製並簽章，圖說內所用標示記號，依消防圖說圖示範例註記。

　　㈡消防機關受理申請案於掛號分案後，即排定審查日期，通知該件建築物起造人及消防安全設備設計人，並由消防安全設備設計人攜帶其資格證件及當地建築主管機關審訖建築圖說，配合審查（申請案如係分別向建築及消防機關申請者，其送消防機關部分，得免檢附審訖建築圖說），消防安全設備設計人無正當理由未會同審查者，得予退件。但變更設計或變更用途，非系統式設備僅變動滅火器、緊急照明燈等簡易設備者，設計人得免配合審查。

　　㈢消防圖說審查不合規定者，消防機關應製作審查紀錄表，依第六點規定之期限，將不合規定項目詳為列舉，一次告知起造

人，起造人於修正後應將消防圖說送回消防機關複審，複審程序準用前款之規定，其經複審仍不符合規定者，消防機關得將該申請案函退。

㈣消防機關審訖消防圖說後，其有修正者，交消防安全設備設計人攜回清圖修正藍晒。消防圖說經審訖修改完成，送消防機關加蓋驗訖章後，消防機關留存一份，餘交起造人（即申請人）留存。

㈤消防圖說審查作業流程。

第3點

　　有關依各類場所消防安全設備設置標準規定設置之耐燃保護、耐熱保護措施，室內消防栓、室外消防栓、自動撒水、水霧、泡沫、乾粉、二氧化碳滅火設備、連結送水管設備等之配管，於實施施工、加壓試驗及配合建築物樓地板、梁、柱、牆施工需預埋消防管線時，消防安全設備監造人應一併拍照建檔存證以供消防機關查核，消防機關並得視需要隨時派員前往查驗。

第4點

　　建築物消防安全設備竣工查驗程序如下：

㈠起造人填具申請書，檢附消防安全設備測試報告書（應由消防安全設備裝置人於各項設備施工完成後依報告書內項目實際測試其性能，並填寫其測試結果）、安裝施工測試照片、證明文件（含審核認可書等）、使用執照申請書、原審訖之消防圖說等，向當地消防機關提出，資料不齊全者，消防機關通知限期補正。

㈡消防機關受理申請案於掛號分案後，即排定查驗日期，通知該件建築物之起造人及消防安全設備裝置人，並由消防安全設備裝置人攜帶其資格證件至竣工現場配合查驗，消防安全設備裝置人無正當理由未會同查驗者，得予退件。

㈢竣工現場消防安全設備查驗不合規定者,消防機關應製作查驗紀錄表,依第六點規定之期限,將不合規定項目詳為列舉,一次告知起造人,起造人於完成改善後應通知消防機關複查,複查程序準用前款之規定,其經複查仍不符合規定者,消防機關得將該申請案函退。

㈣竣工現場設置之消防安全設備與原審訖消防圖說之設備數量或位置有異動時,於不影響設備功能及性能之情形下,得直接修改竣工圖(另有關建築部分之立面、門窗、開口等位置之變更,如不涉面積增減時,經建築師簽證後,亦得一併直接修改竣工圖),並於申請查驗時,備具完整竣工消防圖說,一次報驗。

㈤消防機關完成建築物消防安全設備竣工查驗後,其需修正消防圖說者,消防安全設備設計人、監造人應將原審訖之消防圖說清圖修正製作竣工圖。完成竣工查驗者,其消防圖說應標明「竣工圖」字樣,送消防機關加蓋驗訖章後,消防機關留存二份列管檢查,餘交起造人(即申請人)留存。

㈥建築物消防安全設備竣工查驗作業流程。

第5點

申請消防圖說審查及竣工查驗,各項圖紙均需折疊成A4尺寸規格,並裝訂成冊俾利審查及查驗。圖紙折疊時,圖說之標題欄需折疊於封面,圖紙折疊方式依圖示範例。

第6點

消防安全設備圖說審查及竣工查驗之期限,以受理案件後七至十日內結案為原則。但供公眾使用建築物或構造複雜者,得視需要延長,並通知申請人,最長不得超過二十日。

㈣消防用緊急發電機電源容量計算書（設備師或電機技師大小章及簽名）

㈤消防設備師證書影本（設備師章及簽名）

㈥建築圖說（建築師大小章及簽名）

㈦消防圖說乙份（設備師大小章及簽名）

㈧審查時配合審圖人員清圖完畢後，提供乙份完整圖說核閱，並進行網路掛件且確認已上傳完整電子檔案資料，以下審查比照辦理。

㈨審核通過後，應交予本隊全開消防設備藍晒圖說乙份、A3圖說1份、所有文件資料光碟2份留存。

二、建造執照消防安全設備圖說變更設計審查

㈠消防圖說變更設計申請書（申請人＋設計人＋監造人大小章及簽名）

㈡建照執照變更設計申請書（建築師＋起造人大小章）或建造執照

㈢建築物「一般、無開口」樓層檢討表及各項設備概要表

㈣消防用緊急發電機電源容量計算書（設備師或電機技師大小章及簽名）

㈤消防設備師證書影本（設備師章及簽名）

㈥建築圖說（建築師大小章及簽名）

㈦消防圖說乙份（設備師大小章及簽名）

三、使用執照變更用途圖說審查

㈠消防圖說變更用途申請書（申請人＋設計人＋監造人大小章及簽名）

㈡變更使用執照申請書（建築師＋起造人大小章）及使用執照影本一份

㈢建築物「一般、無開口」樓層檢討表及各項設備概要表

㈣消防用緊急發電機電源容量計算書（設備師或電機技師大小章及簽

名）

㈤消防設備師證書影本（設備師章及簽名）

㈥建築圖說（建築師大小章及簽名）

㈦消防圖說乙份（設備師大小章及簽名）

四、室內裝修案件審查

㈠消防圖說室內裝修申請書（申請人＋設計人＋監造人大小章及簽名）

㈡室內裝修許可申請書〈建築師＋起造人大小章〉及使用執照影本

㈢消防設備師證書影本〈設備師章及簽名〉

㈣室內裝修圖說〈建築師大小章及簽名〉

㈤消防圖說乙份

備註：

註：爲利於加快案件審核過程並求整齊，請申請人依順序裝訂，裝訂請用公文夾並置於資料袋中。

注意事項：

㈠爲加速案件辦理速度，請依「建築物消防安全設備圖說審查申請書」順序，依序製圖。

㈡辦理會審案件，凡是消防設備移位、數量增減都需按照本作業規定辦理。

㈢本隊受理後分案給各審圖人員辦理，其中消防圖說由消防安全設備設計人依滅火設備、警報設備、避難逃生設備、消防搶救上必要設備等之順序依序並依申請書「應檢附圖說資料項目」順序繪製並簽章。圖說內所用標示記號依署頒消防圖說圖示範例註記，無範例者由設計人自行創立使用。

㈣建築物消防安全設備圖說審查申請書如申請案件爲視爲另一場所時，則其總樓地板面積以申請部分自成一單元塡具。

㈤本隊受理申請案於掛號分案後，由審圖承辦人員排定審查日期通知

該件建築物起造人（申請人）及消防安全設備設計人，並由設計人配合本隊審圖承辦人員審查，設計人無正當理由未會同審查者，本隊得予退件。但變更設計或變更用途時涉及非系統式設備（如滅火器、緊急照明燈等簡易設備）變動者，設計人得免配合審查，逕由審圖承辦人員審查完竣，並通知設計人攜回更正（不符合）或準備其他相關資料（符合）交與審圖承辦人員核閱。

㈥申請案件如僅是檢討設置滅火器及避難逃生設備（出口標示燈、避難方向指示燈、避難器具、避難指標）者，得由審圖承辦人員逕行審查後通知設計人攜回更正。設計人如有要事不克前來辦理，得填具委託書由受委託人前來辦理。

㈦各項設備為系統式者，原則以各項系統為單元繪製消防圖說。但設備為滅火器、避難逃生設備者，則以上述設備為單元繪製消防圖說。

㈧所有審查結果如有不符合法令規定且無法於辦理期限內補正者，由審圖承辦人員填具「消防安全設備圖說審查紀錄表」函覆起造人（申請人），並依審查紀錄表內容繕改。但能於辦理期限內補正者，得由設計人攜回繕改後依規定辦理。

㈨申請案件為變更使用、增建、改建，經檢討後所設設備為新設及既設，消防圖說及概要表均需繪製及填列。但申請案件為修建、室內裝修等涉及消防安全設備變更之審查，其消防安全設備有關變更部分僅為探測器、灑水頭、蜂鳴器、水帶等系統部分配件之增減及位置之變動者，申請審查時應檢附變更部分之設備概要表及平面圖等相關必要文件，其涉及緊急電源、加壓送水裝置、受信總機、廣播主機等系統主要構件變動或計算時，變動部分依消防署頒《消防機關辦理建築物消防安全設備審查及查驗作業基準》及《消防機關辦理建築物消防安全設備審查及查驗作業基準補充規定》辦理。

㈩案件如為供公眾使用建築物或構造複雜者，建築物無法於期限內審查完成，得由申請人申請展延。

㈠本細部規定如有未詳盡之處，以消防署頒《消防機關辦理建築物消

防安全設備審查及查驗作業基準》及《消防機關辦理建築物消防安全設備審查及查驗作業基準補充規定》辦理。

㈡申請案件經本隊核閱核准後，由本隊函覆起造人（申請人），函中並檢附核准消防圖說乙份，其餘一份由本隊留存。留存之消防圖由本隊承辦人員登記於清冊，並編排存檔號碼交檔案室存查

㈢本細部規定得隨時補充之。

第三節　計畫施工與竣工檢討

概　要

有計畫的施工

1. 計畫施工

2. 實例：

    渡假酒店更新工程計畫案

3. 竣工檢討案例：

    裝修工程預算檢討

4. 檢討PDCA

5. 檢討會議紀錄

6. 實例：客房管理控制系統（省電裝置）工料分析

7. 案例：浴室加裝設備工料分析比較

學習意涵

實例：渡假酒店更新工程計畫案

PDCA專案檢討

竣工檢討案例

裝修工程預算金額分配結果檢討

客房控制管理系統（省電裝置）計畫與討論

一、實例：渡假酒店更新工程計畫案

(一)前言

太魯閣晶英度假酒店原名天祥晶華度假酒店，於1997年籌建完成開幕，為坐落於太魯閣國家公園之唯一國際觀光旅館，營運已屆十一載。近年來，由於建築設備設施的逐漸老舊，基於經營策略之考量，為維持服務水準及提升競爭優勢，擬進行大規模的更新。在內部裝修的更新設計，委託國內著名建築師進行規劃設計，更新之範圍包括外牆之面飾，及內部之餐飲場所及客房的更新裝修。由於產業的競爭，市場的要求是物超所值，為滿足顧客需求，增加市場占有率，改進作業效率，維持公司形象及標準，配合新營運趨勢及科技需要，通過更新和重新布置新設施，來滿足客人多變化的要求。

(二)更新內容概要

1. 內部：旅客大廳、公共部分、中餐廳、咖啡廳、中庭、宴會廳、客房、噪音改善。
2. 外部：外壁顏色、窗戶防水、壁飾、屋頂景觀、屋突觀景台部分。

(三)施工計畫概要

1. 更新分期分區計畫：更新作業之進行，以不影響飯店正常營業，且同時進行工程為原則。包含旅客接待大廳與外牆面飾的整修、中庭景觀、屋突觀景台區域，為第一期工程。這是飯店先期所要著手進行的主要部分，在此工程期間儘可能地以快速恢復營運為主要目的。

地下部分，因為主要的餐廳，中餐廳與西餐廳不同時施工，以維持住店客人的餐飲。客房部分之工作分區，分為臨河濱區及山邊區兩個區間。材料之搬運由停車場進入，及由山邊設置之臨時入口，由此進行材料的搬運，並掌握住全體所有現存的電器設備系統。

旅館設施更新的理論與實務

2. 內外部裝修計畫：外部裝修部分之材料、補強材料、窗緣、玻璃等材料，由各樓層的客房開始進行，從客房內部工程開始，並進行建築物是否有裂縫、外部是否有漏水的確認，且進行必要的處置措施。另外，將既有室內裝修拆除，進行預定的補強作業，並依照更新作業之規劃設計，進行電器、電信設備的埋置作業，最後重新內裝。

3. 作業時間：夜間作業因為會造成客房、飯店使用者的困擾，日間作業上必需是離店或進住（10：00～15：00）的時間帶，進行噪音、振動工作、拆除材料的搬運作業等。在內部的裝修作業上，也包括設立進行夜間作業的勞務計畫。

4. 廢棄物處理：拆除作業所伴隨的廢棄物，就回收材料與廢棄材料進行搬運工作。

5. 混凝土作業：混凝土澆置作業，依其數量進行混凝土預拌車或以手推車進行澆置。使用振動機、壓送作業的時機，則選擇以飯店客戶數量較少的時段為主。

6. 粉塵：針對拆除作業時，施工時所產生的粉塵，依國家環境保護法令規定之基準範圍，進行加裝臨時換氣設備、給氣設備，並定期向業主及旅館管理者提出環保檢查實施結果。

7. 噪音、廢氣：以旅館營業部分與更新作業施工部分作區分，進行設置隔音板及防止廢棄擴散的排氣設備。

8. 假設工程：為防止外牆材料等碎片掉落、散落，外部裝修工程之鷹架以防塵布包覆，各種部分的配電盤以膠合薄板將間隔堵住。為不造成房客困擾，設置臨時帷幕，將工事用動線完全分隔開來。營業中在南邊設置工事用的出入口及工事事務。工程使用的臨時用電另外申請，在現場事務所邊設置配電盤，並且在各層設置共用配電盤。廢棄材料的搬運路徑、安全通路、樓梯間，皆設置臨時的照明設備。各樓層、樓梯間前設置臨時水栓、臨時洗手間、消防器具等。

9. 安全計畫：由安全統籌專責人擔任，各專業分包的安全負責人加以整合，並進行安全大會、安全檢查、安全檢討會、防火訓練、使用前期教育，並加強災害事故防止。

10. 環境對策：因與旅館營業同時進行，應實施較嚴謹的環境對策。

二、檢討：PDCA

　　PDCA（Plan-Do-Check-Action的簡稱）是品質管理循環，針對品質工作按規劃、執行、查核與行動來進行活動，以確保可靠度目標之達成，並進而促使品質持續改善。由美國學者愛德華茲‧戴明提出。這個四部的循環一般用來提高品質和改善產品生產過程。筆者將此理論應用於旅館更新的品質管理。

　　(一)規劃（Plan）：

　　建立一個明確的目標，並制定相關的計畫和確定必要的程序。通過這樣的方式，可以在今後的過程中，做更好的衡量實現的結果和目標的差距，以便更好的進一步修正。

　　(二)執行（Do）：

　　可靠度作業激勵、命令與實施。執行上一步所指定的計畫和程序，收集必要的信息來為下一步進行修正和改善提供依據。

　　(三)查核（Check）：

　　產品可靠度評定與評估、可靠度作業管制與稽核。研究上一步收集到的信息，和預期設計進行比較（於計畫階段的目標進行對比）。並提出修改方案，包括執行後的改善和計畫的完善，使得計畫的可執行性提高。用列表和數據圖可以很好的顯示出來執行結果和預計結果的差距，這些差別是下一步行動中的必要數據。

　　(四)修正（Action）：

　　各種可靠度工作之作業單位間協調、可靠度改善對策訂定、改善

行動執行與跟催。這一步是尋找相當的方法來縮減計畫目標和執行的過程中的結果差距。並且使得下一次計畫變得更加完美。其實Act於英文涵義上另有修正案的意思，所以有的時候很多人更加趨向於使用修正（Adjust）來解釋PDCA的A。這樣的話更能體現出A的改善的涵義，而且很多的修正並不是這一次循環中進行的執行，而是下一次循環的D環節進行執行。

㈤習題：PDCA檢討

P（Plan）計畫

設計目標研定計畫：這星期你將做什麼？列出詳細目標資料，次數及資訊。

D（Do）執行

執行計畫落實效果：什麼已完成？提供詳細資訊及資料。

C（Check）查核

確認問題差異分析：什麼還未完成？完成表現有何差錯？分析執行過程。

A（Action）行動

追查原因矯正措施：有何追蹤的計畫必需執行，以便實現計畫的目標？

會議記錄（Minutes of Meeting）

㈠PDCA流程中各部門功能

結論和行動方向

1. 專案和採購偏重於計畫性／協調性工作（P）。

2. 工程部偏重於執行的動作（D）。

3. 檢核（C）的執行動作包括會議系統，監工、驗收和營運接收，其中營運接收是終點站。

4. 在檢核（C）中發現問題，需要各部門一起集中討論矯正／改善

（A），重新回歸PDCA流程，直至最終順利營運交接。

(二)營運工程

結論和行動方向

1. 需要從節能／營運成本節省／提高營運效率，集中管理（如動線規劃）的趨勢出發，積極參與工程建設。

2. 為改善監工短期行為的心態，請工程部提出營運工程員工與專案工程監工輪換的方案（本月月底前完成）。

3. 工程協助管家部製作技術手冊，確保其清潔和設備使用的有效性與正確性（例如：石材的磨光亮面處理）。

(三)發包合同附件

結論和行動方向

1. 採購部經理提出的廠商合同日期的案例，需作為教訓傳承，在合約內事前加以防範，並應用於同類事件。

2. 發包合同的附件需要儘早提出，並符合相應的發包里程碑。

3. 採購部提出的發包前三大件齊全，包括圖面／規範和草約。

(四)材料的市場性

結論和行動方向

1. 材料規範由專案提供，施工規範由工程提出，專案和工程需要緊密配合，節省材料尋找和確定的時間。

2. 為保持產品個性特色，必需在材料的特殊性和共通性之間進行拿捏和取捨，依據現有資源加以克服，這是一個經驗和教訓積累過程。

(五)材料驗收標準

1. 材料驗收標準部分，木質家具是重點，需要制定新的SOP，包括檢驗加工過程、檢驗粗胚、樣品確認等。

2. 木家具需要在樣品正確的前提下量體發包，並與廠商協商檢查要求（例如檢驗交通費用的承擔或分攤）。

㈥竣工驗收標準

1. 採購發包之前，專案、工程和採購召開協調會，在圖面解讀的基礎上逐條檢討，避免公文會簽方式處理。

2. 發包之前與廠商召開施工說明會，專案、工程和採購共同參與。

3. 竣工驗收亦由專案、採購和工程會同進行。

㈦時間管理

1. 分清工作專案之優先順序。

2. 找到對的人協作整合。

3. 建立Net-Working。

㈧專案標準作業

請專案整理標準步驟及介面說明圖，並張貼在辦公室便於其他部門了解配合參與的節點。

㈨討論

會議準備要求

1. 在工程預期成效的基礎上，事情和責任分配到部門和個人後，張貼在辦公室資訊對稱。

2. 表單橫列為時間軸，縱列為部門包括專案、採購、工程和營運，每三月一期，逐月檢討。

三、工程倫理與職業道德

一個專業工程師在其專業職業生涯中，對雇主、社會公眾與環境所應負的責任，以及利益與道德、現實與理想衝突情況發生時，其抉擇過程中，所應考量道德倫理課題。專業能力的增進是協助專業人員處理各種問題的基礎，也包括處理倫理道德方面的問題，尤其是品管人員，見微知著取信於公眾，當其身處雇主、顧客、同僚、材料商，多方利益交界處，面臨各式各樣職業道德問題。細究其原因，多屬道德層面衍生的

倫理議題，值得加以探討。

　　旅館設計師無論是建築師或室內設計師，受旅館業主或其他客戶委託所完成之成果及相關資料，不得未經其同意或授權即予公開或洩露予他人，故室內設計師應對其所承辦業務注意保密。室內設計師應了解並遵守所服務單位之組織章程及工程規則、辦法、規章。室內設計師應盡力維護雇主之權益，不得未經同意，擅自利用工作時間及雇主之資源，從事私人事務。室內設計師應對業主或者客戶之不當指示或要求，秉持專業判斷，予以拒絕。但是，理論與實務總是會有衝突，考驗著從業者的智慧。畢竟有句俗語說：「順主人意，就是專家。」

四、竣工檢討案例：（如表54）

表54　柏麗廳裝修工程預算金額分配檢討計算表

	1	2	3	4	5
各區花費金額	柏麗廳洗滌區含泥作651,820	裝修工程空調照明348,180	水電機電二次水電	廚房消防機電排煙空調	合計
	開放廚房及用餐區8,399,161	開放廚房及用餐區2,725,236	6,900,000	6,363,008	24,387,405
合計	9,050,981	3,073,416	6,900,000	6,363,008	25,387,405
坪數	9,050,981÷380坪	3,073,416÷380坪	6,900,000÷72坪	6,363,008÷72坪	25,387,405÷380坪
單位造價	23,818元／坪	8,088元／坪	95,833元／坪	88,375元／坪	66,809元／坪

　　依照表列說明：

　　餐廳更新裝修後之預算檢討，清楚的顯示出餐廳更新工程，其隱密處的花費，比外表的裝飾要花費得多。隱密處的花費理由是該餐廳變更為開放式廚房，其消防重新檢討以及舊有管線管路的汰舊換新，空調設備已屆生命週期，必需趁著天花板的拆除而藉以更新設備。從這個更新案例可以清楚的結論是，旅館餐廳的更新裝修若只著重在表面的裝飾，

而不趁機會更新舊有使用年限將屆的管線，當使用管路超過毀損時，災害必定難以估計。（如表55～56）

表55　商務俱樂部更新專案預算分析

項目	裝修工程含泥作	水電機電照明消防廚房設備二次水電	家具桌椅沙發	合　計
更新造價	4,704,402	2,500,000	995,610	8,200,012
營業面積	4,704,402÷133坪	2,500,000÷133坪	995,610÷133坪	8,200,012÷133坪
單位造價	35,371.5元／坪	18,797元／坪	7,486元／坪	61,654元／坪

注解：裝修（電氣設備、弱電設備、給水排水、消防排煙、空調設備）；（餐桌、餐椅、沙發、會議桌、其他桌椅）

表56　Brasserie改善工程裝修部分的費用各區所占金額分析

	拆除工程	天花工程	地坪工程	裝修工程	隔間門扇	合計
公共廁所	124,880	49,800	326,310	1,467,540	138,500	2,324,530
蛋糕店		70,200	67,625	448,620	215,100	801,545
吸菸區	39,530	217,500	35,000	624,640	115,500	1,032,170
餐飲區	273,840	129,000	750,000	1,856,650	43,000	2,834,990
合計	438,250	466,500	1,178,935	4,397,550	512,000	6,993,235

五、檢討實例（如表57）

表57　客房控制管理系統（省電裝置）工料分析

項目	內容	數量	單位	金額	單位	備註欄
一	設備方面					
1	桌上型面板ME－3000	1	個	4,500	元	
2	網路型控制器RCU－268 ＋ PCU－268	1	組	8,300	元	
3	請勿打擾及門鈴顯示板	1	個	1,500	元	
4	請勿打擾及打掃房間控制板	1	個	1,500	元	
5	插卡器	1	個	1,500	元	

項目	內容	數量	單位	金額	單位	備註欄
6	浴室燈控制板	1	個	1,050	元	
7	開門感應器	1	組	420	元	
8	6C數位控制線30m×12元/m	30m×12	m	360	元	
9	配線工資	1	間	1,500	元	
10	安裝及試測工資	1	間	1,000	元	
11	數位式恆溫控制器	1	組	1,500	元	
	小計			23,130	元	稅1,157元
	合計			242,87	元	
二	客房管線修改工資					
1	配電箱（含端子板）	1	組	3,500	元	
2	線材	1	間	1,500	元	
3	線路修改工資	1	間	4,500	元	
4	壁面切割線槽修繕工資因與壁紙同時更新，壁面修補併同處理不另列費					
	小計			9,500	元	稅475元
	合計			9,975	元	
	總計工料費用			34,262	元	

六、檢討案例（如表58）

表58　浴室加裝小電視　工料分析比較

二	內容	數量	單位	金額	單價	備註欄
1	「LCT」6.8"小電視，懸吊式					
	「LCT」6.8"小電視	1	台	6,500	元	
	懸吊桿	1	組	500	元	
	配線及另料	1	式	300	元	
	天花板配合修繕及油漆			300	元	
	小計			7,600	元	
2	「LCT」6.8"小電視，台面式					

二	內容	數量	單位	金額	單價	備註欄
	「LCT」6.8"小電視	1	台	6,500	元	不另列支架
	配線及另料	1	式	300	元	
	天花板配合修繕及油漆	1	式	300	元	
	小計			7,100	元	
3	「LCT」6.8"小電視，耗電量100w					
	（100w／1000）×1H×30天×1.86元／每度＝5.58元／每月					
	5.58元×550間＝3,069元／每月Rooms該項總支出					
	小計			3,069	元	

討論空間：

　　一般而言：成功經營的大型旅館，其更新的重點都在餐廳設施感觀的變化，只要抓對了定位，推出令客人訝異讚嘆一亮的餐廳裝修產品，即可能產生營利的綜效。然而客房再怎麼更新其實住房率也不會因而提高多少，因為客房面積格局都已確定，無法在範圍上更改。因此客房更新就只有在小地方著手，節省改裝費用也是一種營利，就連增設一個小電視設施也會斤斤計較。坪效變得重要，客房更新的單位造價就要錙銖必較。績效評估為管理控制之必要程序，制定及檢討工作計畫時，如何衡量經營績效一直為一重要的課題。

　　深一層言，「要表現特色，就得要投資。要表現豪華，就得有小浪費」。投資旅館是有錢人的遊戲，擁有旅館可以展現「Boat owners leader's pride.」。

法規公告（營建署網站可供下載）

建築物使用類組及變更使用辦法

建築管理組

發布日期：2013-06-27

內政部93.9.14臺內營字第0930086366號令訂定

內政部100.9.1臺內營字第1000806985號令修正

內政部102.6.27臺內營字第1020806573號令修正第十一條及第二條附表二、第三條附表三、第四條附表四

第一條　本辦法依《建築法》（以下簡稱本法）第七十三條第四項規定訂定之。

第二條　建築物之使用類別、組別及其定義，如附表一。

　　　　前項建築物之使用項目舉例如附表二。

　　　　原核發之使用執照未登載使用類組者，該管主管建築機關應於建築物申請變更使用執照時，依前二項規定確認其類別、組別，加注於使用執照或核發確認使用類組之文件。建築物所有權人申請加注者，亦同。

第三條　建築物變更使用類組時，除應符合都市計畫土地使用分區管制或非都市土地使用管制之容許使用項目規定外，並應依建築物變更使用原則表如附表三辦理。

第四條　建築物變更使用類組規定檢討項目之各類組檢討標準如附表四。

第五條　建築物變更使用類組，應以整層為之。但不妨害或破壞其他未變更使用部分之防火避難設施且符合下列情形之一者，得以該樓層局部範圍變更使用：

　　　　一、變更範圍直接連接直通樓梯、梯廳或屋外，且以具有一小時以上防火時效之牆壁、樓板、防火門窗等防火構造

及設備區劃分隔，其防火設備並應具有一小時以上之阻熱性。

二、變更範圍以符合建築技術規則建築設計施工編第九十二條規定之走廊連接直通樓梯或屋外，且開向走廊之開口以具有一小時以上防火時效之防火門窗等防火設備區劃分隔，其防火設備並應具有一小時以上之阻熱性。

第六條　建築物於同一使用單元內，申請變更為多種使用類組者，應同時符合各使用類組依附表三規定之檢討項目及附表四規定之檢討標準。但符合下列各款規定者，得以主用途之使用類組檢討：

一、具主從用途關係如附表五。

二、從屬用途範圍之所有權應與主用途相同。

三、從屬用途樓地板面積不得超過該使用單元樓地板面積之五分之二。

四、同一使用單元內主從空間應相互連通。

建築物有連跨複數樓層，無法逐層區劃分隔之垂直空間，且未以具有一小時以上之牆壁、樓板及防火門窗等防火構造及設備區劃分隔者，應視為同一使用單元檢討。

同一使用單元內之各種使用類組應以該使用單元之全部樓地板面積為檢討範圍。

第七條　建築物申請變更為A、B、C類別及D1組別之使用單元，其與同樓層、直上樓層及直下樓層相鄰之其他使用單元，應依第五條規定區劃分隔及符合下列各款規定：

一、建築物之主要構造應為防火構造。

二、坐落於非商業區之建築物申請變更之使用單元與H類別及F1.F2.F3組別等使用單元之間，應以具有一小時以上防火時效之無開口牆壁及防火構造之樓地板區劃分隔。

第八條　本法第七十三條第二項所定有本法第九條建造行為以外主要

構造、防火區劃、防火避難設施、消防設備、停車空間及其他與原核定使用不合之變更者，應申請變更使用執照之規定如下：

一、建築物之基礎、梁柱、承重牆壁、樓地板等之變更。

二、防火區劃範圍、構造或設備之調整或變更。

三、防火避難設施：

 ㈠直通樓梯、安全梯或特別安全梯之構造、數量、步行距離、總寬度、避難層出入口數量、寬度及高度、避難層以外樓層出入口之寬度、樓梯及平臺淨寬等之變更。

 ㈡走廊構造及寬度之變更。

 ㈢緊急進口構造、排煙設備、緊急照明設備、緊急用升降機、屋頂避難平臺、防火間隔之變更。

四、供公眾使用建築物或經中央主管建築機關認有必要之非供公眾使用建築物之消防設備之變更。

五、建築物或法定空地停車空間之汽車或機車車位之變更。

六、建築物獎勵增設營業使用停車空間之變更。

七、建築物於原核定建築面積及各層樓地板範圍內設置或變更之升降設備。

八、建築物之共同壁、分戶牆、外牆、防空避難設備、機械停車設備、中央系統空氣調節設備及開放空間，或其他經中央主管建築機關認定項目之變更。

第九條 建築物申請變更使用無須施工者，經直轄市、縣（市）主管建築機關審查合格後，發給變更使用執照或核准變更使用文件；其需施工者，發給同意變更文件，並核定施工期限，最長不得超過二年。申請人因故未能於施工期限內施工完竣時，得於期限屆滿前申請展期六個月，並以一次為限。未依規定申請展期或已逾展期期限仍未完工者，其同意變更文件

自規定得展期之期限屆滿之日起，失其效力。

領有同意變更文件者，依前項核定期限內施工完竣後，應申請竣工查驗，經直轄市、縣（市）主管建築機關查驗與核准設計圖樣相符者，發給變更使用執照或核准變更使用文件。不符合者，一次通知申請人改正，申請人應於接獲通知之日起3個月內，再報請查驗；屆期未申請查驗或改正仍不合規定者，駁回該申請案。

第十條　建築物申請變更使用時，其違建部分依違章建築處理相關規定，得另行處理。

第十一條　本辦法自中華民國一百年十月一日施行。

本辦法修正條文自發布日施行。

附表一、建築物之使用類別、組別及其定義

附表二、建築物使用類組使用項目舉例

附表三、建築物變更使用原則表

附表四、建築物變更使用類組規定項目檢討標準表

附表五、建築物主從用途關係表

最後更新日期：2014-04-11（營建署網站可供下載，本文不另登載）

貳 理論篇

觀光旅館更新之研究——從生命週期管理觀點

壹、緒論

　　臺灣的觀光旅館自戰後歷經了四個階段的發展後，從1986年起，觀光旅館掀起了建設風潮。然而早期興建的旅館，其內部的各項設備設施，隨著時間的增加及使用的損耗而產生故障老化等劣化現象，不僅使維護費用大增，並降低服務品質（魏嘉雄，2003）；一些老字號的觀光旅館，由於都市環境的變遷，時尚潮流的改變，投入可觀的硬體更新成本，將既有旅館設施予以更新，以符合安全、經濟、實用之服務需求，並提升旅館資產價值已成為必然之趨勢（黃金安，1994）。

　　一般來說，旅館的「更新」（Renovation）是旅館產業汰舊換新的過程。本研究根據國外相關文獻Joost P.M. Wouters（2004）及Terry Lam, Michael X. J. Han.（2005）及Arch G. Woodside（2006），配合在國內業界的觀察，概略了解國內旅館業可能因為三種經營狀況，必需執行旅館的更新。其一是滿足多變的市場需求，再者節省營業費用，其三基於新產品開發。其中何者是最有效和最適合的作法，則會因為願景與目標之不同而異。

　　綜合以上研究背景與動機，本研究的目的是：探索臺灣地區國際觀光旅館，其旅館更新之內涵。據此，探討旅館更新的生命週期管理。

貳、文獻探討

一、旅館生命週期管理

　　作為旅館資產的旅館建築設施，從規劃設計、招標發包、營造施工、運作及維護、拆除再造，形成一個生命週期。旅館生命週期管理（Life Cycle Management；簡稱LCM）之理念，主要是在探討旅館硬

體設施管理，它是在旅館永續經營之中的一個重要的情節（Jan deRoos, 2002）。若能將此理念應用在旅館更新計畫中，勢將有助於恢復或提升旅館設施機能，延續旅館建築設施的營運生命，確保旅館之資產價值，增進環境觀瞻及滿足顧客安全舒適的需求等效用。因此，要了解旅館更新之前提，必需先了解旅館更新的緣由及意涵。

二、旅館更新的定義

旅館「更新」的語譯，國外稱為renovation、innovation、update、renewal、renovate等，帶有變革整修及創新的意義。國內稱為變更裝修、旅館改裝、裝潢整修的稱謂。目前臺灣地區觀光旅館業者所稱呼的「renovation」，通常是指重新裝修而言。

本研究例舉國外相關文獻中，就旅館更新定義的描述如下：Baum (1993)、Chipkin (1997)、Cooper (1999)、S. Mellen, K. Nylen, and R. Pastorino (2000)、Jan deRoos (2002)、Ahmed Hassanien and Erwin Losekoot (2002)、Ahmed Hassanien (2006&2007)。總結以上專家學者的定義，本研究的旅館更新，是定義在維持妥善的設施生命週期管理，預防因營運設施的老化劣化而產生的風險，以維持旅館的營運績效，確保旅館的資產價值。

三、旅館更新的內涵

關於旅館更新的旨趣（significance），根據Ahmed Hassanien (2006)的研究，旅館更新的內涵有以下六點：

(一)旅館更新的原因（reasons）

　　（略）詳閱緒論敘述「旅館更新的內涵」

(二)旅館更新的程序（process）

　　（略）詳閱緒論敘述「旅館更新的內涵」

(三)驅動力分析（driver analyses）

　　（略）詳閱緒論敘述「旅館更新的內涵」

㈣計畫和控制（planning and controlling）

　（略）詳閱緒論敘述「旅館更新的內涵」

㈤實施與執行（implementation）

　（略）詳閱緒論敘述「旅館更新的內涵」

㈥評估與檢討（evaluation）

　（略）詳閱緒論敘述「旅館更新的內涵」

四、旅館更新的類型

　　David M. Stipanuk（2002）認為，通常旅館更新裝修依據所進行的工作範圍，分為四個類型：重點專案、較小更新、較大更新、重建。分別敘述如下：重點專案：Stipanuk（2002）強調重點項目的範圍，是指在不改變旅館內部設計，以任何方法來完成重點系統的升級工作。重點專案一般都與工程技術系統有關。重大更新（12年～15年週期），範圍是在一個區域內替換或更新局部家具和裝飾，包括對空間用途和布局的大規模的修改。重置（25年～50年週期），範圍是完全重置一個區域的內部裝置，更換陳舊的設施。

　　Jan deRoos,（2003）強調，更新的工作應該用於擴展旅館的蓬勃朝氣。飯店經營生命週期的更新是在市場中重新定位，並把過時的設施升級。除了此長期計畫外，經理人必需對產業進行定期的評估。更新不是目的，僅僅是用來實現更大目標的手段：提高產業的競爭地位，使產業的價值極大化。

參、研究方法

一、深度訪談

　　本研究進行深度訪談的目的，是企圖發掘在此活動的實質實務內容，以便進一步發展出一般化的命題。深度訪談設計分為：訪談問題設

計、訪談準備、訪談日期與時間、資料收集方式、訪談資料整理及分析。

二、訪談問題設計與準備

撰寫訪談請益信函，研究者身分介紹，論文題目概況、推薦函。訪談結果所記錄之筆記資料，僅供學術統計歸納分析之用。將先傳送問卷及訪談大綱，請預先閱覽。請安排接受訪問，時間約需時60分鐘，將在貴方方便的時間、地點。

三、資料收集方式／訪談對象

根據交通部觀光局出版發行之《臺灣地區國際觀光旅館營運分析報告》，全臺灣國際觀光旅館家數統計有60家。由於坐落地點遍布全臺，本研究採取立意抽樣的方式，選擇旅館樣本。

本研究針對個案的選取，基於其建築年代、有實質更新紀錄、特殊更新記載等理由。選擇條件基於特殊性知名度及足具規模的更新記載，經營績效的考量，在業界有其模範作用。訪談對象的選擇，是經徵詢確認後每個個案旅館至少邀請一位更新團隊的主管，也有少部分旅館可以提供二人受訪。每一個訪談對象都給予一個匿名編號。個案以A、B、C、D……為編號前碼，身分職位以1、2、3、4為後碼。1是總經理，2是工程協理或總工程師，3是總裁或董事長，4是財務長或副總經理。例如：A2就是代表個案旅館A總工程師。

肆、研究結果與分析

本研究就深度訪談中所揭露的更新事件去探索分析，其內容包括產業結構、競爭者，也包括通路及業務規範、市場區隔及成長機會等部分。就10個個案個別之更新策略內容，作個別之研究分析。就訪談內容及次級資料，以作為跨個案分析之基本資料。依照問項內容做分析項目，個案之相互關係以訪談內容列出內容顯現，其中以「✓」為勾選條

件，並稍做資料統計與統計分析。

一、資料分析與討論

(一)內部條件考量

A2說：「旅館更新在概念構想階段，我們也有參與。客戶的需求及營運需求要考量。」又說：「1993年的更新改裝，是因爲很久沒有改裝，應該更新，裝修太舊了。」B2說：「很多設施比較老舊，要保持一定水準。我們不是一次更新，而是不斷的更新，保持妥善，讓顧客有新盈感。」

E4認爲，有獲利的情形下才能改裝。爲了在市場上占有地位是被動的更新。內部環境有更新資源，考慮經營績效問題。在財務允許範圍之內，維持設備的水準，更新是最佳手段。

E飯店面對設施退流行及設備升級的壓力時，因應對策是擬定餐廳與客房的翻新計畫，以提高市場競爭力。F2說：考量內部營運環境狀況。G2認爲不是因爲生意不好而改裝，是在正常營運狀況下實施更新。K1說：「我們旅館內部原本規劃欠佳，營運績效不好，營業額衰退，這是更新的理由。」

(二)外部環境考量

B2認爲，從大環境來講，保持一定標準，是飯店永續經營的策略。無論外部環境是如何變化，保持旅館經營的標準，就是企業競爭的原則與作法。C2說：「我們經常在更新，保持新盈狀態。」E3認爲：外在的機會，改變的方法是文化藝術來創作。更新結果使得業績成長。G2：「由於建築設備的老舊，外牆漏水，加上機器設備的故障頻頻，以及安全上的考量，進行大規模的更新。」H1認爲：「旅館設施更新，對旅館而言是一種重新商品包裝，商業競爭力。老舊飯店必需持續不斷的進行更新。」I1認爲，別人都有的設施，我們也應該有。

(三)旅館經營生命週期與旅館更新之跨個案分析

A1說：「旅館經營生命週期在理論上是有的，那誰會想到生命週

期？永續經營10年、20年以後。看看這個產業，硬體改裝設備更新，例如電視5年、電梯15~20年一定要更新。競爭環境很嚴苛，平常去運作的時候。所謂設備，會考慮更新。」

B2說：旅館設備生命週期有考慮進去，真的有需要。為了安全一定更新。C2說：我們旅館沒有注重這個。D1：關於生命週期管理，本飯店設備的老舊，一直是生命週期中待更替的管理措施。F2認為，如鍋爐設備，生命週期評估，我們沒有做到，從來沒有。設備的評估沒有急迫性，外場修繕重要，考慮很多因素。G2認為，通常旅館建築的生命週期的考慮都會有，但是有實際去做的恐怕未必。

I1說：對於旅館產業增值的問題及生命週期管理，我們沒有執行。一般都在10年維修的狀況才提報，沒有生命週期的問題。J1說：「生命週期管理，還好。」（他同意是有這樣的問題存在，但是做不到）如設備使用年限，汰舊換新。

綜合以下表列顯示，關於生命週期管理的使用年限問題，沒有一個個案旅館有在重視。也就是說，旅館設備設施的「風險管理」不確實（如表59）。

表59　生命週期管理之跨個案分析表

| 生命週期管理 | 國際觀光旅館個案 | | | | | | | | | | | 總計 | 百分比 |
	A	B	C	D	E	F	G	H	I	J	K	小計	%
有考慮		✓				✓	✓					3	27.2
會考慮										✓		1	9
理論上有	✓											1	9
沒有考慮					✓			✓	✓			3	27.2
沒有注重			✓									1	9
設施設備將就著用											✓	1	9
使用年限問題												0	0

資料來源：本研究整理。

㈣小結

基於以上跨個案分析，旅館更新的目標以提升旅館競爭力及競爭策略，作為旅館更新的最主要目標，然而顯示出有關旅館的生命週期管理，是不被重視的。對於旅館更新的理由，是由於裝修老舊，面臨競爭及顧客的需要，為旅館更新的最終理由。至於更新的障礙，研究的10家旅館之中，皆是資本預算充足，只有1家是財務困難的。在一般的更新障礙問題當中，機電設施的困擾，確實是更新時要排除的障礙。至於政府行政管理法規的局限，以及旅館集團的要求，反而是旅館業者皆願意而且樂意遵守的。

五、研究結論與建議

一、命題推演

根據個案訪談內容及資料分析來探討，依據文獻理論來進行命題推演。

㈠問題說明

舉例來說，如果一家旅館某區域的客房，因靠近或正在主機房的正下方，震動噪音無法解決，而想改為餐廳或其他公共場所，因建築法規之結構強度規定不允許。此時如果能提出採用某種使用名稱，或許有成功的可行性。

由以上分析導出

命題一：就觀光旅館建築設施的法規修訂，業主該如何因應以落實營利效益？改為客房大客廳，以符合法規要求。

㈡問題說明

老舊飯店必需持續不斷的進行更新，但有的飯店業主確實是沒有經濟能力更新。旅館營運設施營運期間，若無更新對策，則設施的劣化不堪使用，嚴重影響服務品質，導致營業額遞減。然而平常若有勤於修繕，則在維持甚至於上升品質性能，使得營運設施能夠增加使用壽命。

由以上分析導出

命題二：以資產管理、價值管理、風險管理觀點，何時才是執行旅館設施更新計畫的最適時機？

(三)問題說明

就旅館業的業主為尋求投資報酬，想投資資金在更新整修上面。那問題是：是應該把資金投入旅館更新改裝，還是重新再到其他地方再投資。對此，業主需要對每一重大更新改裝計畫，進行詳細的投資分析。

由以上分析導出

命題三：旅館業主要將老舊資產賣掉另外投資？還是整修更新？取決於整體工期的快速完成及資金的預計，哪個較有投資效益？

(四)問題說明

旅館業基於更新旅館硬體的設施，同時也將館內營運空間的調整。例如：將原本位於館內的職工辦公室或後勤維修工程部門使用的區域遷移出館外，將營業低落的餐飲區域加以更新，開發其他時尚特色餐廳。藉由更新裝修的手法，以達到目的。

由以上分析導出

命題四：對於旅館設施的使用管理，如何規劃更新，如何將有限的資源（合法的營運範圍）做最有價值的利用？

二、結論與建議

對於旅館更新與旅館經營的生命週期管理是旅館資產管理。旅館業在新競爭者紛紛出現的時代中，應透過更新管理的技巧點石成金，永續經營，創造利潤。在旅館更新的策略下，如何維繫「財產管理」、「價值管理」、「風險管理」三者之間的動態平衡關係，是旅館生命週期管理的最大意義。

旅館業界對於旅館的更新計畫，直接攸關旅館往後的運作保養維護，建議旅館業者未雨綢繆。

三、結語

　　本研究跨個案分析發現，當今臺灣地區旅館業界，對於旅館產業的生命週期管理是不被重視的。旅館設施是一項生財工具，旅館更新是一項資本支出，有投入必需要有產出，投資報酬是旅館更新的決定因素。生命週期管理的概念，勞資雙方認知有差異，前者是爲了在就任主管期間營收財報的期待，缺乏策略遠景與長期布局。就學術研究中，實務與學理之間的觀念有差距。

創造老旅館的第二個春天
——以北投老舊溫泉旅館的更新為例

壹、前言

投資旅館具有很大的資金凝聚特性及炫耀性，常見事業有成的企業主為提升社會地位及知名度，興致勃勃的跨行投資旅館。然而旅館資金龐大，回收漫長。除土地成本外，其籌建過程從規劃設計、營建施工、設備裝修、竣工開幕，曠日費時，少則五年六年甚至十幾年。其中，建築營建的工期延宕，更是因素重重。旅館投資過程若能越過結構施工工期，直接進入設備裝修階段，將舊有老旅館，使其更新再生利用。如此，在短期間就能投入經營得利。

本研究，以北投的三家老舊溫泉旅館 —— 春天酒店、三二行館、華南飯店的更新改裝的實際案例做比較，探討老舊旅館如何創造第二春或轉型再生。因應日新月異的休閒市場變化，能順應潮流更新變革，企業才能永續經營。本研究首先分別敘述這三家老舊旅館「殘值利用」的經過。從都市計畫、建築法規、規劃設計、產品定位與行銷策略，經營管理，三者所遭遇的問題，因經營者與資源運用各有差異，所呈現的結果各不相同。

貳、文獻探討

一、研究背景與動機與目的

本研究記述北投溫泉旅館的興衰，在評估老舊不堪的旅館，轉型為現代休閒旅館的可行性。檢討更新的涵義，殘存價值的再生。

研究動機，在於探討如何因應市場需求，將舊有旅館建築，更新轉

型，提昇管理品質，以求資本投入之最大效益。研究目的列舉如下：

　　㈠檢討「南國飯店」轉型「春天酒店」的過程，做業界成功範例。

　　㈡「貴賓樓溫泉旅社」，轉型「三二行館」，老舊建築更新再利用。

　　㈢檢討華南飯店轉型失敗的原因，又嘗試以當前之都市計畫法規，建議再開發為溫泉旅館的可行性。

二、北投溫泉旅館的興衰

　　北投溫泉鄉，是台灣溫泉旅館的濫觴，見證幾番興衰轉型再生的過程。始於日治時期，將溫泉開發利用。戰後，日本觀光客懷念之遊，興起餐飲兼營歌舞伎的節目，淪落為特種營業場所。直到1979年，政府廢娼後，一度消條。北投山區的旅館業者，經過幾年的消沈摸索，就是利用舊有旅館套房設備，改成老人安養中心。然而，經營銀髮族生意，除了硬體設施要接受政府的規範外，還要有專業，簡陋經營造成違規屢見不鮮。直到90年代初，國人體認溫泉養生保健美容之時尚，休閒渡假觀念興起，帶動溫泉旅館的流行，才又使北投休閒觀光業耳目一新，終於尋獲第二春。

三、北投溫泉旅館產業過去與現況

　　新北投溫泉區，日治時期發展出獨特的溫泉文化，享有「溫泉鄉」的盛名；1995年開始，在居民的社區意識推動下，結合專業人士的參與，新北投溫泉區具備的豐富文史資源重新獲得重視，配合政府的地區改造環境計劃，加上國人愈來愈重視休閒，溫泉休閒產業開始轉型，尤其在2003年7月3日《溫泉法》通過後，新北投溫泉區的溫泉休閒產業更見榮景。新北投溫泉休閒產業的遊憩機能蓬勃，提供區內泡溫泉及健身、養生等相關服務。目前北投地區溫泉相關產業興盛，溫泉浴池、溫泉餐廳、溫泉旅館及大型綜合溫泉休閒會館林立，是台灣地區開發最完全的溫泉遊憩區。

四、北投溫泉旅館環境構面要素S.W.O.T.分析（如表60）

表60　S.W.O.T.分析表

Strength優勢	Weakness劣勢
1.交通便捷：都市郊區距離捷運站近。 2.文化資產觀光資源豐富：例如北投溫泉博物館、普濟寺、北投公園等。 3.自然資源豐富：地熱谷、北投溪及珍貴青磺、白磺溫泉。 4.環境幽雅，叢林密布。 5.提供會議廳，提供網際網路、視訊會議等e化服務。	1.附近過多的閒置空屋有礙觀瞻。 2.進出道路狹窄，大型車無法進入。 3.空間不夠寬敞：對外開放露天泡湯顧客，影響住客對泡湯品質。 4.價格過高：平日平均房價高。 5.假日交通容易塞車。 6.有淡旺季。
Opportunity機會	**Threat威脅**
1.休閒與文化水準提升的觀光契機。 2.推動保健旅遊，打造北投成為亞太溫泉旅遊保健中心，吸引國內外旅客。 3.發展類似醫療觀光行程。 4.開放大陸來臺觀光名額，進而增加收入效益。 5.與北投文化資產、自然生態觀光地區的結合：行銷歷史、文化。	1.同質性溫泉旅館眾多，低價相互競爭。 2.北投攬車設立，影響私密礙觀瞻。 3.資源貧乏：溫泉供給量有限。 4.政府法令規定不能促銷溫泉醫療。 5.鄰近觀光地區的競爭。 6.溫泉地面水大幅減少。 7.溫泉水溫下降。

參、研究討論

　　更新必須硬體、軟體要同時雙軌變革。舊有建築物的更新利用，不用再耗費結構營建工期，可直接進行內部外部整修設備，籌備開辦一項新的旅館。

一、春天酒店之更新過程成功之處

　　北投「南國飯店」，由國內某財團接手，斥資3,4億元整修後，更名營業登記，於1998年春，以『春天酒店』的名稱對外開幕。由於飯店所在當時仍屬曾經被市政府列名掃黃列管對象。「春天酒店」規劃有

九十個溫泉套房，以日本鄉間溫泉旅館為模樣，享受到溫泉旅社之樂趣，行銷對象以企業主、日商、新婚夫婦度假休閒休憩消費市場，擺脫傳統溫泉旅社的經營格局。

1998年3月，春天酒店正式開幕，規劃之設施，頗受好評，以精緻的都會休閒概念，成為業界引人的焦點，並且是觀光局推薦為溫泉飯店轉型典範。

二、三二行館

三二行館位於台北市北投區，業主在2001年7月，買下占地一千二百坪的「薇閣教職員宿舍」，薇閣教職員宿舍前身為「貴賓樓旅社」，是日據時代北投著名飯店。業主做私人招待所，打造會員制的溫泉會館。因位於北投中山路三十二號，因而命名三二行館，2006年開幕，採預約消費制，不對外開放參觀。三二行館各項設施有客房設施：碧、玉、晶（歐式套房3間），松、櫻（日式套房2間）。大眾湯區：室內湯區、室外湯區、更衣室、修容區、淋浴區，蒸氣室、烤箱、禪室、休憩區等。獨立湯屋：共5間。客房泡湯，義大利餐廳、芳療舒壓、橋藝室。請來日本設計師設計，房間內擺設的古董畫作，都是業主私人的收藏。

肆、華南飯店再開發之可行性評估

一、溫泉旅館地點與所在地區之分析

華南飯店基地錄屬北投溫泉親水公園區，鄰近捷運新北投站，面積約67,814平方公尺，包括五處公園用地，該公園的基本構想是：由溫泉谷地往北可以遠眺大屯山，向下可以觀賞灣泉溪流與谷地中磺煙裊裊、浴客遊園；向西又有觀音山靜臥淡江，帆影點點照夕陽；東面則有綿延起伏的紗帽山，與大屯山連成壯麗景色，提供了溫泉鄉獨一無二的視覺

景觀與空間位置。

二、溫泉旅館市場特性

北投溫泉始自大屯山之火山地底留下豐富的熱源,將地下水加熱,再由岩層裂縫湧冒而出形成溫泉。泉質青礦、白礦兩種。區內擁有多樣溫泉水療或溫泉遊憩設施。泉源位於陽明山國家公園硫磺谷特別景觀區,泉質屬硫酸鹽泉,PH值3～4呈黃白色半透明,水溫約50～90℃,由臺北自來水事業處申請水權、鑿鑽地熱井後引水注入加熱而成。溫泉溪流谷地壯闊景觀,地理位置與美感視覺。溫泉旅館有獨立消費的特性,有別於休閒渡假旅館。其消費產品可以獨立消費,例如:消費者可以選擇純粹泡湯或者用餐加泡湯,就不一定要住宿。

三、北投地區溫泉旅館供需分析

現況探討:目標市場選擇

遊客地域分析:北部地區的消費人口量是全臺77.8%。(如表61)

表61　國人休閒旅遊狀況統計表

地區	遊客人次(一年)	百分比
北臺灣	42850人次	77.8%
中臺灣	6280人次	11.4%
南臺灣	5263人次	9.56%
東臺灣	680人次	1.24%
合計	55073	100%

四、法規檢討

㈠籌建觀光旅館或國際觀光旅館,都必需由交通部觀光局取得籌建核准,其適用之法規除了《觀光旅館業管理規則及施行細則》、《國際觀光旅館建築及設備標準》外,觀光局還分別舉出供業者參照執

行：1.《發展觀光條例》，2.《風景特定區管理規則》，3.《觀光地區建築物……等規劃限制實施辦法》，4.《區域計畫法》，5.《都市計畫法》，6.《土地使用分區管制規則》。

㈡根據「變更臺北市北投溫泉親水公園附近地區細部計畫案[1]」，自民國88年11月11日公告生效後，已成為北投溫泉地區都市發展的重要法令依據，加上近年來北投社區所推動的文化保存成果，已使得諸多停業多年的溫泉旅館紛紛重新開業，成功轉型為都會地區重要的文化與健康休閒的旅遊區。

㈢以「建築高度限制」維護重要天際線地景，從北投周邊的大屯山、七星山、紗帽山，以及遠方的觀音山等，均是空間營造重要的地景元素，由山脊連接而成的天際線方能說明北投溫泉的火山群意象。在細部計畫中，建築物之高度比不得超過2.0，惟高度比不得超過面前最寬道路寬度之四倍及「本計畫區之特定休閒旅館住宅專用區內建築物高度不得超過五層樓及17.5公尺。另本計畫區因多位於山坡地，不得適用臺北市土地分區使用分區管制規則第十一章放寬規定」以限定建築物之高度，企圖維護溫泉區的山峻景觀。

㈣原有之第二種住宅用地劃設為「特定休閒旅館住宅專用區」（建蔽率由40%降為35%）：配合親水公園的建設，塑造溫泉特區之意象並滿足溫泉旅館和休閒住宅需求而劃設。在專用區計畫內，旅館、休閒住宅、社教設施、健身服務設施、營業性浴室等都可以在「休閒旅館用地內」設置，徹底解決旅館經營業者的問題，並鼓勵觀光業者來此興建高品質旅館。

㈤以「原屋再利用放寬容積」鼓勵溫泉旅館之經營，並避免大型開發針對計畫區東側多處棄置經年或經營不善的老舊溫泉旅館，以「本計畫區內特定休閒旅館住宅專用區內既有合法經營之旅館（本案

---

1 該法於民國88年11月11日公告生效，法令依據：都市計畫法第17條及22條，計畫範圍：新北投公園及地熱谷附近地區。

核准公告前已存在並登記有案之旅館）和既有建築物新申請做旅館使用者，若其現有總樓地板面積超過目前法定之容積率者，於改建或重建時得維持原合法房屋總樓地板面積容積率，並不得超過210%，惟建築高度不得超過五層樓及17.5公尺」放寬容積之管制，鼓勵以原有旅館房舍建物再利用或整建爲新式溫泉專用旅館或住宅，同時也避免狹窄道路內的大型山坡地土地開挖。

(六)華南飯店與交通飯店地產連結合併開發[2]，以其6,792.78坪的土地面積，地點的優勢，依照「特定休閒旅館住宅專用區」法定建築容積率210%限制條件，規劃連結自然幽雅山川，文史資源及生態環境，建構一處優秀的溫泉養生渡假旅館。本基地符合上項條件。

檢討本案土地面積，建地12,491平方公尺（3,778坪），路地974平方公尺（294坪），合計13,465平方公尺（4,073坪）。原有建坪8,442坪（含地下室及騎樓），拆除後重建面積12,491平方公尺×210% = 26,231平方公尺≒7935坪

建蔽率檢討12,491平方公尺×35% = 4,371平方公尺，26,231平方公尺/6FL. = 4,371平方公尺。結論假設，以現有建築法規，北投華南飯店總樓地版26,231平方公尺，依營運比率分配，應可興建257Room，6層樓，溫泉休閒渡假酒店。

六、經濟效益評估

當發生更新構想時，開始編列「更新營運計畫」。包括市場分析、經濟性評估、更新或整建的理由和時機、可行方式、考慮事項、結構的考慮、機械的設備的使用生命、現有設備的狀況適用性、運轉與維護、室內利用價值。

(一)營建成本：建築工程36,000元×7,935元／坪 = 285,660,000元
設備工程24,000元×7,935元／坪 = 190,440,000元

---

2 華南飯店、華南保齡球館與交通飯店地產連結，同屬一業主所有。

裝修及設備6,0000元×7935元／坪 = 476,100,000元

　　合計 = 952,200,000元

㈡財務預測IRR分析：

　預計損益情形，保守預測，包括：旅館商品規劃、收入方式、營業收入預估、營業成本預估、營業費用、固定費用、損益情形預測。

㈢開辦時期成本計算：

　1.本案經營期間主要之收入項目為：⑴餐飲收入，⑵俱樂部之經營與月費收入，⑶客房收入。

㈣開辦成本部分，全部開辦人員預定編制，其平均薪資為30,000元／月人。

㈤客房收入預估

　1.客房總收=客房數×租金（平均房價）×住房率×營業天數

　　註⑴租金的訂定是根據市場調查作估計

　　　⑵住房率是第1、2年以80%計

　　　⑶營業天數是365天／年

　2.服務費收入以房租或飲食收入的10%計算

　3.附帶收入以房租收入的5~10%計算

　計算式：假設數據

　1.客房數 = 200間（包括標準房、套房）

　2.平均房價 = 5500 NTD／天（實收平均房價）

　3.第1年平均住房率80%

　4.營業天數365天／年

　計算式：

　房租收入200間×5500NTD/天×80%×365天 = 321,200,000NTD/年

　服務費收入321,200,000NTD×10％ = 32,120,000NTD

　附帶收入321,200,000NTD×5％ = 16,060,000NTD

　預估第一年客房總收入369,380,000NTD／年

　支出部分：1.人事費用：220人×3萬元／月×12月

2.俱樂部客房設備及管銷費用：萬元／月×25%×12

3.休閒設施成本：萬元／月×15%×12

4.水電等費用：萬元／月×15%×12

成本合計：萬元

收支贏餘：萬元／年（支出部分是假設數字），（略）

俱樂部投資報酬分析：

總投資報酬率＝（現金利潤＋俱樂部保留之資產值＋土地殘值）／總成本＝（34320萬元＋19750萬元）／209398=54070萬元／209,398萬元＝25.82%年投資報酬率＝16.55%，開發期間以2年計（部分是假設數字），（略）

伍、結論與建議

對於舊有的旅館建築將之重新整修、重現生機是一項要務，是旅館建築從業人員的理想與抱負。我們體認保存與開發的妥協性及平衡點，探討旅館建築的殘值利用再生，創造經濟價值。在設施建構與經營面，提供具體可行的旅館更新方案參考。本案最終不能更新成功，只得拆除改建。

以永續經營之理念、更新的過程，慎思北投溫泉利用的問題。結合當地之資源特性，建構一處優秀的溫泉養生渡假旅館，應善盡北投文史生態資源的啟發與利用。（如圖7-1～7-2）

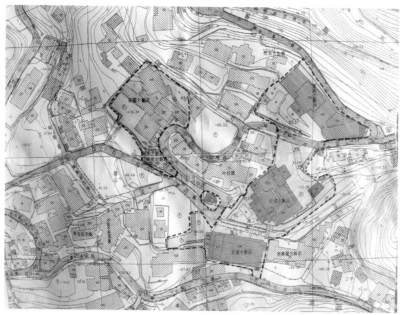

圖7-1　北投親水公園幽雅路一帶的都市計畫圖，左為春天酒店，右為華南飯店、交通飯店、華南保齡球館（產權屬於同一業主）。本圖出自都市發展局。

圖7-2　華南飯店曾經有過輝煌歲月。本圖係筆者攝影保存。

旅館建築設施更新管理之研究──從外包商觀點

壹、緒論

旅館建築（Hotel Construction）興建完成開幕營運之後，其內部的各項設備設施會隨著時間的增加及使用的損耗而產生故障老化等現象，不僅使維護費用大增，並降低服務品質。此外，由於產業環境的變遷，時尚潮流的改變，消費者接受程度會產生變化。諸多內外在因素影響下，將既有旅館予以更新（Renovation），使服務空間趨於完美，提升競爭力，並提升旅館的資產價值。

然而，畢竟旅館更新並非經常性的；因此，據初步探究，臺灣地區的觀光旅館的更新計畫與執行，大多委託外包商實現。「外包」是一種本來應該在企業內部實施的生產活動的一部分或全部，委託公司外面的企業製造的一種機能。此外，有學者已指出（Sharpe，1997），旅館業者應致力於本業之核心經營，對於並非經常性的經營活動，如更新計畫與執行，委由協力專業廠商去實現。

據此，本研究目的，便是以臺灣地區國際觀光旅館為對象，探討更新的內涵。以外包商的價值觀點，提出企業外包運用在旅館更新。

貳、文獻探討

一、旅館更新的定義（The definition of hotel renovation）

旅館「更新」的語譯，國外稱為renovation、in-novation、update、renewal、renovate等等，帶有變革整修及創新的意義。國內稱為變更裝修、旅館改裝的稱謂。目前臺灣地區觀光旅館業者所稱呼的「renovation」，通常是指重新裝修而言。本研究例舉國外相關文獻

中，就旅館更新定義的描述列表如下：（略）

　　綜合以上專家學者的定義，本研究的旅館更新定義是指，使旅館設施恢復積極使用的狀態，包括硬體的更新升級，而必需是至少一個營運設施單位，無論是旅館營業區或後勤區，包含內部裝修或外部裝修的更新。定義在創新與產品開發，創造一個新產品或過程的行動。本研究在此定義下，不包括國內的建築法所稱的修建、修理或變更、整建。也不包含旅館經常性、持續性的維護修繕。

二、旅館更新的重要性（The significance of hotel renovation）

　　旅館更新的重要性從功能面向解釋，有許多不同的因素，這些原因，也許被當成動機意圖的操作或功能需要。Chipkin（1997）認為，旅館更新縱使有許多不同的原因，概括而言，旅館更新根本就是為旅館opration。根據Hassanien（2006）的研究，旅館更新的內涵有以下六點：一是更新的原因、二是更新的程序、三是更新的驅動力、四是計畫和控制、五是實施與執行、六是評估與檢討。敘述如下：

　　國外學者對於旅館更新的原因，各有不同的見解。Hassanien（2006）總結認為，旅館更新的原因可分為：策略性的、經常作業性的或機能性的需要或配合更新的目的。例如：由於產業的競爭。滿足顧客維持或增加市占率；改進作業效率，以增加生產力及減少長期作業費用；維持公司形象及標準；提升旅館等級；配合新的市場趨勢及科技需要；配合政府的法規變更的需求；天然災害如颱風地震的復原。另外，deRoos,（2002）認為，由於行業的競爭，有必要對旅館進行更新改裝，從而保持和提高旅館的營業效益，使之處於良好的營業獲利狀況。deRoos,（2002）認為旅館更新裝修的原因很多，常見的是：旅館設備的使用程度已到了使用年限；旅館建築物設施的經營年限到了必需更換；旅館設施中的陳設裝修已經破損；內部設計已經過時而失去吸引力，導致營業收入下降；更新一個現有飯店是一個投資機會，在時間和

費用方面，都遠勝過重新建造一個新飯店；必需引入新的生活科技來滿足客人的需求。

三、外包商的定義

學者Drucker,（1994）在（Post-Capitalist Society）一書中所有所謂的「外包論」，主張專注本業是企業提高生產力的必要條件，並且將企業非核心的業務，發包給專門的公司來處理，本身則專心致力於提昇核心生產力及改善技術。傳統上利用外包來簡化企業管理的運作，希望藉外包能提昇企業效率、節省成本或彌補人力資源的不足。

因此，本研究所謂「外包」，就是「將企業運作的部分需要，以合約或其他方式交給外部專業服務者（外包商）來提供」（Labbs，1993）。本研究所含的外包商，包括參與旅館更新計畫與執行的建築師、室內設計師、和各項建築及裝修工程承包商的加值實施和參與，甚至更新專案管理部門。

四、研究方法

本研究以臺灣地區觀光旅館的經理人為訪談對象，探討旅館更新管理的內涵，據此探索外包商的利用價值。當今臺灣地區觀光旅館業界，將旅館更新的工作幾全委託外包商進行，包括建築師、室內設計師、設備顧問、建築及裝修承包商的協力，甚至成立更新專案部。在旅館更新整修過程中，從更新計畫開始即由外包商的加入，提供專業在旅館更新的前期規劃與執行。

參、研究結果與分析

一、受訪者旅館基本資料分析

本研究個案旅館共10家，以旅館規模分別，其中大型規模的有個案

E、K、G。中型規模的有個案B、A、D。小型規模的是個案J、C、F、I。以經營績效分別，平均房價均在整體平均房價之上。以坐落區位分別，都市地區的臺北地區是個案A、B、C、D、E、F、G等7家，高雄地區是個案K等1家，風景區的花東地區是個案I、J等2家。以旅館基本資料分析看來，規模、經營績效、旅館區位的選擇，符合比例原則。

二、受訪者對於外包商的觀點

根據各國際觀光旅館領導主管的訪談，本研究獲得一些觀點，列表如下：（如表62）

表62　訪談回答內容

受訪編號	訪談回答內容
A2	目前我們沒有設計團隊，專案部門以前沒有，全委託外包規劃公司。
A1	我們另外有一個常態的部門，不斷的更新開發與裝修工程。不是由總經理提出需求，是總務組找設計師來規劃更新。
B2	固定聘用的承包商，如設計師，施工承包廠商及協力廠商，都由董事長接洽指派。
C2	外包商等協力廠商很固定，不會經常變換。
D1	外包商如建築師、設計師，仍然固定由總務經營單位去找，難免有因循之缺失。
E4	外包商如設計師很重要，對行業要了解，要跟上實際營運才是稱職的設計師。
I1	要用當地的外包廠商。
K1	我不會找設計師，我是自己做規劃設計，經營者要涉獵營運及設計。
E3	設計師對成功有很大的關鍵因素，外包商是成功與否的關鍵。到最後的決策，業主本身是最重要。設計與施工的過程要投資（要花費錢）。
F2	更新的協力廠商，設計師是法裔日籍設計師。當初，他是旅館開幕時的設計師，是總經理決定聘用的，這一次又回到原設計師。
G2	飯店更新方案的執行，是由本旅館資產所有者總包給大成建設（日商），由大成總承包商去分包，要權責區分。設計師是老闆自己找，有他要的味道與風格。

就以上訪談統計，更新與外包商的關係之跨個案分析表（如表63）。

表63　更新與外包商的關係之跨個案分析表

項目	國際觀光旅館個案										統計	
旅館個案	都市地區							風景區			合計	%
更新與 外包商關係	A	B	C	D	E	F	G	K	I	J		
建築與設計：												
1.本國設計師		✓	✓	✓	✓	✓		✓	✓	✓	8	80
2.外國設計師	✓			✓	✓	✓	✓				5	50
施工承包商：												
1.外包承商施工	✓	✓	✓	✓	✓	✓	✓		✓	✓	9	90
2.工程部施工								✓			1	10
專案管理：												
1.聘任更新專案經理人	✓			✓	✓	✓		✓			5	50

資料來源：本研究整理。

　　就以上跨個案統計，成立更新專案聘任專案經理占比例的50%。而特別的是，有1家旅館是將更新專案的工作完全外包給外國公司。由此觀之，臺灣的國際觀光旅館是相當仰賴外包商的協力。而不論是坐落在都市地區或風景區，其外包建築與設計或施工承包商或專案經理人的更新實現，是沒有分別的。

三、研究分析與討論

　　由以上的分析發現，聘用外國設計師加入更新團隊的是更新成功的因素之一，而幾乎大多旅館都是外包給施工廠商做更新。驚訝的發現，僅有1家旅館K是由旅館工程部自行施工，更進一步的是更新設計是由旅館總經理自行設計。這是因為旅館K總經理的專業背景是室內設計師，而本身又有極度興趣做規劃的緣故。根據訪談資料分析發現，聘用專案

經理人是普遍的現象，更新專案經理人負責協調更新專案的規劃、設計、採購、施工。比較特別的個案是旅館G的統籌更新專案也全部完整的外包給外國的顧問公司去執行。

旅館經營者應該進一步認識更新的重要性，意味著臺灣地區國際觀光旅館可能從旅館更新獲取的更好的價值和好處。循此脈絡可以發現，多數受訪者同意，更新是一個持續和不可避免的過程，它應該是經常實施的，並且它根本是行銷手段。此項發現印證了Cooper（1999）所說的新產品行銷涵義，在旅館業而言，它是經營環境的更新。

受訪者相信，旅館更新的重要性增加了競爭優勢，對新生活用品科技技術的使用增長，環境問題的改善，和改變客戶需求。這些研究結果，強烈的支持加強更新的概念，及關於旅館更新的意義（Chipkin, 1997）。

根據Ahmed Hassanien（2006）的研究，資金、時間、團隊和材料，是更新整修的成功要件。但是，根據訪談資料分析發現，十家個案旅館並沒有將外包商的價值重要性，當作是旅館更新成功的要角。除了重視聘用設計師，外包施工廠商都沒有被提出重視。而更新專案經理，無論是旅館內聘或是外聘，都是階段性而且是臨時編組，或許是約聘的關係。這點是致使臨時編制的專案經理人，因為對旅館建設無大量了解，外包的室內設計師、建築師、專案顧問、為了旅館的更新，提供廣泛的市場調查不足或者關懷不夠，無法有效提供利用旅館本身文化資源，以加入協助旅館行銷的緣因。

四、國內外產學之觀點比較（如下表64）

Jan deRoos, (2002)	Ahmed Hassani-en (2006)	美國外包協會的調查報告（2001）	臺灣旅館建築之普遍原因
1.旅館設備的使用程度已屆使用年限。 2.旅館設施中的陳	1.由於產業的競爭。 2.滿足顧客維持或增加市場占有	1.加速旅館管理內部的變革及改善。 2.藉由外包商對專業技術的依存及執行	1.滿足多變的市場需求。 2.節省營業費用。 3.基於新產品新營

Jan deRoos, (2002)	Ahmed Hassani-en (2006)	美國外包協會的調查報告（2001）	臺灣旅館建築之普遍原因
設裝修已經破損。 3.內部設計已經過時而失去吸引力，導致營業收入下降。 4.旅館設施的品質下降改變時，只有通過更新設施，來滿足客人要求。 5.沒有使旅館保持現代化，當設施狀況惡化時，結果就是營業額下降。 6.將現有旅館加以更新，是一個投資機會。在時間和經費方面，都遠勝過建造一座新旅館。 7.必需引入新技術來滿足客人的需求，通過更新提升服務品質。	率。 3.改進作業效率，以增加生產力及減少長期作業費用。 4.維持旅館形象及標準。 5.提升旅館等級。 6.配合新的市場趨勢及科技需要。 7.配合政府的法規變更需求。 8.由於天然災害如颱風地震的復原。	能力，幫旅館業主獲得競爭優勢。 3.將作業使用具價值的設備、機具等委外施工生產，以節制現金資本。 4.提供旅館內部難以得到的資源。 5.可以解除旅館內部一些管理、控制難度的部門。 6.旅館可專注本業之核心經營，不需太多精神於非專門領域。 7.不需透過資本的花費取得資源，可降低內部對運用資本基金的競爭。 8.簡化及降低營運成本。 9.共同承擔或轉移更新業務承受的風險。 10.可有效釋放旅館內部人力、資金活力。	業項目的開發。

伍、研究結論與建議

　　本研究從更新團隊的深度訪談中，將收集的資料內容跨個案分析證實，在旅館業界，把旅館更新作為一個策略管理和營銷工具。根據文獻中所提美國外包協會的調查報告（2001）外包目的原因，循此帶入旅館

更新的外包商價值。

　　本研究從旅館個案的研究，受訪者的訪談資料分析中證實，外包商資源的有效運用、取得、借用等策略性投資。總之，外包商的應用與管理，正是服務產業的有形管理體系領域，值得業界及學者專家廣泛的研究。本研究經由理論架構與內容分析發展出以下命題，提供後續研究實證之基礎：

命題一：本研究之旅館更新之外包理論，也能用於旅館中之餐飲部門或其他設備管理之服務部門的外包。也能用於旅館資產管理之中。

　　外包理論也能用於旅館中之餐飲部門或其他設備管理之服務部門的外包。甚至於後勤服務部門之房務、洗衣部、工程部⋯⋯。

　　旅館的後勤資產管理，完善的投標機制，提高服務品質，引進有實力講信譽的外包商，品質不符要求的時候，必需進行控管機制。

命題二：旅館更新專案的外包商，分擔了旅館的風險管理。

　　在快速變遷的環境中，為了符合科技和消費者的各種需求，而且企業如果想要縮短生產流程，降低風險，減少投資成本及快速回應市場需求，換句話說，就是要讓自己更有競爭力，外包可以說是企業最佳選擇。

命題三：旅館可專注本業之核心經營，勞務外包，不需太多精神於非專門領域。

　　旅館經營應專心於「本業」，專心發展核心專長，以及策略性外包可以讓企業充分善用外在資源。專業外包所提供的技術、創意，有時並不是企業本身所能辦到的。

命題四：建築師作為一個外包商的意義，在於提供旅館建築與設備的行政與法規的知識及執行過程。

　　如同S. Mellen, K. Nylen, and R. Pastorino（2000）所言：旅館更新工作是為了滿足政府新頒行的法規而進行的工作，為了滿足新的市場要求而進行的工作，為了使旅館產業在競爭中保持領先地位而進行的工作。作為外包商的建築師，應該應付旅館法規的變遷。

本研究從10個觀光旅館個案的研究，收集的資料歸納分析及跨個案分析中證實，外包商資源的有效運用，在旅館更新過程中益發顯得其價值。

評論人提問及作者回覆

1. 需要強調論文的價值何在？是要打破迷思考？建立觀念？或解決什麼問題？

   回覆：在管理實務方面，本研究結果反映出旅館建築更新的外包商是一種有形的服務產業，服務的內容可以被量化，其價值可以被計量。

2. 要點出可以為學界或實務界帶來什麼效益？

   回覆：總之，外包商的應用與管理，正是服務產業的有形管理體系領域，值得業界及學者專家廣泛的研究。

3. 要強調這個現實環境缺少些什麼？與此論文有何相關？

   回覆：企業外包主要的目的在於，外包是一種策略性的應用。企業任何一項產品外包都有其原因，例如企業不能採自完全內部生產時，外包比較廉價；採取外包，外包的品質良好；企業在資金的投入無需承擔資金及管理。

4. 要點出在學術研究上此議題有何問題？

   回覆：就旅館而言，專案經理人的外包，因旅館更新並非經常性，人力資源不需承擔常設部門的經費。而且專案顧問經驗豐富，能提供旅館本身所缺乏的知識。

5. 過去論文讀後的評斷為何？論據為何？

   回覆：本研究也發現，外包商的品質水準參差不齊缺乏創意，局限於單項專業而缺乏旅館經營知識。因而，業主本身專案管理的統籌調合是關鍵成功的核心要素。

6. 在理論的觀點貢獻是什麼？

　　回覆：業者不需承擔施工者經常性的人力費用，以及施工機械工
　　　　　具的承購保養和專門技術的養成。本研究可以協助旅館業者
　　　　　透過以上的研究，進一步思考如何充分運用外包商的功能，
　　　　　增益外包商的利用價值。

旅館空間照明設計之研究
——以太魯閣晶英酒店裝修更新爲例

壹、前言

　　旅館空間照明設計的情境，往往是旅行者津津樂道的事。因而，建構舒適的視覺氛圍是旅館經營的行銷手段。本研究旨在探討旅館空間的佈光計畫，以「太魯閣晶英酒店」（原名：天祥晶華度假酒店）裝修設計之旅館空間照明案例，來進行參與觀察：就燈光照明佈局、投光方式、佈光模式及照明品質、色溫表現等面向，進行個別研究調查。本研究在現場攝影、測繪、素描、筆記、記錄成空間樣本，並且透過實地凝視（gaze）與體驗，訪談飯店管理者使用觀點及觀察客人情緒反應，從旅館空間各區域燈光照明的配置形式及燈光意境作分析與研究。

　　旅館能夠吸引新舊顧客光顧的關鍵，在於營造感動親切的氣氛，以及親和友善的感覺。故旅館的大廳、餐廳以及客房都應該比任何其他採光設計更注重舒適和創造性。而照明是達到這個目標的主要方法。本研究者歸納燈光照明設計的模式，提供給設計者及對本主題有興趣的學者及設計師參考。

貳、文獻探討

一、照明的基本概念

　　人類利用眼睛將外界的光，經過視覺神經轉換成訊號傳送至大腦，照明便成爲日常生活中不可或缺的一環。而人們在擁有健全的眼睛的同時，也必須要有合適的燈光配合才能發揮其功能，因此適當的照明是非常重要的。

隨著社會的進步，生活水準的提升，人們對照明的要求也相對提高，除了適當的亮度之外，更要求舒適愉快的氣氛，因此在考慮良好的照明時必須先了解的是：色溫度、演色性與經濟效率。

(一)色溫度（Color Temperature）

色溫度是以絕對溫度K（Kelvin）來表示，乃是將一標準黑體（例如鐵）加熱，溫度升高至某一程度時顏色開始由深紅→淺紅→橙黃→白→藍白→藍，逐漸改變，我們將黑體當時的絕對溫度稱之為該光源的色溫度。

(二)演色性（Color Rendering Lndex）

光源對物體顏色呈現的程度稱為演色性CRI（或RA），也就是顏色逼真的程度。演色性高的光源對顏色的表現較好，所看到的顏色也較接近自然顏色。演色性低的光源對顏色的表現較差，所看到的顏色偏差也較大。

二、有關照明的幾個物理概念

(一)發光強度

發光強度是光源在一定方向、範圍內發出的可見光輻射強弱的物理量。發光強度的單位是燭光（cd）。

(二)光通量

人的眼睛所能感受到的輻射能量，光通量的單位為流明（lm），1流明＝1cd‧sr（1平方英尺上1燭光）。

(三)照度（E）

照度是物體單位面積上所得到的光通量。照度的單位為（lux），1（lux）等於1流明的光通量均勻照在平方公尺表面上產生的照度。

(四)照明單位

光源的基本單位，包括光通量、光度、照度、平均壽命、經濟壽命等。為發揮最佳照明效果，各產品均有正確安裝方式，以確保產品之使用壽命及安全性。

表65　光的基本概念對照表

名稱		符號	單位		說明
光通量	Luminous Flux	Φ	流明（Lumen）	lm	光源每秒鐘所發出的能量的總和，簡單的說就是發光量。
發光強度	Luminous Intensity	I	坎德拉（Candela）	Cd	光源強度，在某一特定立體角度內所發射光的量。
照度	IIIuminance	E	勒克斯（Lux）	Ix	單位面積內所入射光的量，也就是說光量除以面積（m²）所得到的值，用來表示某一場的明亮度。
亮度	Iuminance	L	坎／米2	Cd/m²	從某一方向所看到的物體反射光線的強度。亮度則是表示眼睛從某一方面所看到物體的反射光的強度

三、照明光源

光源類型分為自然採光和人造照明兩種。

(一)自然光源

自然光（Natural Light）或日光是迄今為止最常見、成本最低的光源。採用自然光來滿足建築物對於光的全部需求。自然採光給人親舒適感、室外感，並能節約能源。通常自然光獲得客人的讚賞。

(二)人造光源

人造光源（Artificial Light）主要是指電器照明光源。電器照明光源靈活性較強，可以根據不同空間的需要進行組織和佈置。人工照明可以在旅館形象設施內，產生所需要的環境氣氛，滿足某些特殊的要求。

照明光源依據功用可區分為：基本照明、重點照明、裝飾照明。基本照明維持空間的一定照度，重點照明強調個別功能效果，裝飾照明加強空間中的趣味性與裝飾作用。依循照明燈具配置而言，光源大致分為點、線、面，三種基本配置模式，各有其空間效果。

四、照明光源的品質

旅館對於照明的要求除了適當的亮度之外,更要求良好的品質以及經濟效率。以下說明:

(一)照明均勻度

照明均勻度是最低照明與平均照度的比值。

(二)眩光限制

眩光指在視野內由於亮度分佈或空間範圍不適宜,或呈現極端的亮度對比,以致造成不舒適和降低目標可見度的視覺條件。

(三)光源顏色

室內照明光源的顏色與室內牆壁、天花板、地面以及家具的顏色有密切的關係。

(四)演色指數

國際照明委員會(Commission Internationle de I, Eclairage,簡稱CIE)把太陽的演色指數定為100,各類光源的演色指數各不相同,光源的顯色指數分為四個組。(表66)

表66 光源的演色指數表

演色指數分組	演色指數	適用場所舉例
1	Ra＞80	1.客房、臥室、繪圖室等辨色要求高的場所
2	60≦Ra≦80	2.辦公室、休息室等辨色要求較高的場所
3	40≦Ra≦60	3.辨色要求一般的場所,如行李房
4	Ra≦40	4.辨色要求不高的場所

(五)色溫度

色溫度是用絕對溫度「k」來表示,色溫度在3000k以下時,光色偏紅給人一種溫暖的感覺。色溫度超過5000k時,顏色偏藍給人清冷的感覺。色溫在4000k左右,無明顯的視覺心理效果,稱為中性色溫。 不同的生活和工作場合,選擇不同色溫的光源可以創造不同的氣氛。

（六）反射比與照度比

指被照射表面上反射的光通量與入射光通量的比值稱爲反射比。該表面上的照度與工作面上一般照度的比值叫做照度比。

（七）光效

光效是衡量光源節能的重要指標，是光源發出的光通量除以光源所消耗的功率。單位爲流明/瓦（lm/w）。

（八）亮度對比

被識別對象的亮度和其背景亮度之差與背景亮度之比稱爲亮度對比，亮度對比影響物體可見度，在視覺上產生近距離感和興奮感。

五、照明佈光形式與視覺舒適可能度

根據國際照明委員會（CIE），照明佈光形式分爲以下六種（表67）：

表67　燈具布光形式分類

燈具布光型式	向上佈光量	向下佈光量
1. 直接照明（Direct）	0～10%	90～100%
2. 半直接照明（Semi-direct）	10～40%	60～90%
3. 間接照明（Indirect）	90～100%	0～10%
4. 半間接照明（Semi-indirect）	60～90%	10～40%
5. 直間接照明（Direct-indirect）	40～60%	40～60%
6. 全漫射照明（General diffuse）	40～60%	40～60%

資料來源：國際照明委員會（Commission Internationle de I,Eclairage，簡稱CIE）的燈具分類表，筆者再整理。

同一區域在不同的時段也需要不同的照明方式。如客廳裡面有台燈、壁燈、頂燈、床頭燈等不同燈具。

燈具設計種類繁多，在環境的創意豐富了空間的內涵。將之簡述如下：

（一）崁燈、筒燈：是點狀的照明光源，作爲空間中的基本照明，屬直接照明。

（二）吸頂燈：安裝吸附於天花板得名，大多作為主要照明。

（三）魚眼燈：崁入式裝飾性照明及投射照明，狀似魚眼得名，

（四）投射燈：集中式光束照明，有一種可移動式及旋轉式。

（五）吊燈：懸吊式燈具，作為主燈使用，或裝飾性照明。

（六）壁燈：附掛牆壁面而得名，裝飾性照明，多為間接照明。

參、旅館照明設計的方法

　　旅館是以其優雅的建築設施，舒適的環境氣氛，優質的服務品質來吸引客人，而「照明」正是創造舒適氣氛的重要元素之一。照明系統設計必須包括：照度、光通量、色彩、安全及緊急照明等。旅館的功能區域較多，對照明的需求不一，所以在照明設計中除了維持基本的照度是旅館正常活動的基本條件，目前旅館各個區域的照度的數值。如：依照中國國家標準《建築照明設計標準》前廳的照度一般取500lux，總服務台的照度一般取750～1000lux，餐廳的照度一般取200lux，走道的照度一般100 lux。作為照明設計的參考指標分別是：佈光模式、燈具設計、光源投射方式。此即為旅館照明設計的基本指標。

肆、太魯閣晶英度假酒店空間燈光意境與照明品質及效率之檢討分析

一、門廳通道區域

(一)燈光基本配置分析（如下表68）

設計指標體驗之項目	觀察與分析	旅館空間樣本——門廳通道區域
照明功用區分	基本及裝飾性照明	
照明光源的配置	點光源及自然光源	
照明均勻度及形式	非均質布光、斜光源	
光源光照位置與角度	上側投光	
照明演色與色溫	暖色系、演色差	接待櫃臺的眩光，通道區明暗差異，照度比值差距大。
布光形式	半直接照明	

設計指標體驗之項目	觀察與分析	旅館空間樣本——門廳通道區域
照明功用區分	裝飾性及重點照明	
照明光源的配置	點光源	
照明均勻度及形式	非均質布光、斜光源	
光源光照位置與角度	上側投光及洗牆光	
照明的演色與色溫	暖色系、演色差	
布光形式	直接與半直接照明	Lobby lounge seat（夜晚拍攝）

觀察與分析：此區為旅客進入旅館的預備前廳，照明功用為裝飾性及重點照明，照明光源的基本配置為點光源，並非均質布光，投光形式為斜光源。深色木質列柱為上側投光照射柱頭。灰黑色粗面石材壁面，顯示出強烈的洗牆燈造成的集中光束。區域照明的演色與色溫為暖色系，演色性差，投光方式為直接與半直接照明。地面為灰黑色粗面石材，反射率低，被照射表面上反射的光通量集中。裝修材料表面上的照度與工作面上一般照度的比值差距大。識別對象之亮度對比強烈，影響人及裝飾物體可見度，在視覺情感上產生疏離感和冷淡陰涼感。

㈡空間各區域燈光照明的配置形式及燈光意境分析

　　入口區域的空間氛圍對旅館形象的影響極為重要，環繞四周的舒適照明，為顧客創造了良好的環境，並讓他們有賓至如歸的感覺。

二、接待大廳區域

㈠燈光基本配置分析（如下表69）

設計指標體驗之項目	觀察與分析	旅館空間樣本——前檯區域
照明功用區分	自然及裝飾性照明	
照明光源的配置	自然及裝飾光源	
照明均勻度及形式	非均質布光	
光源光照位置與角度	上側投光	
照明的演色與色溫	色溫暖色系演色可	
布光形式	間接照明	接待櫃臺（Fount desk）逆光情境

設計指標體驗之項目	觀察與分析	旅館空間樣本——前檯區域
照明功用區分	自然與裝飾照明	
照明光源的配置	自然及裝飾光源	
照明均勻度及形式	非均質布光	
光源光照位置與角度	上側投光	
照明的演色與色溫	暖色系演色可	
布光形式	間接照明	服務臺及旅客休息區（右側係帷幕玻璃窗）白天與夜晚之差異

　　觀察與分析：此區為旅客大廳，照明功用為綜合性照明，有裝飾性及重點局部照明，照明光源的基本配置為點光源及燈槽線光源，均質布光。投光形式為散光源。深色木質列柱為上側投光照射柱頭。深色木格柵壁面，顯示出強烈的洗牆燈造成的間接照明效果。區域照明的顯色與色溫為暖色系，演色性尚可，投光方式為間接與半直接照明。地面為灰黑色粗面石材，反射率低。櫃臺裝修材料表面上的照度與工作面的比值差距大，略顯光源不足。識別對象之亮度對比適中，客人及裝飾物體可

見度清楚，在視覺情感上產生親和感。惟工作照明，據櫃臺業務員說：「工作台面，光線不足」。客人感覺：「進入旅館大門之後，感覺服務櫃臺背光太強，看到的服務員是暗色，頗有不親近感。」幃幕玻璃窗區域，白天自然光充沛，有親進大自然感，但是夜間因室外中庭景觀黑暗，造成疏離感。

(二)空間各區域燈光照明的配置形式及燈光意境分析

接待大廳（又稱：前廳）是旅館客人的集散地，是旅館的門面。前廳的燈具照度太低會使人感到沉悶，太高會使人感到不舒適。前廳的平均照度要在100lux以上，色溫維持在3,000K左右，色溫太低，會使空間變小，色溫太高會降低客人的安逸感，能真實反映前廳的色和氣氛[1]。

整個前廳採用綜合照明。總服務台採用重點照明，吸引客人的視線，起到導向作用。總服務台因接待客人處理各種帳表，所以照度應為前廳平均照度的2～4倍，照度一般取750～1,000 lux高亮度，便於登記和結帳工作的快速處理。色溫3,000K左右，與前廳一致，營造親切的氣氛。演色性Ra > 80，便於服務台清楚的辨識登記所需的各種證件。客人休息區的照明照度適當低些，給人寧靜感。

很顯然，櫃臺和大廳應該具有歡迎客人光臨的氣氛。而在該區域還需要進行各種視覺任務，照明也就起了重要的作用。這些任務包括登記、結帳、觀看電腦螢幕、寫字和辨認方向等。任何照明方案都會根據規劃和功能而變化，但必需要有利於創造需要的視覺環境[2]。

旅館設施更新的理論與實務

---

[1] 王捷二、彭學強，2002年，頁.288。

[2] philips照明網站 2009年12月18日上網收集。

三、客房臥室區域

(一)燈光基本配置分析（如下表70）

設計指標體驗之項目	觀察與分析	旅館空間樣本
照明功用區分	重點及裝飾性照明	
照明光源的配置	點光源及線光源	
照明均勻度及形式	非均質布光	
光源光照位置與角度	上側及側面投光	
照明的演色與色溫	色溫暖色系顯色可	
布光形式	間接及直接照明	Twin bed room標準客房

Twin bed room標準客房

　　觀察與分析：此區為標準客房，照明功用為綜合性照明，有裝飾性及重點局部照明，照明光源的基本配置為點光源及燈槽線光源造成洗牆之面光源，非均質布光。投光形式為崁燈直接照明光源。乳白色牆面顯示出強烈的洗牆燈造成的間接照明效果。區域照明的顯色與色溫為暖色系，演色性尚可。地面為灰黑色粗面地毯，反射率低。識別對象之亮度對比適中，客人及裝飾物體可見度清楚，在視覺情感上產生親和感。一對雙人貴妃椅沙發無設照明裝置，不能閱讀。中間茶几位置偏離光照束光範圍。外窗玻璃區域，白天自然光充沛，親進大自然感。但是夜間因室外中庭景觀黑暗，造成疏離感。

(二)空間各區域燈光照明的配置形式及燈光意境分析

　　客房是客人在飯店活動時間最長的私人活動空間，營造家庭的溫馨是客房照明設計的主要出發點。所以客房的照明以寧靜、親切、和溫暖為基調。客房的照度一般為100～300lux，不同的客房區域，照度要求不一樣[3]。

　　客房臥室空間的私密性與功能性，決定了照明的氛圍。因此臥室照明一定要避免眩光，採用局部照明和重點照明相結合的方式，以滿足

---
[3] 王捷二、彭學強，2002年，頁287。

不同功能的照明需要，營造出一種雅致的氣氛。臥室的照度要求 > 150 lux，色溫在3,000K左右，演色性 > 85。起居區域照明局部區域有較高的照度，採取重點照明。照度要求 > 100lux，色溫在3000K左右，演色性 > 85。書寫區照度要求300lux，色溫在4,000K左右，演色性 > 80，燈具使用白熱燈及節約燈系列。

四、客房浴室區域

(一)燈光基本配置分析（如下表71）

設計指標體驗之項目	觀察與分析	旅館空間樣本 ── 客房浴室
照明功用區分	基本與裝飾照明	
照明光源的配置	點光源	
照明均勻度及形式	非均質布光	
光源光照位置與角度	上側投光	
照明的顯色與色溫	暖色系顯色可	洗面盆區頂上照明及儀容鏡無側面照明
布光形式	直接照明	

　　觀察與分析：此區為客房浴室，照明功用為裝飾性及重點局部照明，照明光源的基本配置為點光源，非均質布光。投光形式為崁燈直接照明光源。乳白色牆面顯示出強烈的崁燈造成的地面光團照明效果。區域照明的演色與色溫為暖色系，演色性尚可，投光方式為間接與半直接照明。地面為淺鍺色，反射率低。浴室被照射表面上反射的光通量集中。洗面台裝修材料表面上的照度與一般照度的比值差距大，造成顯著陰影。由頂部投光，易造成客人臉部陰影。

(二)空間各區域燈光照明的配置形式及燈光意境分析

　　浴室照明必需明亮，避免出現陰影。照度要求 > 100lux，色溫 > 5,000K，演色性 > 85。梳妝鏡採用重點照明，照度要求 > 200lux，需要高演色性及高照度的光源，若在鏡前加裝一套鏡前側燈，使梳妝時能清楚化妝效果。洗面盆的梳妝鏡尚設置壁燈，採用磨砂玻璃或乳白色

燈罩，對客人無眩光感，光源採用功率較大的演色指數好，色溫小於3,300K的新型日光燈。所有燈具的形式應與室內裝飾、色彩氛圍保持一致。

（限於篇幅，其他公共場所如：中餐廳、西餐廳、宴會廳等區域省略）

伍、討論與結論

研究者參與該項個案之規劃、設計、施工的過程，完成後又訪談管理職工及聆聽客人偶爾提出的意見情緒。藉由以上之理論敘述，以燈光照明設計表現的凝視觀察體驗之分析，就燈光照明的布局、投光方式、布光模式及色溫表現等面向的研究調查。綜合研究發現：照明布光模式對主觀印象的影響，反映旅客對空間的感情和印象。光與影的韻律，顯示在個別旅客的情感表現。渡假旅館著重均質布光及自然光的布局，是理性的需求；都市旅館依空間的個別情境布光與感性氣氛。旅客對於光的需求，會因時刻不同而有差異，旅館的營運區域投光模式非以一概全，自然光與人工照明的相互依存應妥善運用。間接照明的使用，致照明效能不足，有非必要性。旅館管理者對照明的運用與設計者的理想有差異。

渡假旅館著重均質布光及自然光的理性需求，有別於城市旅館個別情境的感性氣氛。旅客對於光的視覺舒適可能度因時刻不同而有差異，營運區域的投光模式並非以一概全。自然光與人工照明的相互依存應妥善運用。本設計案整體而言，仍有許多改善空間。最後，研究者歸納燈光照明設計的數據模式，給設計單位參酌。本論文的涵義，提供給設計師和旅館管理者參考。

燈具的配置並不一定要被看見，對於人們而言，散發出來的「光」才是重點。因此就有了間接燈光的配置設計，所謂「間接燈光」就是燈光的照射透過折射之後，再投射出來的光線。照明配置在很多地方就使

用了間接照明的方式，隱藏了燈具本身，燈光也透過折射才散發出來，這樣的布光模式是較爲溫和的漸層效果。從上述空間樣本上，可以發現間接照明的使用和特性，但是，間接照明的使用非無限制，因爲對於經濟效能與節能減碳方面，是要斟酌的。

參考文獻

一、中文部分

Robert K. Yin（1994/1998/2001）著，*Case study research: Design and methods,* 尚榮安（2001）譯，《個案研究Case study research》，臺北：弘智文化。

Stipanuk, D.M.（2002），*"Hospitality Facilities Managenent and Design"*，張學珊主譯，北京：中國旅遊出版社，二版，頁509～513。

方至民（2002），《企業競爭優勢》，臺北縣三重市：前程企管。

交通部觀光局：95年臺灣地區國際觀光旅館營運分析報告。

何玉美、游育蓁（1999），〈核心專長留下其餘外包〉，《管理雜誌》，第298期，頁60-82。

林佩璇（2000），〈個案研究及其在教育研究上的應用〉。載於中正大學主編，《質的教育研究方法》，頁239-262。

黃金安（1994），〈辦公大樓更新計劃調查診斷作業之初步研究〉，臺北：淡江大學建築研究所未出版之碩士論文。

徐子茜（2008），《企業福利委外關鍵成功因素之探討——外包商的觀點》，國立中山大學人力資源管理研究所碩士論文。

梁淑麗（2000），〈集團關係企業人力資源運用之探討——以中鋼公司為例〉，企業人力資源管理診斷專案研究成果研討會發表論文，2000年1月25日，主辦單位：國立中山大學管理學院。

馮嘉宜（2008），〈資訊系統委外承包商與外包商間夥伴關係形成之研究〉，屏東科技大學資訊管理系研究所碩士論文。

鍾明鴻（編輯）、林正明（校訂）（1994），《外包管理實務》，臺北：超越企業管理顧問公司。

王伯儉著《工程人員契約法律實務》，臺北：永然文化出版股份有限公司，中華民國86年5月。

張學珊（譯）（2003）。D. M. Stipanuk（2002）著。*Hospitality Facilities Management and Design. #16. Renovation and Capital Projects*，《飯店設施的管理與設計：更新與資金方案》，北京：中國旅遊出版社。

葉樹菁（2007），《中華民國九十五年臺灣地區國際觀光旅館營運分析報

告》，臺北，交通部觀光局，2007.12.出版。網址：http：// admin.taiwan.net.tw

詹益政、黃清峰（2005），《餐旅業經營管理》，台北：五南出版社出版。

觀光局（2005），《旅館高階經理人研習課程專集》。臺北：中華民國交通部觀光局。

觀光局（2005），《觀光旅館建築及設備標準》臺北：中華民國交通部觀光局。

中華人民共和國國家標準《建築照明設計標準》，北京：中國建築工業出版社出版，2005年8月。

中華人民共和國建設部《建設工程項目管理規範》，中華人民共和國國家標準，GB/T50326-2001國家質量監督檢驗檢疫總局聯合發行，2002年5月實施。

行政院《固定資產耐用年數表》，中華民國行政院主計處。

日本宿旅泊設施整備法

二、英文部分

Ahmed Hassanien and ErwinZ Losekoot (2002). The application of facilities management expertise to the hotel renovation process. *Structural Survey,* 2002.

Ahmed Hassanien (2006). Exploring hotel renovation inlarg hotels: a multiple case study. *Structural Survey*, 2006: 24:41~64

Arch G. Woodside (2006). Marking case of implemented strategies in new venture hospitality management. An America-Austrian-Hungarian Case Research Study. *Tourism Management. Duluth*; 342-349。

Baltin, B. and Cole, J. (1995). "Renovating to a target market", *Lodging Hospitality*, Vol.51 No.8, pp.36-9

Chipkin, H. (1997), "Renovation rush", *Hotel and Motel Management*, Vol.212 No.2, pp.25-8

D. Davis (2005). *Business research* (6th ed.)

Jan deRoos (2002), *Renovation and Capital Projects*: *Hospitality Facilities Management and*

*Design.*USA: Cornell Hotel and Restaurant Administration Quarterly.

Merriam, S. B. (1988). *Case study research in education.* Thousand Oasks, CA: Jossey-Bass.

Nehmer, J.C. (1991), "The art of hotel renovation", Lodging Hospitality, Vol. 47 No. 8, pp. 22-4.

S. Mellen, K. Nylen, and R. Pastorino, *CapEx* 2000; *A Study of Capital Expenditures in the U. S. Hotel Industry*(Alexandria, Virginia; International Society of Hospitality Consultants, 2000).

West, A. and Hughes, J. T. (1991), "An evaluation of hotel design practice", *The Service Industries Journal,* Vol.11 No.3, pp.326-80.

Yin, R. K. (1994). *Case study research: Design and methods* (2nd ed.). Thousand Oasks, CA: Sage.

Baum, C. (1993). The six basic features any business hotel must have. *Hotels,* November, 52-6.

Baltin, B., & Cole, J. (1995). Renovating to a target market. *Lodging Hospitality, 51*(8), 36-9.

Chipkin, H. (1997). Renovation rush. *Hotel and Motel Management, 212*(2), 25-8.

Cooper, R. (1999). Product Develoment for the Service Sector: Lessons from Market Leaders, *Persueus Books.* Cambridge, MA.

Corder, A. S. "Maintenance management techniques" McGraw-Hill, Inc., 1976

David M. Stipanuk (2002), 《Hospitality Facilities Management and Design》, (American Hotel & Lodging Association)

Fox, C.A. (1991). Be choosy when choosing designer, contractor. *Hotel and Motel Management, 206*(9), 38-78.

Hassanien, A., & Losekoot, E. (2002). The application of facilities management expertise to the hotel renovation process. *Structural Survey, 20*(7/8).

Hassanien, A. (2006). Exploring hotel renovation inlarg hotels: a multiple case study. *Structural Survey, 24,* 41-64.

Hassanien, A. (2007). An investigation of hotel property renovation.

The external parties, view. *Structural Survey.*

Jan deRoos (2002), *Renovation and Capital Projects*: *Hospitality Facilities Management and Design*. USA: Cornell Hotel and Restaurant Administration Quarterly.

John W. Korka, Amr A. Oloufa, H. Randolph Thomas, "Facilities Computerized Mantenance Management Systems", ASCE, 1997. 9,

Nehmer, J. C. (1991). The art of hotel renovation. *Lodging Hospitality, 47*(8), 22-24.

Paneri, M. R. & Wolff, H. J. (1994). Why should be renovate?. *Lodging Hospitality, 50* (12), 14-19.

Rowe, M. (1996). Renovation has its risks. *Lodging Hospitality, 51*(3), 40-42.

S. Mellen, K. Nylen, and R. Pastorino. *CapEx* 2000; *A Study of Capital Expenditures in the U. S. Hotel Industry* (Alexandria, Virginia; International Society of Hospitality Consultants, 2000.

West, A. & Hughes, J. T. (1991). An evaluation of hotel design practice. *The Service Industries Journal*, 11(3), 326-380.

三、其他書籍報章雜誌

作者：記者鄭瑋奇／臺北報導《臺灣新生報》，2013年8月4日。

中央社記者汪淑芬／臺北15日電中央社，2014年8月15日。

資深記者姚舜，《中國時報》，2006年3月23日。

四、論文

黃金安（1994），《辦公大樓更新計劃調查診斷作業之初步研究》，私立淡江大學建築研究所碩士論文。

魏嘉雄（2003），《建築物更新計畫之生命週期管理探討——以國際觀光旅館為例》，國立臺北科技大學土木與防災研究所碩士論文，頁70～73、83。

顧美春（2003），《工程契約風險分配與常見爭議問題之研究》，國立交通大學科技法律系研究所論文。

陳建宏（2005）《擬制變更於工程爭議適用之探討》，逢甲大學土木水利工

程所碩士論文，頁63。

林欣蓉（2002），《工期展延與情事變更原則適用關係之探討》，2002年全國科技法律研討會論文集，頁443-474。

楊天鐸（2003）研討會論文，〈建築物維護管理系統之建立〉，《第7屆營建工程與管理研究成果聯合發表會論文集》，頁509-516。

李根培〈觀光旅館更新之研究——從生命週期管理觀點〉。

李根培〈創造老旅館的第二個春天——以北投老舊溫泉旅館的更新為例〉。

李根培〈旅館建築更新管理之研究——從外包商觀點〉。

李根培〈旅館空間照明設計之研究——以太魯閣晶英酒店為例〉。

五、附錄法規

建築物使用類組及變更使用辦法

附表一、建築物之使用類別、組別及其定義

附表二、建築物使用類組使用項目舉例

附表三、建築物變更使用原則表

附表四、建築物變更使用類組規定項目檢討標準表

附表五、建築物主從用途關係表

　　　　（附表二）申請『變更使用執照（含室內裝修涉及用途變更）、補發使用執照消防審查』流程及附件種類表

1. 消防法規輯要
2. 消防審查作業流程——附表一
3. 消防審查補充規定
4. 各類場所消防安全設備設置標準輯要
5. 消防圖說審查會勘流程
6. 消防機關辦理建築物消防安全設備審查及查驗作業基準

建築技術規則建築設計施工編【公布日期】102年1月17日【公布機關】內政部

其他建築技術規則～·01總則編·03建築構造編·04建築設備編

建築技術規則建築設備編【公布日期】101年11月7日【公布機關】內政部

其他建築技術規則～01總則編·02設計施工編·03建築構造編

Note